下 册

严寒干燥区 常态混凝土拱坝关键技术 研究与应用

徐元禄 全永威 丁照祥 李秀琳 伊元忠 等 著

中国电力出版社
CHINA ELECTRIC POWER PRESS

内 容 提 要

基于国家能源战略和西部大开发战略的需要，20 世纪 80 年代以来，我国水电建设事业迅猛发展，水电站大坝建设数量和规模不断扩大，拱坝因其良好的工程适应性和经济性，逐渐成为大型水库和水电站枢纽的主要坝型之一。虽然国内混凝土拱坝筑坝技术已达到较高水平，但在极端严酷条件下修建混凝土拱坝仍然面临诸多难题，受严寒地区年平均气温低、寒潮频繁、年温差大、施工过程停浇越冬等因素的影响，拱坝混凝土在施工期及运行期极易开裂。

《严寒干燥区常态混凝土拱坝关键技术研究与应用》共分上、下两册，依托布尔津山口混凝土拱坝成功建设案例，总结混凝土拱坝设计、施工关键技术和工程建设经验，主要内容包括：严寒地区拱坝体型优化设计研究、严寒地区拱坝混凝土性能研究、严寒地区拱坝温控防裂关键技术研究、大坝安全监测成果分析及评价、过鱼设施、严寒地区混凝土拱坝施工关键技术、三维真实感混凝土拱坝浇筑仿真系统开发与应用。

本书可供水利水电工程设计、施工、管理、材料分析等相关专业技术人员，尤其是从事严寒干燥地区混凝土设计、施工的专业技术人员阅读，并可供相关科研院所、高等院校等参考使用。

图书在版编目（CIP）数据

严寒干燥区常态混凝土拱坝关键技术研究与应用. 下册/徐元禄等著. —北京：中国电力出版社，2020.7

ISBN 978-7-5198-4798-2

Ⅰ. ①严…　Ⅱ. ①徐…　Ⅲ. ①寒冷地区－拱坝－工程技术－试验－研究　Ⅳ. ①TV649-33

中国版本图书馆 CIP 数据核字（2020）第 119792 号

出版发行：中国电力出版社

地　　址：北京市东城区北京站西街 19 号（邮政编码 100005）

网　　址：http://www.cepp.sgcc.com.cn

责任编辑：安小丹（010-63412367）　柳　璐

责任校对：黄　蓓　朱丽芳

装帧设计：赵姗姗

责任印制：吴　迪

印　　刷：三河市万龙印装有限公司

版　　次：2020 年 7 月第一版

印　　次：2020 年 7 月北京第一次印刷

开　　本：787 毫米×1092 毫米　16 开本

印　　张：20

字　　数：441 千字

印　　数：0001—1000 册

定　　价：148.00 元

前言

基于国家能源战略和西部大开发战略的需要，20 世纪 80 年代以来，我国水电建设事业迅猛发展，水电站大坝建设数量和规模不断扩大，拱坝因其良好的工程适应性和经济性，逐渐成为大型水库和水电站枢纽的主要坝型之一。据统计，已建成的 100m 以上的混凝土高坝中，拱坝和重力坝约各占一半；而坝高在 150m 以上的枢纽中，70%以上采用拱坝坝型。我国经过“七五”至“九五”科技攻关，在拱坝技术上取得了令世界瞩目的科研成果，混凝土拱坝数量增长迅速。截至 2019 年，我国已建成拱坝近千座，以锦屏一级、白鹤滩为代表的一批世界级的特高坝相继建成或开工，最大坝高已突破 300m 量级。

虽然国内混凝土拱坝筑坝技术已达到较高水平，但在极端严酷条件下修建混凝土拱坝仍然面临诸多难题，主要原因是拱坝为固接于基岩的高次超静定空间壳体结构，受严寒地区年平均气温低、寒潮频繁、年温差大、施工过程停浇越冬等因素的影响，拱坝结构在体型优化、混凝土配合比设计、封拱灌浆、温控防裂等方面具有独特的特点。从国内外已建类似工程来看，受上述因素的影响，拱坝混凝土在施工期及运行期极易开裂，给大坝带来不利影响，甚至严重影响坝体结构安全，被迫花费巨资进行维修加固。

布尔津山口混凝土拱坝是我国在纬度最高地区（北纬 48°）修建的一座混凝土拱坝，受准噶尔盆地古尔班通古特沙漠的影响，其坝址区气候特点是：空气干燥，夏季气温较高，冬季漫长且多严寒，气温日较差明显，年较差悬殊。坝址区年平均气温 5℃，极端年温差可达 80℃以上（极端最高气温达 39.4℃，极端最低气温达 –41.2℃）；多年平均降水量仅 153.4mm，多年平均蒸发量达 1619.5mm；多年平均风速 3.7m/s，极端最大风速 32.1m/s；最大冻土深 127cm。

为了解决布尔津山口混凝土拱坝的建设难题，在设计阶段就开展了严寒地区混凝土拱坝关键技术的研究，在拱坝结构、材料、温控等方面做了大量的科研工作；在大坝施工期间，结合现场实际情况和监测资料，通过跟踪分析、优化设计、指导施工，对设计阶段的科研成果做了完善并切实应用于大坝建设，有效保证了施工安全，加快了施工进度，确保大坝施工质量优良。布尔津山口拱坝于 2015 年蓄水并运行至今，施工期及运行期未出现危害性裂缝，最大渗漏量不超过 2.29L/s，工程运行良好。另外，布尔津山口大坝建有国内第一台高坝升鱼机，较好地解决了建坝阻断鱼类洄游难题，本书对升鱼机的科研、设计及应用效果也有所阐述。

《严寒干燥区常态混凝土拱坝关键技术研究与应用》共分上、下两册，总结了布尔津山口混凝土拱坝一些关键技术成果和工程建设经验，主要内容包括：严寒地区拱坝体型优化设计研究、严寒地区拱坝混凝土性能研究、严寒地区拱坝温控防裂关键技术研究、大坝安全监测成果分析及评价、过鱼设施、严寒地区混凝土拱坝施工关键技术、三维真实感混凝土拱坝浇筑仿真系统开发与应用，期望对指导严寒地区混凝土拱坝建设具有一定的意义。上册包含第一至四章，其中：第一章由石泉、夏世法、刘涛、王建、胡军编写；第二章由李新江、董芸、夏世法、董武、王军、孔祥芝、李海涛、陈亮编写；第三章由石泉、秦明豪、夏世法、刘涛、周骞、蒲振旗、王庆勇、高永祥编写；第四章由石泉、韩世栋、潘琳、胡军、李晓兵、李耀东、代继宏、张华生编写。下册包含第五至七章，其中：第五章由徐元禄、全永威、伊元忠、贾辉、张元、杨澍、钟鲁江编写；第六章由丁照祥、郑昌莹、刘辉、冯士权、李伯昌、赵向波、陈立刚、张扬编写；第七章由李秀琳、陶勇、高鹏、李铭杰、罗泳、谢文江、孙粤琳编写。上册由石泉、夏世法统稿，下册由徐元禄、全永威统稿。

限于编者水平，文中可能存在许多不尽如人意之处，请各位同仁不吝批评指正。

编著者

2020 年 6 月

目录

第五章

过 鱼 设 施

第一节 概 述

西水东引一期工程是新疆北疆供水工程重要组成部分，是一项非常重要的水资源调配工程，具有供水、灌溉、生态、发电等综合效益，属Ⅱ等大（2）工程。该工程主要有布尔津山口大坝、拦河引水枢纽、输水干渠三大部分组成，其中，布尔津山口枢纽和拦河引水枢纽均建有拦河建筑物。

西水东引布尔津山口水利枢纽工程、拦河引水枢纽工程为Ⅱ等大（2）型工程。布尔津山口水利枢纽主要由高 94m 的常态混凝土双曲拱坝（见图 5-1）、装机容量 220MW 的引水式水电站、过鱼设施等组成；布尔津山口拦河引水枢纽（见图 5-2）主要由西水东引进水闸、东岸干渠进水闸、2 孔泄洪冲砂闸、长 126m、高 7.56m 的溢流堰、西岸进水闸及鱼道等组成。

图 5-1 布尔津山口双曲混凝土拱坝

图 5-2 布尔津山口拦河引水枢纽

江河上修建的水利枢纽，将阻隔洄游鱼类的通道，枢纽区鱼类可能分隔成水利枢纽上、下游两个种群。阻隔影响主要是种群个体及其遗传交流受阻，鱼类生境的片段化和破碎化导致形成大小不同的异质种群，种群间基因不能交流，各个种群将受到不同程度的影响，直接破坏了江河水生生态环境，破坏了鱼类生存环境。

一、对洄游性鱼类通道造成阻隔

筑坝对鱼类种群的影响之一是溯河产卵鱼类种类的下降。在江河上修建水利枢纽，将阻隔洄游鱼类的通道。对一些天然情况下需要通过枢纽所在河段上溯或下行的洄游性鱼类，产生不利的影响。特别是对一些必须上溯到坝上游或支流去繁殖的回归性很强的鲑科鱼类，阻隔作用对资源造成巨大的危害。

布尔津河山口河段栖息的洄游鱼类有细鳞鲑和北极茴鱼两种，这两种鱼繁殖场位于山口枢纽大坝上游有较大支流汇入处，越冬场大部分位于山口枢纽大坝上游的山区峡谷段，山口枢纽大坝下游仅有 3～4km 的峡谷河段可以成为它们的越冬场。本工程建成后对从山口水利枢纽坝下和拦河闸下索饵场向坝上越冬场、繁殖场洄游的细鳞鲑和北极茴鱼造成阻隔影响，致使其洄游通道受阻，无法完成生殖洄游和越冬洄游，从而导致布尔津河细鳞鲑和北极茴鱼繁衍能力下降，生存空间缩小，进而对布尔津河这两鱼种群规模造成不利影响。

二、栖息生境的丧失影响

大坝截断了河流，造成整个河流生态系统连续统一体水文的改变，并且最终会影响与之相关的渔业。河流建坝的突出影响是在大坝上游形成新的静水和半静水环境及大坝下游的尾水环境。布尔津山口水利枢纽和拦河引水枢纽的修建，将改变坝址上游和坝下江段的水文状况，鱼类（如哲罗鲑、细鳞鲑等）原有的栖息生境将发生一定程度的变化甚至丧失。大坝上游蓄水可淹没鱼类原有的产卵场地，缩小其生境；坝下江段由于下泄水的影响，将改变产卵要求的水文条件和下游的洪泛活动，使得鱼类丧失产卵场和索饵场，被迫向上游或下游或支流寻找新的产卵场。

三、对鱼类生存环境造成切割

水利工程建设会切割鱼群生存环境，布尔津山口水利枢纽大坝和拦河引水枢纽拦河闸建设使栖息于布尔津河出山口河段的阿勒泰鱥、尖鳍鮈、北方须鳅、北方花鳅、江鳕、阿勒泰杜父鱼、细鳞鲑和北极茴鱼等鱼类种群，同种之间的交流发生困难，对其生存环境造成切割，造成布尔津河鱼类生境的部分损失和片段化，对布尔津河鱼类种群数量产生不利影响。

四、对坝上河段水生生态及鱼类种群数量的影响

水库形成后，水体的水文条件将发生较大的变化，鱼类的栖息环境也随之发生变化，由于不同的鱼类栖息环境不同，因此，导致库区的鱼类组成发生明显的变化。通常，水库蓄水后，流速减缓、泥沙沉积、饵料增多，这种条件适合于喜缓流水或静水生活的鱼类而不利于喜急流水生活的鱼类的生存。另外，像在布尔津河山口水利枢纽处，由于是山区水库，库水较深，水库中喜表层或中层生活的鱼类将会增多而底层鱼类将会较少。

五、对下游减水河段水生生态及鱼类的影响

水利工程建成后，由于运行方式和要求不同，对下游减水河段的水量补给产生变化，影响水生生态。

布尔津山口水利枢纽按照电力系统的基荷运行，运行方式为蓄丰水期多余水量，补枯水期不足。引额供水干渠和西水东引干渠的调度原则是：每年

4月初开始调水，10月底停止输水，最终将实现从“635”水库增引4亿m^3水到额尔齐斯河干流，这将造成4～10月在大坝下游形成一定长度的减水河段，对坝下河段的鱼类资源和渔业将造成明显的影响：一些在流水中繁殖的鱼类，如哲罗鲑、细鳞鲑、北极茴鱼等，所要求的涨水条件，则可能因水库蓄洪而得不到满足。布尔津河保护鱼类的产卵季节多为4～7月，而这段时间山口水利枢纽和拦河闸均处于蓄水阶段，无法形成产卵所需要的水利条件，产卵时间将会延迟或者不能产卵，导致其种群数量下降。

西水东引一期工程的布尔津山口水利枢纽建设运行后，由于引水枢纽闸下河道流量比天然状况减小，夏季水温有小幅降低，使鱼类生存空间减小，产卵场面积缩小，将对下游白斑狗鱼、东方欧鳊、鲤、河鲈、阿勒泰鱥、贝加尔雅罗鱼、银鲫、北方须鳅和北方花鳅的繁殖产生不利影响，致使布尔津河这9种鱼类种群数量减小；另外，工程建成运行后，大坝以下河段在冬季鱼类越冬期下泄水量将增加，有利于坝下鱼类的越冬。

此外，由于挑流消能造成的过饱和气体，通过鱼的呼吸活动进入血液和组织，当鱼游到浅水区域或表层时，由于压力较小和水温较高，鱼体内的一部分空气便从溶解状态恢复到气体状态，出现气泡，使鱼产生“气泡病”，引起死亡。美国的哥伦比亚河鲑科鱼类就由于过饱和气体的危害，造成了严重的损失。对此，应采取一定的措施给予改善。

此外，新形成水库水体中营养元素的富集、水动力条件的变化、温度的变化，将会改变藻类、浮游动物以及水生维管束植物的生境条件，鱼类生存环境对应改变，也相应产生影响。

六、人工引水渠对鱼类的影响

水利工程运行后形成的“以渠代河”现状实际也是对水域生态环境产生胁迫影响的表现形式之一，其原因主要在于渠道水环境较河道水环境层次简化，且均一化。以西水东引一期拦河引水枢纽为例，新疆布尔津河山口拦河闸东、西岸灌溉渠道运行后，在该断面附近栖息活动的部分鱼类极有可能会误入人工渠道，因人工渠水流湍急且食物匮乏，将造成鱼类的栖息和生存困难；此外由于引水的作用，极有可能将部分鱼类带入灌区，最终进入灌溉农田干涸死亡，对鱼类种群构成影响。

第二节　修建过鱼设施的意义

水能是我国的重要能源资源，水利水电工程对国家经济建设和社会发展具有重大作用。但水利水电工程也会产生一定的负面环境影响，随着水利水电工程建设力度加大，其环境问题日益凸现，社会关注程度加大。尤其是流域梯级水电建设影响范围广、因素复杂、周期长，有些影响具有累积和滞后效应，甚至还有一些不可逆。

水利水电工程拦河建筑物使河流水生生境片断化，阻隔鱼类洄游通道，阻碍上下游鱼类种质交流。库区水深、流速等水文情势的变化会造成原有水生生境的改变甚至消失，致使鱼类区系组成发生变化，特别是珍稀保护、特有物种的消失。水利水电工程泄流消能可造成水体溶解气体过饱和，对部分鱼类特别是幼鱼造成严重影响。

根据《新疆引额供水工程布尔津河西水东引一期工程水生生态影响及鱼类保护措施方案设计报告》，布尔津河分布有 18 种鱼类，其中土著鱼类 15 种，分别为阿勒泰鱥、高体雅罗鱼、贝加尔雅罗鱼、尖鳍鮈、银鲫、哲罗鲑、细鳞鲑、北极茴鱼、白斑狗鱼、北方须鳅、北方花鳅、河鲈、粘鲈、江鳕和阿尔泰杜父鱼；移植或带入种 2 种，为东方欧鳊、鲤和高白鲑。调查中未见国家级保护水生野生动物；北极茴鱼和阿尔泰杜父鱼为自治区Ⅱ级保护动物。根据《中国濒危动物红皮书》，哲罗鲑濒危等级为“易危”。

绿水青山不仅是金山银山，也是人民群众健康的重要保障。要加强生态文明建设，划定生态保护红线，为可持续发展留足空间，为子孙后代留下天蓝地绿水清的家园。因此保护生态环境具有十分重要的意义。

针对水利水电工程对鱼类的影响特点，《中华人民共和国环境保护法》《中华人民共和国环境影响评价法》等有关环保法规和《中华人民共和国水法》《中华人民共和国渔业法》等有关资源法规均对水利水电建设项目水环境和水生生态保护提出了具体明确的要求。近年来，环保部门相继颁布了《环境影响评价技术导则水利水电工程》(HJ/T 88)、《水利水电工程鱼道设计导则》(SL 609)、《水电工程过鱼设施设计规范》（NB/T 35054）等一系列技术标准，针对鱼类保护提出一系列具体技术措施。其中提出：对于高坝大库，宜设置升鱼机，配备鱼泵、过鱼船，以及采取人工网捕过坝措施。同时应重视掌握各种鱼类生态习性和水利水电工程对鱼类影响的研究，加强过鱼措施实际效果的监测，并据此不断修改过鱼设施设计，调整改建过鱼设施，优化运行管理。

过鱼设施对于消减水能利用的负面影响，保护水生生态环境和江河鱼类资源，保证上下游鱼类的交流，维护江河中鱼类生境的连通性，减缓工程对水生生态及鱼类不利影响具有重要作用，水利枢纽修建过鱼设施是十分必要的。

第三节　过鱼设施在国内外工程应用情况

所谓过鱼设施，就是利用鱼类的向流性，在进鱼口处产生一股比周围的流速更大的水流，将鱼引诱进去，鱼类能否对进鱼口的流速产生反应和鱼类能否克服进鱼口水流的流速，关系到过鱼设施的效果。早期的过鱼设施，常常是在岩石上开凿水槽式斜槽，供溯流鱼逐级沿梯而上，故称鱼梯，这可能是鱼道的雏形。后来流行木鱼梯，内设隔板以减缓流速。近年来兴建的过鱼设施多为钢筋混凝土结构。

枢纽大坝过鱼设施类型有槽式鱼道、具有自然特征的旁路水道、鱼闸、升鱼机、集运鱼船、特殊鱼道等，其中鱼道按照结构型式又分为水槽式鱼道和丹尼尔鱼道。合适鱼道的选择取决于鱼的种类、水力条件、蓄水位、费用和其他因素。鱼道成功的关键因素不但包括所选择鱼道类型及其设计参数应符合于场地和任务的要求，还包括其位置和所用水量。其中水槽式鱼道、丹尼尔鱼道、具有自然特征的旁路水道和鱼道等过鱼设施适用于低水头枢纽，鱼闸、升鱼机和集运鱼船等过鱼设施适用于高水头枢纽，除此还有特殊鱼道，为特殊对象而设，如香鱼道、鳗鱼道等。香鱼道为幼香鱼梯，兼捕幼香鱼。鳗鱼道是一种独特装置，在各类型鱼梯侧墙设置用石堆筑鳗洞，或建筑成特殊结构的鳗鱼梯。

一、国外过鱼设施工程应用概况

鱼道这一概念最早于 17 世纪 60 年代法国首次提出，要求在闸坝上修建一条供水生生物上下通行的通道。19 世纪 80 年代苏格兰建成了世界上第一座鱼道，名为胡里坝鱼道。但是当时设计经验不足，早期鱼道在设计施工和经营管理上都存在着不足，使得很多鱼道在修建完成后并不能物尽其用，过鱼效果甚微，而鱼道也逐渐开始被人们所废弃。

进入 20 世纪以来，伴随着世界经济的快速发展，随之而来的是对水电能源和防洪、灌溉以及城市供水的需求不断加大，水利水电事业得以蓬勃发展，但工程的修建和生态环境的矛盾也随之而来，这使得人们又把重点开始转移到了研究鱼道上。20 世纪 10～30 年代，比利时人丹尼尔对鱼道进行了长期的研究与探索，创造了一种能很好地减少鱼道内部流速的独特形式的鱼道，后人称之为“Denil 式鱼道”。1913 年，美国和加拿大建成了世界上著名的赫尔斯门鱼道。美国哥伦比亚和斯内克河于 1932～1973 年先后兴建 15 道电站拦河坝，造了 24 座鱼梯，占 160%，每坝有 1～3 座过鱼设施。1938 年在美国建成的邦纳维尔坝，是世界上第一座有集鱼系统的过鱼建筑物。邦纳维尔坝仅鱼道就有三座（均为槽式鱼道），另外还有三座鱼闸。其中鱼道有 75 个池室，长约 393m，宽 11～12m，池间落差 0.3m。另外一座鱼道宽 12m，池间落差 0.45m。它们的坡降均为 1:16，深度 1.8m，流速约为 0.3m/s。年过鱼量最小为 36 万尾（1944 年），最多 88 万尾（1957 年），日过鱼量达到 48528 尾（1942 年 9 月 8 日），主要过鱼对象为鲑、硬头鳟（steelhead salmon）等。2001 年美国在下格拉尼特坝上试验新的过鱼设施。该坝装机容量 810MW，美国陆军工程师团在该坝上采用移动式溢流堰（RSW）过鱼。RSW 是使鱼更容易过坝的一种可能的方法，因为它不会引起像鲑鱼苗通过一般溢洪道时所承受的那种压力。该堰实际上是一个人造瀑布，可使鱼从坝面上滑下，从库面跌落到下面的尾水渠。此外他们还采用水面旁通集鱼器在下格拉尼特坝进行 5 年期试验，旁通集鱼器显示，坝附近有 30%～40%的鱼会顺着仅 3%或 4%的水流过坝，此方案被证明是十分具有吸引力的。

苏联共建设 5 座升鱼机，即 1955 年建齐母良升鱼机、1961 年建伏尔加格勒升鱼机、1969 年在伏尔加格勒上游的萨拉托夫建机械升鱼机、1974 年在库班河克拉斯诺达尔建机械升鱼机、1976 年将库班河费多罗夫鱼道改为升鱼机。这 5 座升鱼机中，克拉斯诺达尔机械升鱼机的年过鱼量是 70 万尾，其中闪光鲟 164 尾、俄国鲟 5 尾。萨拉托夫机械升鱼机年过鱼量 100 余万尾，其中俄国鲟 268 尾，欧洲鳇和闪光鲟基本不过。伏尔加格勒升鱼机过鲟效果最好，平均年过鲟 3 万尾，约占坝下鲟鱼群的 10%。苏联顿河科切托夫水利枢纽的鱼闸是根据鱼类的行动特点进行设计的，由于鱼闸的位置河结构符合鱼类在水利枢纽范围内分布实况，每年通过鱼闸的各种鱼（鲟、鲤、梭鲈、鳊等）约 100 万尾，游近该枢纽的鲟鱼有 65%以上通过鱼闸。库班河克拉斯诺达尔水利枢纽上把鱼引入坝内的升降机，在 1974～1977 年间约有 400 万尾鱼（闪光鲟、文鳊、梭鲈）通过。苏联下土洛姆鱼道建于 1936 年。位于维列索夫湾土洛河如口处，长 513m，坡度 1:25，升高 16～20m，不同水位进口三个，池室 49 个，水深 0.9～1.5m，隔板过鱼孔 0.8m×0.6m，孔口交错排列。1955～1978 年间平均过鱼量 72750 尾。最高 19.7 万尾（1973 年）过鱼设施，最低 3.2 万尾（1971 年）。主要过鱼对象为鲑、鳟、白鲑和鲈等。

日本 1888 年就有过鱼设施，1938 年已有 67 座拦河大坝建有过鱼设施，1947 年已建成的 5136 座拦河大坝中建有 559 座（占 10.9%）过鱼设施，1951 年正式立法，明文规定拦河坝要有过鱼设施。

二、国内过鱼设施工程应用情况

新中国成立以来，在沿江沿海先后修建了许多水利工程，为农田灌溉、水力发电和交通运输发挥了良好的作用。但在修建水利工程时，由于没有很好地考虑到渔业的利益，大部分都没有修建过鱼设施，致使拦江河的坝、闸建成后，切断了许多洄游性和半洄游性鱼类的通道，影响其过坝上溯进行产卵繁殖和索饵成长，破坏了鱼类的生态平衡，导致鱼类资源衰退，鱼产量下降。实践使人们认识到，兴修水利工程必须考虑综合效益，水产资源的保护也应给予足够的重视。

随着社会的发展，国内也对水生生态越来越重视。国内鱼道的主要过鱼对象一般为珍贵鱼类、鲤科鱼类和虾蟹等幼苗。1958 年我国在浙江富春江七里垄电站中首次设计了鱼道，最大水头约 18m；20 世纪 60 年代又分别在黑龙江和江苏等地兴建了鲤鱼港、斗龙港、太平闸等 30 多座鱼道。据不完全统计，目前我国在各类水利工程中已建鱼道 40 座以上，已建的鱼道大多布置在沿海沿江平原地区的低水头闸坝上。如浏河鱼道，建于 1959 年，水头 1.4m，全长 101m，宽 2m，33 个池室，间隔 2.5m，主要过鱼对象为幼鳗、幼蟹、青鱼、草鱼、鲢、鲚等中小型鱼，考虑到有少量大鱼通过，故鱼道采用复式梯形断面隔板。该鱼道斜坡缓流区及宽阔自由水面，正常过鱼时有利于幼鱼、幼蟹通过。倒灌时能纳苗。鱼道进口设有六个集鱼梳孔，进鱼效果好。1976 年春观测 346h，通过刀鲚、鲤、鳗、鲈（laleolabrax japonicus）等 22000 多尾。如 1976 年 5 月 7 日和 9 日共过鱼 4h，共过刀鲚 1955 尾，平均每小时 500 尾。1966 年建成的江苏省斗龙港人工鱼道（沿海挡潮闸型），投入试验运转以来，鱼道进行顺灌或倒灌时，均可发现各种幼鱼和成鱼通过鱼道溯闸上游。据斗龙港闸管所调查，原来在闸上很少见到或濒临绝迹的鳗鲡、鲻、梭鱼、鲈等最近几年又大量出现，鱼产量也显著增加。以鳗鲡为例，在未建鱼道以前，鱼道附近的水产收购站鳗鲡的收购量在 1966 年只有 722kg，而在鱼道建造以后，1969 年增加到 2546kg，1971 年达 7485kg，1972 年更高达 22104kg。1973 年，在江苏省的海、河和江、湖地区的水利工程中修建了共 16 个人工鱼道，安徽省在巢湖地区裕溪闸也修建了一个人工鱼道，根据当年的鱼道运转的观测看来，对于长颌鲚、鳗鲡进入湖泊繁殖或索饵，恢复湖泊中的洄游性鱼类资源，其效果是很好的。湖南省洋塘鱼道是河川水电枢纽型鱼道，1980 年建成后鱼汛期间的实际观察，65 个白天（夜间没有观察）中，仅青、草、鲢、鳙、鲤、鲫、鳊、鳜等经济鱼类就达 40 多万尾，过鱼高峰的 4 月上中旬，平均每小时达 2600 多尾。可见过鱼设施是起到保护水产资源的实际作用的。

在 20 世纪 80 年代，我国在葛洲坝水利枢纽建设时针对中华鲟的保护方式做了大量研究，最终采取了人工繁殖和放养的方法解决中华鲟等珍稀鱼类的过坝问题。在此以后我国在大江大河上修建大坝时几乎都不再考虑修建过鱼设施，导致鱼道研究工作在此后的 20 年里基本陷于停滞状态。

自 2000 年以后，由于环境保护意识的加强，鱼道以及河道连通性的意义开始逐渐被重视，为国内鱼道建设开辟了一个新的历程。长洲水利枢纽工程所处河段是中华鲟、花鳗鲡等六种洄游性鱼类洄游的必经通道，其中中华鲟为国家一类珍稀保护鱼类，花鳗鲡为国家二级水生野生保护鱼类。2007 年长洲鱼道建成，是西江上最下游的一座鱼道，是我建设的第一座大型鱼道，也是国内唯一一座针对中华鲟设计的鱼道。长洲鱼道是珠江口以上第一座鱼道，位置极为重要，也是国内第一座通过国家一类保护珍稀鱼类中华鲟的鱼道。长洲鱼道的建成受到国内甚至国外同行的高度关注，进一步提高了我国的鱼道设计、科研、施工、管理水平。

第四节　工程过鱼对象研究

一、布尔津河鱼类资源现状

（一）鱼类区系组成及分布

经过调查复核，目前布尔津河鱼类总数为 18 种。18 种鱼类隶属于 4 目、9 科、17 属，其中鲑形目（salmoniformes）4 科 5 属 5 种，鲤形目（cypriniformes）2 科 8 属，鳕形目 1 科 1 属，鲈形目 2 科 3 属；鲤科鱼类有 9 种，占种类总数的 35.29%；其余各科均只见 1～2 种；除雅罗鱼属有 2 种外，其余 16 属均只发现 1 种。

18 种鱼类隶属 4 个区系复合体：

（1）北方平原鱼类复合体。起源于北半球北部亚寒带平原地区的鱼类。耐寒性强，产卵于植物基体上。有银鲫、高体雅罗鱼、贝加尔雅罗鱼、尖鳍鮈、东方欧鳊、白斑狗鱼、河鲈、粘鲈和北方花鳅等 9 种，占 50.00%。

（2）北方山麓鱼类复合体。起源于北半球亚寒带区的鱼类。喜水清、流大、高氧、低温的水域环境；多数产卵于砂砾间。有哲罗鲑、细鳞鲑、北极茴鱼、阿勒泰鱥、北方须鳅、阿勒泰杜父鱼等 6 种，占 33.33%。

（3）北极淡水鱼类。起源于寒原带北冰洋沿岸耐严寒的冷水性鱼类。多于秋、冬季产卵，有江鳕和高白鲑 2 种，占 11.11%。

（4）晚第三纪鱼类复合体。为第三纪早期在北半球北部温带地区形成，在第四纪冰川期后残留下来的鱼类。仅有鲤 1 种，占 5.56%。

18 种鱼类中，土著鱼类 15 种，引进鱼类 3 种，分别是东方欧鳊、鲤和高白鲑；新疆维吾尔自治区Ⅰ级保护鱼类 2 种，分别是哲罗鲑和细鳞鲑；Ⅱ级重点保护鱼类 3 种，分别是北极茴鱼、高体雅罗鱼和阿勒泰杜父鱼。

18 种鱼类中，除阿勒泰杜父鱼和高白鲑外，其余 16 种均在额尔齐斯河干流中有分布，占干流最近两年记录鱼类种类数（24）的 66.67%；哲罗鲑、细鳞鲑、白斑狗鱼、高体雅罗鱼和贝加尔雅罗鱼等 5 种主要经济鱼类除布尔津河及喀纳斯湖外，其他支流仅在 1～3 条支流采到；哲罗鲑和细鳞鲑分别采集到 2 尾和 4 尾，而干流及其他 3 条支流天然水体中这两种濒危鱼类的捕捞数量均不足 10 尾；除额尔齐斯河干流外，粘鲈也仅在布尔津河和哈巴河有发现；高白鲑则是 2007 年由布尔津县冷水鱼繁育场孵化的高白鲑幼体投入托洪台水库。

由于有托洪台水库这一特殊的水体，布尔津河的鱼类资源得到了人为补充，东方欧鳊和河鲈的资源量较大，在额尔齐斯河鱼产量中占有较大比重。目前水利枢纽各段鱼类资源分布表见表 5-1。

表 5-1　　　　布尔津河鱼类资源分布表

河段	山口水利枢纽坝址以上河段	山口水利枢纽—拦河引水枢纽河段	拦河引水枢纽以下河段
鱼类种类	哲罗鲑、细鳞鲑、北极茴鱼、江鳕、阿勒泰鱥、尖鳍鮈、北方须鳅、北方花鳅和阿尔泰杜父鱼，共 9 种	哲罗鲑、细鳞鲑、北极茴鱼、江鳕、粘鲈、贝加尔雅罗鱼、银鲫、阿勒泰鱥、尖鳍鮈、北方须鳅和北方花鳅，共 11 种	阿勒泰鱥、贝加尔雅罗鱼、尖鳍鮈、银鲫、哲罗鲑、细鳞鲑、北极茴鱼、白斑狗鱼、北方须鳅、北方花鳅、河鲈、粘鲈、江鳕、东方欧鳊和鲤，共 15 种

（二）鱼类资源量及变动趋势

1. 鱼类种类组成

根据历史资料记载，布尔津河在 20 世纪 60 年代曾产西伯利亚鲟（尖吻鲟），但是至 20 世纪末，研究者在整个额尔齐斯河都没有采集到鲟鱼类标本。20 世纪 50 年代在布尔津河口有较大产量的长颌白鲑也已绝迹多年。

除西伯利亚鲟以外，其他有记录的种类在布尔津河仍然都能采到。近年来，还增加了东方欧鳊、高白鲑等外来种，目前鱼类种类总数达到 18 种。

2. 鱼产量变化

布尔津河是额尔齐斯河最为重要的支流之一，其鱼产量与额尔齐斯河干流鱼产量密切相关。由于缺乏布尔津河鱼产量的历史统计资料，这里以干流鱼产量的历史变化作参考。1990～1999 年间，额尔齐斯河干流年鱼产量在

138～500t，平均年产 300t；1995 年前平均年产 200t。此后由于捕捞强度的加大和引种移植的成功，年产达到 400t，1982 年干流的鱼产量达历史最高即 500t；自 1995 年起主河道鱼产量显著下降，1999 年的年产量为 138t；2002 年仅有 50t，2000～2007 年，额尔齐斯河干流年鱼产量平均为 80.3t。

目前，除托洪台水库外，布尔津河的鱼类已经基本上不能形成渔业产量。

3. 珍稀特有鱼类资源变化

1959 年在布尔津河口一次性捕获体重 4～5kg 的长颌白鲑 400 尾，而最近两年该鱼甚至在中国—哈萨克斯坦边境地段的额尔齐斯河干流也只能偶尔一见；哲罗鲑和细鳞鲑曾是包括布尔津河在内整个额尔齐斯河的重要捕捞对象，目前分布稀少。

造成布尔津河鱼类资源枯竭的原因是多方面的，例如水利工程建设、水质污染、重要生境的变化、饵料生物变化等，但是，归根结底还是人类活动对河流环境及鱼类本身的剧烈干扰。

二、布尔津河鱼类生态习性

（一）栖息习性

1. 食性

按食性分，布尔津河鱼类具有以下食性特点：

（1）摄食着生藻类的鱼类。如尖鳍鮈，口裂较宽，近似横裂，下颌前缘具有锋利的角质，适应于刮取生长于石上的藻类的摄食方式。

（2）摄食底栖无脊动物的鱼类。包括北方须鳅、北方花鳅、北极茴鱼等，它们的口部常具有发达的触须或肥厚的唇，用以吸取食物。所摄取的食物，除少部分生长在深潭和缓流河段泥沙底质中的摇蚊科幼虫和寡毛类外，多数是急流的砾石河滩石缝间生长的水生昆虫的幼虫或稚虫。

（3）捕食别种鱼类的鱼类（凶猛肉食性鱼类）。如哲罗鲑、细鳞鲑、白斑狗鱼、江鳕、河鲈等，除摄食鱼类外，有些种类有时也摄食大型无脊椎动物等食物。

（4）杂食性鱼类。如鲤、银鲫、雅罗鱼等，既摄食水生昆虫、虾类、软体动物等动物性饵料，也摄食藻类及植物的残渣、种子等。

（5）摄食浮游生物的鱼类。布尔津河缺乏终生以浮游生物为食的鱼类，但是，高体雅罗鱼、河鲈、白斑狗鱼等鱼类在幼苗阶段以轮虫、小型枝角类、桡足类等浮游动物为主要饵料。

2. 栖息水层

布尔津河 18 种鱼类按栖息水层大致分为中上层鱼类、中下层鱼类和底层鱼类等 3 类。

（1）中上层鱼类，如贝加尔雅罗鱼、白斑狗鱼等。一般栖息于江河中，在静水中肥育，冬天水温降低时居深水中越冬；幼鱼集群活动，成鱼集群或分散觅食，行动迅速敏捷，常活动于水草丛中。

（2）中下层鱼类，如河鲈等，常生活于植物丛生处。河鲈通常有两个类群：一个种群生活于沿岸浅水区，以无脊椎动物为食，个体较小，生长也慢些；另一个种群栖居于深水区，以小型鱼类为食，个体大些，生长较快。

（3）底层鱼类，布尔津河鱼类多数都为此类。例如，喜生活在山麓砂底的清澈激流中的北极茴鱼，喜栖息于浅水、水草丛生、底质多淤泥处的银鲫，喜栖居于水质清澈的沙底或有水草生长的河湾等处的江鳕，喜栖息于山区底层环境中的阿勒泰杜父鱼等。此外，一些鱼类早期阶段尤其喜欢栖息于底层，例如，细鳞鲑仔鱼喜欢潜伏在砂砾空隙之间，不常游动。

3. 流速选择

按栖息环境分，布尔津河鱼类组成具有以下两个生态学特点：

（1）流水生态型鱼类所占比重较大。无论是珍稀、濒危鱼类，还是小型鱼类，很多种类都喜欢生活于流水环境中。例如，哲罗鲑终年绝大部分时间栖息在水流湍急的溪流里，细鳞鲑多栖息于水温较低、水质清澈的流水中，北极茴鱼生活于砂砾底质的清澈流水中，阿勒泰鱥喜集群游于清澈的流水中。

（2）静水生态型鱼类具有渔业优势。从现有鱼类种类组成看，以东方欧鳊、银鲫、河鲈、雅罗鱼等为主。

当然，北方须鳅常栖息于河沟及沼泽砂质泥底的静水或缓流水体中。

4. 水温耐受性

根据对环境温度的适应性，一般将鱼类分为广温性鱼类和狭温性鱼类，而狭温性鱼类又可以细分为冷水性鱼类、亚冷水性鱼类、温水性鱼类、暖水性鱼类等。为了叙述方便，根据对水温的耐受性将布尔津河鱼类分为三个类型：

（1）冷水性鱼类。是淡水中生活的鱼类能适应较低水温的生态类型。这种鱼类多生活于北半球的山涧溪流，可以在水温较低的水体中生长发育。一般认为，冷水性鱼类生存的温度范围为0～20℃，最适温度为12～18℃，所能适应温度的上限是22℃，极个别的种类可以极短时间的适应24℃的水温，当温度升高时，即水温超过20℃时，冷水性鱼类会表现出严重的不适应，停止摄食和生长发育，直至死亡。广义的冷水性鱼类是指所有生活环境水温较低的种类，只要其生活环境水温低于某一温度点即可，尤其是北半球45℃以北和海拔较高地区的许多种类都称之为冷水性鱼类。

布尔津河中哲罗鲑为冷水性的纯淡水凶猛食肉性鱼类，终年绝大部分时间栖息在15℃以下低温、水流湍急的溪流里；细鳞鲑属于陆封型冷水性鱼类，生活于低于20℃的淡水内，但产卵繁殖需要在16℃以下；北极茴鱼、江鳕、阿勒泰鱥等也是冷水性鱼类，其中江鳕产卵时水温2℃左右。

（2）亚冷水性鱼类。对低温的要求不如冷水性鱼类严格，例如，白斑狗鱼虽分布于高寒地带，却属于亚冷水性鱼类，相对适应温度比较广，适应能力比较强，适应温度范围为0～30℃，在35℃情况下仍可以生存，最佳摄食温度为16～26℃；河鲈适宜的生长水温在18～24℃；高体雅罗鱼的适宜温度0～35℃。

（3）广温性鱼类。它们能够适应较大范围环境温度，更多地分布在温带地区。但是，布尔津河也分布着一些广温性鱼类，例如外来种鲤，在我国所有地理区域均有分布。

5. 重要栖息地

由于整个额尔齐斯河水系水资源的匮乏和小生境的破坏，布尔津河的每一寸河床、河滩对于鱼类及其饵料资源来说都非常重要，可能是它们栖息、摄食、越冬度夏、繁殖的场所。

（1）产卵场。对于繁殖力强的阿勒泰鱥和鳅类来说，布尔津河浅水沿岸带均是其产卵场；而随着山口电站的建成，坝上哲罗鲑和细鳞鲑的产卵场主要分布在禾木河、苏木河和喀纳河等支流的上游，那里水流湍急、底质为砂砾底。

（2）索饵场。由于布尔津河鱼类的饵料资源主要是水生藻类、水生昆虫以及在浅水区石砾中摄取食物的阿勒泰鱥和鳅类等，故整条河流自上而下都分布着不同规模的索饵场。而布尔津镇、山口乡河段以及喀纳斯湖是相对重要的索饵场。

（3）越冬场。在布尔津河上游，哲罗鲑、细鳞鲑、贝加尔雅罗鱼、江鳕、阿勒泰杜父鱼等鱼类的越冬场所主要是喀纳斯湖和电站大坝前的深水区。在河道下游，鱼类多数选择进入额尔齐斯河干流越冬。表 5-2 所示为产卵场、索饵场、越冬场鱼类分布。

表 5-2　　布尔津河鱼类“三场”分布一览

<table>
<tr><th colspan="2">鱼类</th><th>产卵场</th><th>索饵场</th><th>越冬场</th></tr>
<tr><td>洄游性鱼类</td><td>哲罗鲑、细鳞鲑、北极茴鱼</td><td>分布于山口水利枢纽上游山区河段，主要分布在上游支流哈纳斯河、柯姆河、苏木达依列克河汇合口</td><td colspan="2">托洪台水电站引水口以上河段的河道深水区、深潭</td></tr>
<tr><td>具有短距离洄游习性鱼类</td><td>江鳕</td><td>冬季进行短距离溯河洄游，其产卵场在河口以上水域均有分布</td><td colspan="2">降河进入下游河道深水区、深潭或湖泊进行索饵、越冬</td></tr>
<tr><td rowspan="2">定居性鱼类</td><td>白斑狗鱼、鲤、东方欧鳊、河鲈、银鲫、粘鲈</td><td colspan="3">（1）产卵场主要分布于河口水域，该区域河道变宽，水流变缓，形成众多叉流，两岸水草和陆生植被茂盛，并在春季洪水期形成泛水区，是春季草上产卵鱼类的主要产卵场。
（2）白斑狗鱼、鲤、东方欧鳊、河鲈降河进入干流索饵、越冬。河口水域是银鲫、粘鲈良好的索饵场和越冬场</td></tr>
<tr><td>尖鳍鮈、北方须鳅、北方花鳅、阿尔泰鱥、贝加尔雅罗鱼、阿尔泰杜父鱼</td><td colspan="3">（1）阿尔泰杜父鱼产卵场、索饵场以及越冬场均主要分布在山口水利枢纽上游河段、底质为砂砾石水域；
（2）对于其他鱼类，由于对河道水文变化条件不敏感，其产卵场、索饵场、越冬场基本遍布整个评价河段</td></tr>
</table>

（二）繁殖习性

1. 生长规律

哲罗鲑性成熟需 5 龄，体长达 40～50cm；细鳞鲑的幼体生长和性成熟均较缓慢，1 龄时体长约为 13～16cm，3～5 龄时达到性成熟，此时体长 42cm 左右；贝加尔雅罗鱼成熟个体长一般为 12.2～16.4cm，体重 31～59g；银鲫第一次性成熟的年龄多数为 3 龄，亦有少数为 2 龄；东方欧鳊 4～5 龄达性成熟，这时体长为32～37cm，体重1kg左右；江鳕3～4龄达到性成熟，通常为30～50cm，前4年生长快，后4年即减缓；河鲈性成熟较早，在自然条件下，性成熟年龄在1～2龄，生长速度快，当年鱼种可达80～190g。

2. 繁殖季节

布尔津河鱼类绝大多数都在春节至夏初进行繁殖。例如，哲罗鲑春季开江后，即溯河向溪流作生殖洄游，生殖期于5月中旬开始，水温在5～10℃左右；细鳞鲑一般于5～6月产卵，此时河水刚刚解冻不久，水温约为6～10℃，由河川中游溯河向上游进行产卵洄游；高体雅罗鱼一般于4月底～5月中旬，正值春季第一次洪水期，水温在8℃以上就开始产卵；贝加尔雅罗鱼每年3月底～4月初解冻时，成群上溯产卵，产卵期为4～5月；北方须鳅产卵期在5月初～6月中旬；早春解冻后，水温达7～8℃时，河鲈即在水势平稳的场所进行繁殖；东方欧鳊生殖期为5月下旬～6月中旬，产卵水温为12～24℃；阿勒泰鱥6月份产卵。

也有个别种类在冬季繁殖，例如，江鳕产卵期为11月～翌年3月，产卵时水温2℃左右。

3. 产卵类型

布尔津河鱼类的产卵类型主要为产沉性卵或沉黏性卵，它们把卵产在水底岩石、砂砾、软泥和水草等基质上。对它们来说，卵和仔鱼期最大的威胁是缺氧、被淤泥掩盖以及被捕食者捕食，所以产卵场往往有特殊要求。例如，哲罗鲑亲鱼集群于水流湍急、底质为砂砾的小河川里产卵；细鳞鲑的产卵区一般都是水流清澈、流速较缓，底层为砂砾，水深1m左右的靠近岸边的环境；东方欧鳊、贝加尔雅罗鱼、白斑狗鱼、北方须鳅等鱼类把稍带黏性的卵产在沿岸水草上；江鳕于水深2m的沙质底处产卵，无黏性、透明而富有脂肪的卵漂浮或附着于其他物体上；河鲈在水势平稳的场所进行产卵。

（三）洄游习性

1. 洄游目的

洄游（migration）是鱼类运动的一种特殊形式，是一些鱼类的主动、定期、定向、集群、具有种的特点的水平移动。洄游也是一种周期性运动，随着鱼类生命周期各个环节的推移，每年重复进行。按洄游的动力，可分为被动洄游和主动洄游；按洄游的方向，可分为向陆洄游和离陆洄游，降河（海）洄游和溯河洄游等。根据生命活动过程中的作用（或者洄游目的）可划分为生殖洄游、索饵洄游和越冬洄游。这三种洄游共同组成鱼类的洄游周期。布尔津河鱼类的洄游同样具有三个目的：

（1）索饵洄游。与生殖洄游和越冬洄游不同，有的鱼类在洄游的过程中就达到了洄游的目的。索饵洄游的特点是洄游路线、方向和时间随着饵料生物群的分布和密度、索饵鱼群数量多寡和状态而变动。

布尔津河鱼类很多都要进行索饵洄游。高体雅罗鱼主要栖息于江河，肥育期才进入湖泊中，喜欢在水质澄清的水域内生活，喜欢聚群活动，尤其春、夏水温降低逐渐升高时常活动于浅水觅食。

（2）越冬洄游。鱼类由肥育场所或习居的场所向越冬场的洄游。越冬洄游亦称季节洄游或适温洄游。冬季来临前，水文环境的变化，尤其是水温下降，鱼类的活动能力将减低，为了保证在寒冷的季节有适宜的栖息条件，鱼类趋向适温水域作集群性移动。

布尔津河鱼类进行越冬洄游的较多。例如，哲罗鲑冬季因受水位的影响，在结冰前逐渐向大江或附近较深的水体里移动，寻找适于越冬的场所；细鳞鲑秋季结冰前（8 月以后）则从上游溪流顺水向大江或河川迁移，冬季在支流的深汀、江河中的深水潭或河道的深槽中等地方越冬，幼鱼钻入石缝或乱石堆里越冬，俗称为“归坑”；高体雅罗鱼等经济鱼类冬天水温降低也居深水处越冬。

（3）生殖洄游。又称产卵洄游。鱼类的产卵习性是多种多样的，有的鱼为了寻求适宜的产卵条件，保证鱼卵和幼鱼能在良好的环境中发育，常常要进行由越冬场或肥育场向产卵场的集群移动。洄游距离有长有短，因种类而异。

布尔津河中，哲罗鲑春季开江后，即溯河向溪流作生殖洄游，8 月以后向干流移动；生殖期于 5 月中旬开始，水温在 5～10℃左右，亲鱼集群于水流湍急、底质为砂砾的小河川里产卵。细鳞鲑一般于 5～6 月产卵，此时河水刚刚解冻不久，水温约为 6～10℃，由河川中游溯河向上游进行产卵洄游；产卵区一般都是水流清澈、流速较缓，底层为砂砾，水深 1m 左右的靠近岸边的环境，产卵前有逆水溯游的现象；亲鱼繁殖后大量死亡，尤其以雄鱼为多。高体雅罗鱼性成熟年龄为 3 年，一般于 4 月底～5 月中旬，正值春季第一次洪水期，水温在 8℃以上就开始产卵，它有溯河产卵的习性，产卵于小卵石的河滩处，卵具黏性。

2. 洄游路线

布尔津河中，哲罗鲑等鲑科鱼类作生殖洄游时一般都有相对固定的洄游路线，生殖季节来临前，从干流出发，溯河而上，向河源及上游支流中进发，产卵繁殖后，多数鱼类往往结束生命周期；它们的后代及剩余群体在 8 月以后向干流移动，开始另一个生命轮回。

除了生殖洄游通道外，鱼类为了越冬或度夏，也有较为明确的洄游路线。例如，上游支流中的细鳞鲑在冬季来临前向干流迁移；夏季时因水温增高，江鳕游往山涧溪流水温较低的地方避暑。

水利工程的建设将在这些鱼类的洄游路线上设置巨大的障碍，如果不建设过鱼设施，它们的生存空间进一步缩小，甚至生活史受到严重干扰或破坏，势必造成鱼类资源的枯竭。

3. 洄游距离

（1）长距离洄游。布尔津河作长距离洄游的鱼类包括哲罗鲑、细鳞鲑和北极茴鱼，其洄游目的均与生殖相关。每年春季开江后，成熟亲鱼由布尔津河干流中游溯河向上游进行产卵洄游，直到找到水流湍急、底质为砂砾的小河川。这 3 种鱼类是工程建设需要重点考虑的保护对象。

（2）短距离洄游。布尔津河内的大部分鱼类有短距离产卵洄游的习性，短距离洄游的目的是生殖、索饵或越冬，也可能与三者都有关系。河流的生境条件通常是复杂多样的，在一个江段里既有急流陡滩，也有缓流洄水，水位有涨落、深浅的差异，加上支流存在着与干流相似的生境，河流中大多数鱼类中沿干流或支流上溯很短的距离，便可找到产卵场所，这些鱼类都属短距离洄游种类。工程建设对短距离洄游鱼类的影响相对来说较小。

三、工程过鱼对象选择

（一）过鱼对象分析

布尔津河评价河段分布有 18 种鱼类，其中土著鱼类 15 种，分别是哲罗鲑、细鳞鲑、北极茴鱼、白斑狗鱼、阿勒泰鱥、贝加尔雅罗鱼、高体雅罗鱼、尖鳍鮈、银鲫、北方须鳅、北方花鳅、江鳕、河鲈、粘鲈和阿尔泰杜父鱼；非土著鱼类3种，为高白鲑、东方欧鳊和鲤。

对于定居性鱼类阿勒泰鱥、尖鳍鮈、北方须鳅、北方花鳅、阿尔泰杜父鱼来说，电站阻隔影响主要表现为：种群异质化会加剧，遗传多样性下降。由于上述鱼类在电站坝址上下游均仍具有完成繁殖、索饵、越冬等生命周期的生境条件，因此，其仍会保留一定的种群数量。

贝加尔雅罗鱼、粘鲈、银鲫仅分布在山口以下河段，白斑狗鱼、东方欧鳊、鲤鱼、河鲈仅分布在布尔津河河口水域，因此，山口水电站工程建设对其不产生阻隔影响。

江鳕有短距离繁殖洄游习性，但考虑到其产卵场在布尔津河干流上、中、下游河段均有分布，因此，工程建成后，电站坝址上下河段仍具有其完成繁殖活动的生境，使其种群数量可以得到维持。此外，受电站大坝阻隔的影响，江鳕种群的异质化加剧，遗传多样性下降。

对于洄游鱼类哲罗鲑、细鳞鲑、北极茴鱼来说，阻隔影响不仅体现在种群异质化会加剧，遗传多样性下降方面，更为重要的是对其繁殖的影响。这3种鱼类的产卵场主要位于山口水电站上游山区河段有较大支流汇合口处，而坝址河段为其上溯洄游通道，因此，本工程建成后，山口水电站坝下河段分布的种群虽然可以索饵生长，由于拦河建筑物的阻隔，上溯通道被阻断，春季繁殖季节无法上溯洄游至山口水库上游的产卵场，将对其繁殖产生不利影响，导致布尔津河流域这3种鱼类繁殖群体的整体数量下降，从而造成种群数量下降。坝上河段分布的这些鱼类依然可以繁殖。

另外，大坝建成后使上溯鱼类无法顺利降河，从而使其栖息生境范围大大缩小，限制了种群的发展；同时，坝上产卵场产卵孵化出的仔幼鱼有可能通过泄洪道、发电引水洞和泄水闸顺水而下漂到坝下，这一部分鱼可以在坝下水域正常生长和成熟，但却无法返回坝上，导致坝上产卵群体得不到有效补充，从而影响了种群的发展。

综上所述，哲罗鲑、细鳞鲑、北极茴鱼为过鱼设施的主要过鱼对象；粘鲈、贝加尔雅罗鱼、高体雅罗鱼、银鲫、阿勒泰鱥、尖鳍鮈、北方须鳅、北方花鳅为兼顾过鱼对象。

（二）主要过鱼对象生物学特征

1. 哲罗鲑（见图 5-3）

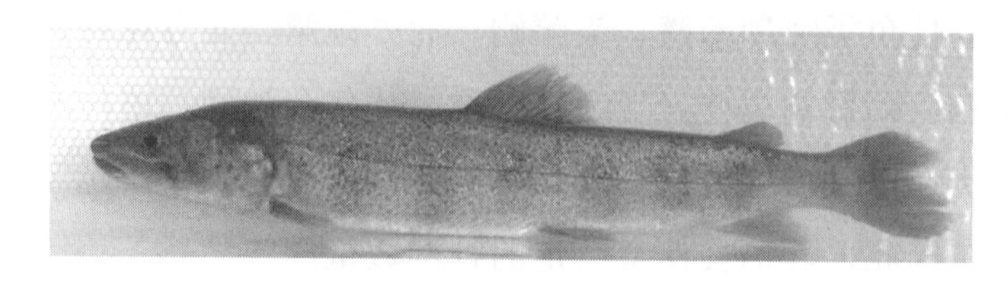

图 5-3 哲罗鲑

（1）地方名：大红鱼。

（2）分类地位：鲑形目、鲑科、哲罗鲑属。

（3）形态和解剖学特征。测定 3 尾标本体长 17.2～34.6cm，体长，略侧扁，呈圆筒形，体长为体高的 4.92～5.27 倍。头部平扁，吻尖，头长为头高的 1.58～1.76 倍，头长为吻长的 3.67～4.24 倍；口裂大，端位。上颌骨明显、游离，向后延伸达眼后缘之后。上下颌、犁骨和舌上均有向内倾斜的锐齿。鳞极细小，椭圆形，鳞上环片排列极为清晰，无辐射沟，侧线鳞 193～242 枚，侧线完全，侧中位。背鳍位于体稍后方，第 1～2 分支鳍条最长；脂鳍较发达，末端约与臀鳍末端相对；臀鳍第 1～2 分支鳍条最长；胸鳍侧下位；腹鳍起始于背鳍基末端下方，有长腋鳞；尾鳍叉形。

背部青褐色，腹部银白。头部、体侧有多数密集如粟粒状的暗黑色小十字形斑点。产卵期雌雄体全显示出青铜色，腹鳍及尾鳍下叶为橙红色，雄鱼更为明显。幽门盲囊 205～219。

（4）栖息。哲罗鲑为冷水性的纯淡水凶猛食肉性鱼类。终年绝大部分时间栖息在低温（15℃以下）、水流湍急的溪流里。冬季因受水位的影响，在结冰前逐渐向大江或附近较深的水体里移动，寻找适于越冬的场所。

（5）繁殖。春季开江后，即溯河向溪流作生殖洄游，8 月以后向干流移动。性成熟需 5 龄，体长达 40～50cm。生殖期于 5 月中旬开始，水温在 5～10℃左右，亲鱼集群于水流湍急、底质为砂砾的小河川里产卵。亲鱼有埋卵和护巢的习性。产卵后大量死亡，尤以雄鱼为更多。仔鱼喜潜伏在砂砾空隙之间，不常游动。

（6）食性。哲罗鲑非常贪食，是淡水鱼中最凶猛的鱼种之一。觅食时间多在日出前和日落后，由深水游至浅水岸边捕食其他鱼类和水中活动的蛇、蛙、鼠类和水鸟等，其他时间多潜伏在溪流两岸有荫蔽的水底。一年四季均索食，夏季水温稍高时，食欲差些，甚至有停食现象；冬季不停止摄食，仅生殖期停止摄食。

2. 细鳞鲑（见图 5-4）

图 5-4 细鳞鲑

（1）地方名：小红鱼。

（2）分类地位：鲑形目、鲑科、细鳞鲑属。

（3）形态和解剖学特征。体形为中等大小，略呈纺锤形，稍侧扁，体长为 17～45cm，体重为 0.5～1.5kg，最大个体可达 6～8kg。吻钝，微突出，上颌稍长于下颌。口小，在身体前端，位置较低，口裂抵达眼的中央。唇较厚。上颌骨宽而且外露，后端伸达眼中央的下方。眼较大，位于头的侧上方，眼的上缘几乎与头的上缘持平，两眼之间平坦或中央微凸。两鼻孔很邻近，约位于吻中部。鳃孔大，位于侧面，向前达眼的中央或稍前下方。牙齿较多，上颌齿 46 枚，下颌齿 26～28 枚，犁骨齿与腭骨齿各有一行尖齿共约 32 枚，排列呈马蹄形。舌厚，前端游离，舌上也有齿，左右各 5 枚，排列呈 V 字形。有假鳃。鳃耙 19～24 个，外行为长扁形，内行小块状。鳃盖膜分离亦不连与狭部。体表被圆形鳞片，非常细小，头部无鳞，侧线稍呈侧上位，侧线鳞 140～150 个。背鳍外缘向后倾斜，平直或微凹。脂鳍与臀鳍相对，脂鳍基稍后于臀鳍基。胸鳍位于侧中线的下方，呈尖刀状。腹鳍位于体长中点的稍后处，其起点正对着背鳍基的中部，鳍基有一个长形腋鳞。尾鳍浅叉状。肛门紧靠臀鳍基的前方。鳔仅具 1 室鳔长而大，呈圆锥形，壁很薄，后端尖而且伸过肛门。

身体背部黑褐色，背鳍前颜色较深，两侧为淡绛红色，至腹侧渐呈银白色。背部及身体两侧侧线鳞以上及脂鳍上还散布多个长圆形黑蓝色圆斑。腹鳍为棕色。在繁殖季节，身体侧面渲染的红色更加艳丽。

（4）栖息。细鳞鲑为冷水性鱼类，多栖息于水温较低、水质清澈的流水中。秋季结冰前（8 月以后）则从上游溪流顺水向大江或河川迁移。冬季在支流的深汀、江河中的深水潭或河道的深槽中等地方越冬，幼鱼钻入石缝或乱石堆里越冬，俗称为“归坑”。仔鱼喜欢潜伏在砂砾空隙之间，不常游动。

（5）繁殖。属于陆封型冷水性鱼类，即生活于低于 20℃的淡水或咸水内，但产卵繁殖需要在 16℃以下。

细鳞鲑的幼体生长和性成熟均较缓慢，1 岁龄时体长约为 13～16cm，3～5 岁龄时达到性成熟，此时体长 420mm 左右。

一般于 5～6 月产卵，此时河水刚刚解冻不久，水温约为 6～10℃，由河川中游溯河向上游进行产卵洄游。产卵区一般都是水流清澈、流速较缓，底层为砂砾，水深 1m 左右的靠近岸边的环境，产卵前有逆水溯游的现象。

雌性的怀卵量一般为 4000～8000 粒。卵为沉性卵，卵粒较大，橙黄色或淡黄色，直径约为 3～4mm，一次排完。河床为砂砾或砾石的江河内的狭温性鱼类，大多分布在河川的上游。

亲鱼繁殖后大量死亡，尤其以雄鱼为多。

（6）食性。通常以小鱼、水生昆虫、岸边生活的小动物以及植物为食。是淡水鱼类中比较贪食的种类之一，其胃内食物可占本身体重的 10%左右，更能捕食为自身身体长二分之一大小的鱼类。从 4 月底～8 月为它的摄食旺季，每天食欲最旺的时间是早晨和傍晚，其他时间多潜伏在溪流两岸有荫蔽的水底，阴天则全天摄食。产卵后的食欲特别旺盛。

食物主要有小鱼、鱼卵、虾类，以及蜉蝣、飞蚁、萤火虫、瓢虫、牛虻和其他昆虫等。采食的时候，还能经常跳出水面捕捉飞在水上的昆虫，一天可食 100 多个虻、蝇等。在吞食鱼卵时，往往也把水底的树叶或枝条的碎片一并吞入。

3. 北极茴鱼（见图 5-5）

（1）地方名：花棒子、花翅子。

图 5-5　北极茴鱼

（2）分类地位：鲑形目、鲑科、茴鱼属。

（3）形态和解剖学特征。依据体长为 7.8～25cm 的 12 尾北极茴鱼标本测定。体延长而侧扁，前背部较高，体长为体高的 3.46～5.38 倍。头长小于体高，吻钝，眼大，眼径与吻长近似等长，头长为头高的 1.05～1.53 倍，头长为吻长的 3.56～4.70 倍；口端位，上下颌等长，口裂斜。背鳍较高，基部长，雌雄间有明显区别，雄体之背鳍高大于头长，而雌体之背鳍高小于头长，背鳍起点位于体前部的 1/3 处。胸鳍侧下位，腹鳍腹位，有腋鳞。脂鳍起点鱼臀鳍基部相对，尾鳍深叉形。

背部紫灰色，体侧渐淡，腹部银灰白色。1 龄以下的幼鱼体侧有 8～10 个椭圆暗斑，1 龄以上个体暗斑逐渐消失。成鱼体前侧有黑色小斑点，背鳍后部末端有两行赤褐色和深绿色的卵形斑块，雄鱼尤为鲜艳。

（4）栖息。喜栖息在水温较低，水质清澈，溶氧丰富的水体中。

（5）繁殖。具有洄游习性，每年春季进行生殖洄游和秋季进行越冬洄游，集群游到清澈而湍急的水流中产卵，卵常粘附着在河底的砾石上，繁殖适宜水温为 6～8℃。额尔齐斯河北极茴鱼的最小性成熟个体，雄鱼体长为 18.4cm，体重 108g，成熟系数 1.30，年龄为 2～3 龄；雄鱼体长为 18.0cm，体重为 112g，成熟系数为 2.86（为 8 月份采集样本），年龄为 2～3 龄。但是大多数性成熟年龄为 3～4 龄。

对 15 尾北极茴鱼进行测定，平均绝对繁殖力 2240 粒，波动范围为 939～3360 粒；平均相对繁殖力为 11 粒/g；成熟卵径平均为 2.6mm。

（6）食性。以无脊椎动物为主要食物，索饵时间多在夜间，夏季喜在浅水处捕食水生昆虫和落入水中的陆生昆虫。

四、过鱼对象游泳能力测试研究

工程中的过鱼设施应适应鱼类的习性，使其自行通过或捕捞过坝，无论采用哪一种方式，过鱼对象的游泳能力都是修建过鱼设置的重要依据，因此需要对过鱼对象的游泳能力进行充分的研究。

（一）鱼类游泳能力测试指标

表征鱼类游泳能力的指标主要有两类，一是趋流特性，二是克流能力。

趋流特性指鱼类对水流的趋向性以及感应的敏感程度；克流能力则是鱼类克服一定流速水流的能力。这两个游泳能力指标通常是过鱼设施设计中的重要参考数据，也是国内外过鱼设施及鱼类行为学研究的重点方向之一。具体而言，鱼类的趋流特性主要用于过鱼设施进口流场设计；鱼类的克流速度则主要用于过鱼设施流速设计。

1. 趋流特性

趋流特性一般以感应流速为指标。感应流速指能够使鱼类产生趋流反应的流速值，趋流反应通常以鱼类游动方向的改变为指示标准。在鱼道的设计过程中，感应流速除了作为进口诱鱼流速设计的重要参数，同时也是鱼道以及鱼类洄游路线中出现的最小流速的设计参考依据。

2. 克流能力

鱼类的克流能力依生物代谢模式和持续时间的不同主要分为三类，以速度来表示分别为持续游泳速度、耐久游泳速度和突进速度。一些鱼类这三种速度的差别可通过游泳时间与速度关系图中的斜率变化来反映。

（1）持续游泳速度。鱼类在持续游泳模式下可以保持相当长的时间而不感到疲劳，其持续时间通常以大于200min来计算。此时，鱼类通过有氧代谢来提供能量使红肌纤维缓慢收缩，进而推动鱼类前进。早期由于分类名称的差异，也有学者将鱼类持续游泳速度称为巡游速度。

（2）耐久游泳速度。鱼类的耐久游泳速度是处于持续游泳速度和突进游泳速度之间的一类，通常能够维持20s～200min，并以疲劳结束。在这种速度下，鱼类所消耗能量的获取方式既有有氧代谢也有厌氧代谢，厌氧代谢提供的能量较高，却容易积累大量乳酸使鱼类感到疲劳。

临界游泳速度是耐久游泳速度的一个亚类。耐久游泳速度的最大值被命名为临界游速，是鱼类在某一特定时期内所能维持的最大速度。

持续游泳时间也是耐久游泳速度的一个重要指标，指在特定流速下鱼类可以维持的游泳时间。

（3）突进游泳速度。突进游泳速度是鱼类所能达到的最大速度，维持时间很短，通常小于 20s。此速度下，鱼类通过厌氧代谢得到较大能量，获得短期的爆发速度，同时也积累了乳酸等废物。依照游泳时间的不同，爆发游泳能力又可以分为猝发游泳速度和突进游泳速度。其中，猝发游泳速度指鱼类在极短时间（＜2s）内达到的最大游泳速度，通常在捕食和紧急避险时使用。突进游泳速度指鱼类在较短时间内（＜20s）达到的最大游泳速度。突进游泳速度是鱼道设计中的重要参数。

一般时候，鱼类会通过调节它们身体和尾鳍摆动的频率和摆幅来减缓速度或加速，以保持加速—滑行的游泳方式，这种方式下鱼类能够减少消耗的能量。

鱼类常用持续游泳速度运动（如洄游），通常在困难地区则使用耐久速度，在捕食和逃避时则使用突进速度。鱼类的持续游动被认为是鱼类实行“马拉松”式的有氧代谢的游动。其持续游动速度为鱼类可以稳定的持续游动 6h 而不会使其筋疲力尽的最大速度。耐久游动为鱼类的有氧和无氧代谢运动相结合下的游动。耐久速度的持续时间为持续进行持续游动和突进游动后，致使鱼类产生疲劳的持续时间，一般情况下为 20s～200min。耐久速度持续时间的长短与鱼类的种类、个体大小、水体温度以及突进游动和持续游动的周期等均有一定的关系。

（二）研究现状

目前，对鱼类趋流特性的研究主要从两个层次出发：一是测试鱼类群体对流速的感应程度，二是测试鱼类个体对流速的感应程度，都是以鱼类开始逆水流游泳为指示指标。

在鱼类的游泳能力研究中，对鱼类克流能力的研究最多，也是过鱼设施设计时的重要参考依据。其中对鱼类持续游泳能力的研究主要以鱼类持续时间大于 200min 为指标，或者以鱼类体内出现疲劳的生理指标为指示。由于鱼类持续游泳能力为鱼类在恒定低流速下的游泳行为，在过鱼设施内出现的概率较小，一般研究主要局限在鱼类的生理疲劳指标方面。

由于耐久游泳速度可以保持相对较长的时间，且对鱼类不会造成明显的生理压力，其中，临界游泳速度是耐久游泳速度的上限值，获取这个数值对于保证鱼类通过的前提下，减小工程量，缩短鱼道长度有重要意义。通过国际上对鱼类游泳行为的研究，一般将临界游速作为鱼道过鱼孔的设计流速的重要参考值。

持续游泳时间是反映鱼类长时间维持游泳运动的指标，尤其对于距离较长或者结构较为简单的鱼道，持续游泳时间关系到鱼类可以连续上溯的距离。是鱼道设计中鱼道长度以及休息池设计的参考依据之一。

对于突进游泳速度，鱼类一般在面临捕食或被捕食以及其他特殊情况下应急采用。而对于鱼道的一些特殊结构及高流速区，则通常以鱼类的突进游泳速度通过。班布里奇（Bainbridge，1960）通过比较 3 种鱼的突进速度得出，鱼类的突进速度与体长有一定的关系，每秒前进的距离均约为其体长的 10 倍（10*BL*/s）左右。不同种类的鱼类没有明显差异。但是，鱼类的突进速度并不是固定的，其会随着突进游动的持续时间而明显减小。施瓦兹科普夫（Schwarzkopff）的观测表明，突进速度在持续 2s 后就会显著减小到 4～6*BL*/s。由于突进游动所消耗的主要是进行无氧运动的白肌能，白肌能的变化也决定了鱼类的突进速度。因此 Bainbridge 提出的 10*BL*/s 原则上只是一个特定条件下的瞬时行为。一般而言，突进速度的绝对值随体长增加，相对值随体长减小。一般鱼类通过鱼道中的特殊结构以及过鱼孔的时间一般小于 20s，所以一般以这个突进游速作为鱼类可通过的重要指标。

我国过鱼设施及鱼类行为学研究起步较晚，在 20 世纪 80 年代为葛洲坝、富春江等鱼道设计做过一些鱼类行为学试验，但局限于测试鱼类的最大游泳能力，对其他行为学参数没有涉及。测试鱼类也比较单一，而且采用的测试方法及观测手段相对落后，得到的数据准确程度无法满足现在鱼道设计的要求。80 年代以后，由于葛洲坝工程采用增殖放流代替过鱼设施作为鱼类保护措施后，此后的 20 年中，过鱼设施及鱼类行为学研究基本上处于停滞状态，因此对鱼类游泳行为的研究也相当匮乏。近年来，由于国家对水利工程建设带来的生态环境问题的日益重视，一些科研院所及大专院校也陆续开展了一些鱼类行为学研究，研究手段和观测手段也有了一定进步。

（三）测试方法

1. 测试时间地点

测试时间：哲罗鲑和北极茴鱼为2013年5月、6月，选取时间为鱼类的洄游季节；细鳞鲑为2011年8月、9月，为鱼类的生长季节。

测试地点：哲罗鲑为山口水电站坝下；北极茴鱼为托洪台鱼类增殖放流站。细鳞鲑为内蒙古自治区牙克石市。

2. 试验方法

（1）感应流速。试验中，将暂养24h后的试验鱼按照头部指向测试水槽顺流方向放置于游泳能力测试水槽中，适应1h后逐步调大测试段中的流速，同时观察鱼的游泳行为，直至试验鱼掉转方向逆流游动，此时的流速作为试验鱼的感应流速。

（2）临界游泳速度。本试验中，游泳速度的试验方法参照阿尔伯塔大学基思·蒂尔尼（Keith B Tierney）等人运用本水槽开发的测方法。临界游速采用“递增流速法”。试验前将单尾试验鱼放入测试段中，在低流速（0.1cm/s左右）下适应1h以消除转移过程对鱼体的胁迫。测试开始后，先把流速调至60%的预估临界游泳速度，然后逐步调大测试段中的流速。同时观察鱼的游泳行为，直至试验鱼疲劳无法继续游动，此时结束试验，记录游泳时间。摄像机全程记录测试过程。

测试完成后，记录鱼体长、全长、体重、损伤状况等值；记录水槽水温、溶氧等参数。

临界游速计算公式为

$$u_{crit} = v_p + \left(\frac{t_f}{t_i}\right) v_i$$

式中：v_i是增速大小；v_p是鱼极限疲劳的前一个水流速度；t_f是上次增速到达极限疲劳的时间；t_i是两次增速的时间间隔。

（3）突进游泳速度。突进游泳速度的测试可以阐述为在最小的时间间隔内递增最大的流速梯度的测试。本试验中，突进游速也采用“递增流速法”，流速提升时间间隔减小，流速增幅不变。

突进游速计算公式与临界游速计算公式一致。

（4）持续游泳时间。在本试验中，将暂养 24h 后的试验鱼放置于游泳能力测试水槽中，在小于 0.1m/s 的流速中适应 1h，然后逐渐调大测试段中的流速达到预先设定的流速值，主要把 $0.8u_{crit}$、$1.0u_{crit}$、$1.2u_{crit}$ 三个流速值作为持续游泳时间的设定流速，根据德斯劳里埃（Deslauriers D）等的测试结果表明，鱼类持续游泳速度的最大值通常发生在 0.8 倍的临界游泳速度值。观察鱼的游泳行为，直至试验鱼疲劳无法继续游动或持续游动时间达到 200min，此时结束试验，记录游泳时间。

3. 试验设备

测试水槽为进口的环形试验水槽，见图 5-6 和图 5-7。美国、加拿大、德国、澳大利亚等国的科研人员已应用此型水槽开展了鱼类游泳能力测试、鱼类游泳行为相关的生理指标等方面的研究。

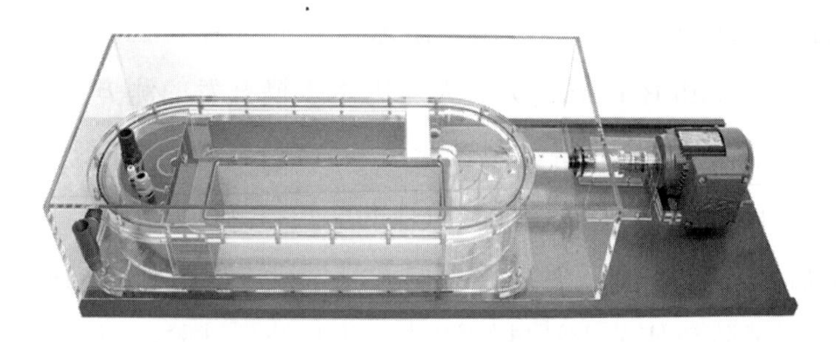

图 5-6 鱼类游泳能力测试水槽

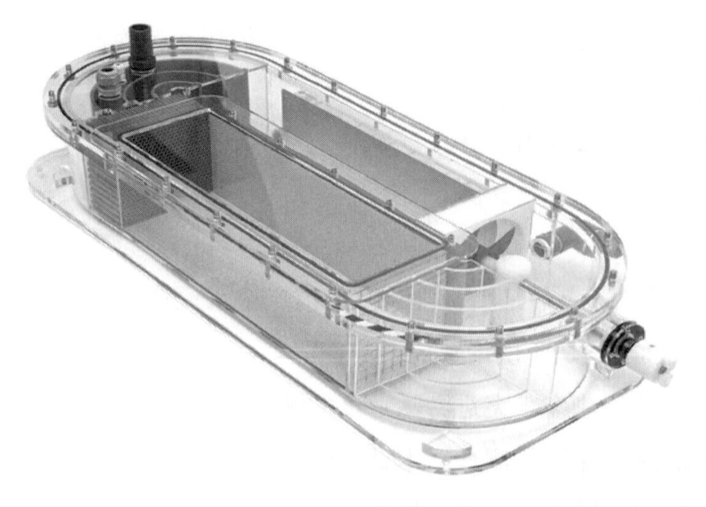

图 5-7 鱼类游泳能力测试水槽内部结构

（四）测试结果

1. 感应流速

感应流速测试条件及测试结果见表 5-3。

表 5-3 感应流速测试条件及测试结果

种类	尾数	水温（℃）	溶氧（mg/L）	全长 *TL*（m）	体长 *BL*（m）	体重（g）	感应流速（m/s）
细鳞鲑	10	11.4～13.7	6.73～9.41	0.28～0.32	0.24～0.28	195.0～370.0	0.04～0.14
哲罗鲑	10	10.5～12.2	9.98～10.78	0.28～0.37	0.25～0.35	183.0～437.2	0.07～0.13
北极茴鱼	10	7.6～10.6	11.49～12.54	0.21～0.27	0.18～0.25	85.8～216.6	0.05～0.13

经过数据统计，细鳞鲑感应流速 95%置信区间为 0.05～0.19m/s，均值为 0.08m/s，中位数为 0.07m/s；哲罗鲑感应流速 95%置信区间为 0.07～0.10m/s，均值为 0.09m/s，中位数为 0.08m/s；北极茴鱼感应流速 95%置信区间为 0.07～0.11m/s，均值为 0.09m/s，中位数为 0.09m/s。

2. 临界速度

临界速度测试条件及测试结果见表 5-4。

经过数据统计，细鳞鲑临界速度 95%置信区间为 0.82～0.93m/s，均值为 0.88m/s，中位数为 0.90m/s；哲罗鲑临界速度 95%置信区间为 0.79～0.89m/s，均值为 0.84m/s，中位数为 0.82m/s；北极茴鱼临界速度 95%置信区间为 0.71～0.82m/s，均值为 0.76m/s，中位数为 0.80m/s。

表 5-4 临界速度测试条件及测试结果

种类	尾数	水温（℃）	溶氧（mg/L）	全长 *TL*（m）	体长 *BL*（m）	体重（g）	临界速度（m/s）
细鳞鲑	10	11.4～11.9	9.32～9.41	0.28～0.31	0.24~0.28	216.0～342.2	0.76～1.00
哲罗鲑	10	10.9～13.7	9.38～10.93	0.33～0.37	0.31～0.35	297.1～432.3	0.76～0.92
北极茴鱼	10	7.5～9.4	12.17～12.64	0.21～0.27	0.19～0.25	56.9～216.6	0.21～0.27

3. 突进速度

突进速度测试条件及测试结果见表5-5。

表5-5 突进速度测试条件及测试结果

种类	尾数	水温（℃）	溶氧（mg/L）	全长 *TL*（m）	体长 *BL*（m）	体重（g）	突进速度（m/s）
细鳞鲑	10	7.6～16.0	6.24～8.90	0.27～0.32	0.23～0.28	186.8～353.8	0.80～1.65
哲罗鲑	10	10.7～12.2	10.40～10.78	0.28～0.37	0.25～0.35	183.0～405.7	1.45～1.63
北极茴鱼	10	7.7～9.8	11.10～12.25	0.21～0.27	0.18～0.25	85.5～216.6	1.09～1.52

经过数据统计，细鳞鲑突进速度95%置信区间为0.93～1.26m/s，均值为1.10m/s，中位数为1.06m/s；哲罗鲑突进速度95%置信区间为1.49～1.60m/s，均值为1.54m/s，中位数为1.57m/s；北极茴鱼突进速度95%置信区间为1.16～1.37m/s，均值为1.27m/s，中位数为1.26m/s。

4. 持续时间

持续时间测试条件及测试结果见表5-6。

由持续游泳时间测试结果可知，细鳞鲑的持续游泳速度上限值在0.70m/s附近；哲罗鲑的持续游泳速度上限值在0.67m/s附近；北极茴鱼的持续游泳速度上限值在0.61m/s附近。

表5-6 持续时间测试条件及测试结果

种类	尾数	水温（℃）	溶氧（mg/L）	全长 *TL*（m）	体长 *BL*（m）	体重（g）	测试流速（m/s）
细鳞鲑	9	8.4～13.7	7.45～9.69	0.24～0.40	0.21～0.35	134.8～726.5	0.70，0.88，1.05
哲罗鲑	9	10.6～12.9	10.16～10.99	0.33～0.35	0.31～0.33	305.2～386.7	0.67，0.84，1.01
北极茴鱼	9	7.7～9.9	12.03～12.53	0.19～0.23	0.16～0.20	50.9～141.8	0.61，0.76，0.91

（五）过鱼设施流速设计

1. 鱼类习性及特征

布尔津河的土著鱼类为冷水性鱼类，一般认为，冷水性鱼类生存的温度范围为 0～20℃，最适温度为 12～18℃，所能适应温度的上限是 22℃，极个别的种类可以极短时间的适应 24℃的水温。哲罗鲑为冷水性的纯淡水凶猛食肉性鱼类，终年绝大部分时间栖息在 15℃以下低温、水流湍急的溪流里；细鳞鲑属于陆封型冷水性鱼类，生活于低于 20℃的淡水内，但产卵繁殖需要在 16℃以下；北极茴鱼、江鳕、阿勒泰鱥等也是冷水性鱼类，其中江鳕产卵时水温 2℃左右。

布尔津河鱼类多数都为底层鱼类且喜欢生活于流水环境中，例如，喜生活在山麓砂底的清澈激流中的北极茴鱼，喜栖息于浅水、水草丛生、底质多淤泥处的银鲫，喜栖居于水质清澈的沙底或有水草生长的河湾等处的江鳕，喜栖息于山区底层环境中的阿勒泰杜父鱼等；此外，一些鱼类早期阶段尤其喜欢栖息于底层，例如，细鳞鲑仔鱼喜欢潜伏在砂砾空隙之间，不常游动。

过鱼设施的主要过鱼对象为细鳞鲑、哲罗鲑及北极茴鱼，兼顾过鱼对象为粘鲈、贝加尔雅罗鱼、高体雅罗鱼、银鲫、阿勒泰鱥、尖鳍鮈、北方须鳅、北方花鳅。

2. 过鱼设施流速设计

（1）过鱼设施最大流速。在过鱼设施中，鱼类通过过鱼孔口或竖缝一般都是以高速冲刺的形式短时间通过，通过高流速区时间一般为 5～20s，通过后，鱼类寻找到缓流区或回水区进行休息。美国交通研究委员会 2009 年会的报告中指出：观测到鱼类通过鱼道时的游泳速度为突进速度；布莱克（Blake，1983）通过研究发现鱼类通过竖缝式鱼道的竖缝时运用突进游泳速度，直到疲劳才停下来休息。因此过鱼断面流速主要参考鱼类突进速度。

突进游速中，根据游泳速度测试值的排序和分析，限制值取北极茴鱼的 1.09～1.52m/s，50%的北极茴鱼突进速度大于 1.26m/s。

肯普（P. S. KEMP）认为，过鱼设施的流速采用鱼类游泳速度设计，水流速度不能简单的用流量和水位来计算，应该分析河流的流速断面，考虑近壁面和底部对水流的影响。因为边壁及底部的摩阻，一般在过鱼孔口处流速分布均存在一定梯度，孔边壁及底部流速显著低于过鱼孔口中心流速，游泳能力较弱的鱼类可以利用此区域通过。过鱼目标以 0.10～0.50m 的个体为主，且主要为中底层鱼类，因此该过鱼孔口流速设计的边界条件为保证过鱼孔近底边壁有 0.2～0.25m 的低流速区域，此区域流速在 1.09～1.26m/s 的范围内，其余高流速区流速可适当放大至 1.5～1.6m/s。

（2）过鱼设施进口流速及位置。目前，鱼类如何寻找进口、进口的效率以及吸引水流的信息很少，国际上还没有明确的鱼类对微水流条件响应的研究成果。尽管如此，基于 100 多年的鱼类上溯观测，积累了一定的过鱼设施进口位置布置及吸引水流建设经验，建成了一些成功的过鱼设施。

一般认为，进口水流条件设施的主要依据为水流流速梯度和鱼道出流占河流流量的百分比。

鱼类上溯时一般会寻找高流速梯度的区域。河流流速较低时，鱼类沿整个河宽均有分布，而当流速增加，例如遇到人工障碍时，鱼类倾向于沿着主流的边缘上溯，如岸边或靠近底部等有流速梯度分布的区域。相反的，对于下行，鱼类更倾向于流速高但是流速梯度小的区域。

鱼道相对于河流流量很小，鱼道位置便成为成功的关键。当遇到高流速的大坝出流时，鱼类会尽可能地上溯［参见阿内克列夫·克拉博尔（Arnekleiv and Kraabol），1996；卡尔皮宁（Karppinen et al.），2002；伦德奎斯特（Lundqvist et al.），2008］，因此已建成的最成功的过鱼设施进口位置总是尽可能地靠近大坝，且进口的开口方向能保证鱼类直接进入。当过鱼设施进口离大坝太远，进口出流相对于河流的水流条件没有足够的吸引力，鱼类很难找到进口；另外，进口应尽量设在岸边，因为水流中部没有足够的流速梯度，对鱼类也没有足够的吸引力。因此，在障碍物下游，鱼类会沿着岸边尽可能的上溯至大坝。此外，吸引水流也能提高过鱼设施的进口的效率，在美国和欧洲，吸引水流一般会达到河流流量的 5%～10%。

进口位置最好选择在尽可能靠近大坝的岸边，主流的边缘位置。由于我国过鱼设施还处于起步阶段，对鱼类的行为趋性及过鱼设施进口布置的了解还较少，在工程允许的情况下，建造时进口位置尽量可调整，在后期运行过程中根据实际情况选取鱼类聚集区域作为进口位置。

对于鱼类，一般最佳的诱鱼流速范围为临界游速和突进游速之间，其中流速越大、水流的影响范围越大。综合考虑，进口流速建议值范围为0.8～1.5m/s。特殊水情下可采取相应的补水措施以提高进口效率，补水流量可根据实际情况尽量选取低噪声、大流量、影响范围较大的水流。

（3）过鱼设施出口流速和位置。过鱼设施出口应保持有一定的流速，以便于鱼类游出过鱼设施后不影响其正常的洄游行为。因此，过鱼设施出口位置不可布置在完全静水的地方，这样鱼类就无法感应到流速，容易迷失方向。同时，出口位置也不可太贴近泄水建筑物，且流速超过鱼类临界流速鱼类将很容易被吸入泄水闸而被带入下游。因此，过鱼通道出口流速建议大于鱼的感应流速，且在持续游泳速度范围内，根据测试结果建议出口设置在流速为0.20～0.61m/s的水域。

（4）过鱼设施主体结构。一般情况下，鱼类会通过调节其身体和尾鳍摆动的频率与摆幅来减缓速度或加速，以保持加速—滑行的游泳方式。鱼类通过连续水流障碍时同时需用到突进式游泳和持续性游泳，为使鱼类不产生疲劳，建议鱼道平均流速在鱼类持续游泳速度范围内。根据测试结果和国内外研究成果，持续游泳速度在80%临界速度附近，综合考虑建议过鱼设施平均流速取值范围为0.61～0.70m/s。

除平均流速及水深外，还需关注复杂流场的水力学条件。根据目前的研究成果，紊动水流的雷诺应力、涡尺寸及涡的方向会对鱼类上溯产生影响。当紊动涡的尺寸同鱼体尺寸相近时，不利于鱼类上溯；当涡尺寸显著大于或小于鱼体尺寸时，不会对鱼的游泳行为产生明显的影响，鱼还可以利用小尺寸涡的能量上溯。因此尽量避免产生同鱼尺寸相近的漩涡。

第五节　升　鱼　机

一、现有高水头过鱼方案及对工程的适应性分析

（一）高水头过鱼设施

工程不同、过鱼种类不同，过鱼设施的形式也是多种多样的。目前实际运用较多的过鱼设施包括鱼道、旁路水道、升鱼机、鱼闸以及集运鱼设施等。

各有其适应性，鱼道和旁路水道多适用于低水头水利枢纽；升鱼机多适用于高坝垂直过鱼；鱼闸与船闸相似，多适用于过鱼量不大的枢纽；集运鱼船、鱼闸多适用于已建有船闸的枢纽补建过鱼设施。

世界范围内已经设计建造了多种过鱼设施，高水头过鱼设施一般有集运式鱼闸、捞扬式鱼道（升鱼机式鱼道）、索道式鱼道、集运鱼船等4种。其特点如下：

1. 集运式鱼闸

鱼闸的操作原理与通航船闸极其相似。这种鱼道一般有两个闸室，一个位于坝的上首，另一个位于坝的底部，上、下两端闸门交错启闭进行过鱼，两者由斜井或竖井相连接，鱼被吸引入下游的闸室并驱赶至斜井或竖井。每隔一定时间，关闭底部闸室。底部闸室关闭时，闸室内水位上升，闸室中的鱼群可沿斜井往上游，并通过上闸室的溢水闸游出。鱼闸过鱼省力省时，适用于游泳能力差的鱼类。一般认为每级为6m左右，高水头可采用多级闸室。占地少，但容纳鱼数量大，并可与船闸并用，造价低。其缺点是过鱼不连续，仅适用于过鱼量不多的枢纽；机动设备多，维修费用大。博凯尔电站（罗纳河）上游船闸的闸门见图5-8。

2. 升鱼机

升鱼机的原理与电梯相似，由进鱼槽、竖井、出鱼槽三大主要部分组成。工作时先由进鱼槽口放水，将下游鱼类诱入进鱼槽，接着移动立式自动赶鱼栅，把鱼驱入竖井，然后关闭竖井进口闸门，并向竖井充水至与上游水位持平。同时启动竖井内水平升鱼栅，提升鱼类到上游水位处。最后，打开上游闸门，移动出鱼槽的立式赶鱼栅，驱鱼入上游水域。升鱼机提升鱼斗见图5-9。

图5-8　博凯尔电站（罗纳河）上游船闸的闸门

升鱼机宜在高于 60m 大坝上建造。与其他类型的过鱼设施相比，升鱼机的主要优点在于其建设费用较低、总体积小、对上游水位变化的敏感度低。具有较大过鱼能力，可是，由于下游鱼类较难找到入口，大大降低了过鱼效率。苏联伏尔加格勒水电站的举鱼机一般只能使 10%的亲鱼过坝。升鱼机的运行及维修的费用很高，并需较多管理人员。

图 5-9　升鱼机提升鱼斗

升鱼机的操作原理是用一个捕集器直接截获鱼。升高捕集器时，鱼及捕集器下部中少量的水被升起直到捕集器到达坝顶。此时，捕集器下部向前翻转，将其内含物倒入前池。与其他类型的鱼类通过设施相比，升鱼机的主要优点在于其成本低（成本实际上与大坝的高度无关）、总容积小及对上游水位变动的敏感度低。

杜东丽升鱼机（多尔多涅河）在捕鱼时蓄水池和扫污机的俯视图见图 5-10。

3. 索道式鱼道

在水位变化大的高坝，可采用一种升鱼索道进行过鱼，如美国俄勒冈州的朗德比尤特坝就有这种装置，它由集鱼装置、吊桶、索道 3 部分组成。其工作运转靠电站出水口用水泵抽吸 5.7m^3/s 造成人工水流，将鱼诱入蓄鱼槽，然后通过模槽将鱼导入吊桶，而后吊桶徐徐上升，越过坝顶卸鱼于水库再复位。一个行程所需时间约为 30～40min。鱼的下行装置是一种戽斗，在水库水面造成 11.3m^3/s 人工水流，诱鱼入戽斗，当戽斗满水后，门和自动阀门开启，鱼被送到出水口卸放。

4. 集运鱼船

集运鱼船即“浮式鱼道”（见图 5-11），可移动位置，适应下游流态变化，移至鱼类高度集中的地方诱鱼、集鱼。集运鱼船由集鱼船和运鱼船两部分组成。即由两艘平底船组成一个“鱼道”。集鱼船驶至鱼群集区，打开两端，水流通过船身，并用补水机组使其进口流速比河床流速大 0.2～0.3m/s，以诱鱼进入船内，通过驱鱼装置将鱼驱入紧接其后的运鱼船，即可通过船闸过坝后将鱼放入上游。

图 5-10　杜东丽升鱼机（多尔多涅河）在捕鱼时蓄水池和扫污机的俯视图

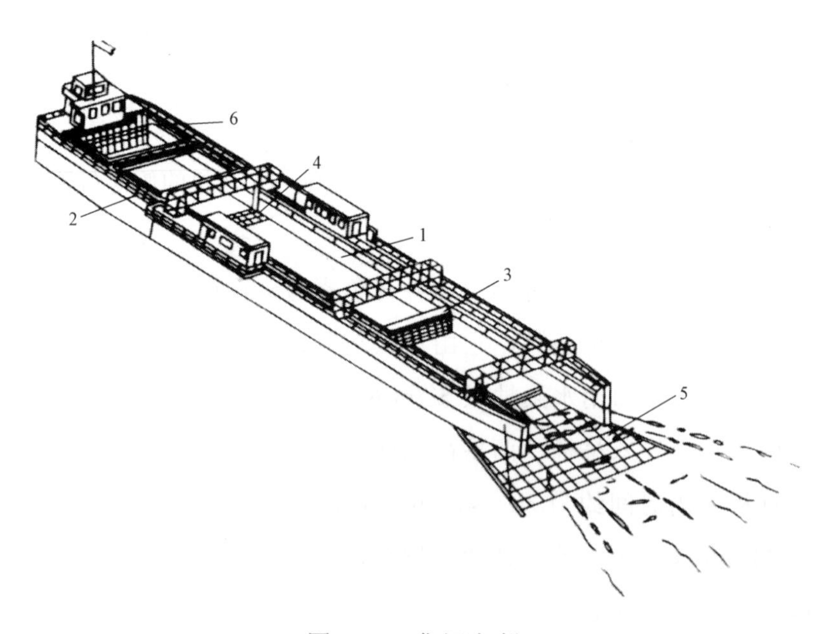

图 5-11　集运鱼船

1—集鱼船；2—运鱼船；3—驱鱼装置；4—计数台；5—接鱼栅；6—网格

（二）过鱼设施在布尔津山口水利枢纽工程中的适应性分析

1. 过鱼设施类型及优缺点

几种高坝过鱼设施的优缺点对比见表 5-7。

表 5-7　　几种过鱼设施方案比较

方案	优点	缺点
集运式鱼闸	（1）适合高水头工程； （2）结构稳定； （3）运行可靠	（1）结构复杂，设备多； （2）操作复杂； （3）工程投资高； （4）运行费用较高
升鱼机	（1）适合高水头工程； （2）结构稳定； （3）运行可靠	（1）结构复杂； （2）不易集鱼； （3）操作复杂； （4）工程投资高； （5）运行费用较高
鱼闸	（1）适合高水头工程； （2）结构稳定； （3）运行可靠	（1）结构复杂，设备多； （2）操作复杂； （3）运行费用较高； （4）工程投资高
集运式鱼闸	（1）适合高水头工程； （2）结构稳定； （3）运行可靠	（1）结构复杂，设备多； （2）操作复杂； （3）工程投资高； （4）运行费用较高
索道式鱼道	（1）适合高水头工程； （2）结构稳定； （3）运行可靠	（1）结构复杂，设备多； （2）操作复杂； （3）工程投资高； （4）运行费用较高； （5）要适应地形条件
集运鱼船	（1）适合高水头工程； （2）结构稳定； （3）运行可靠	（1）结构复杂，设备多； （2）操作复杂； （3）工程投资高； （4）运行费用较高； （5）要具备航运条件

2. 适应性分析

对目前常见的过鱼设施，如集运式鱼闸、捞扬式鱼道（升鱼机式鱼道）、索道式鱼道、集运鱼船等进行适应性分析。

（1）集运式鱼闸。鱼闸的工作原理和运行方式与船闸相似。由于鱼类在鱼闸中凭借水位上升，不必溯游便可过坝，故又称水力升鱼机。鱼闸须适应上游水位一定的变幅，下游进口多有一短鱼道相接，必要时设拦鱼、诱鱼、导鱼设施。鱼闸的历史远较鱼道要短。鱼闸可适用于较高水头，英国的奥令鱼闸最大提升高度 41m。爱尔兰的香农河上阿那克鲁沙鱼闸，为一竖井式鱼闸，净高 34m，平均工作水头 28.5m。美国哥伦比亚河麦克纳里坝的过鱼设施，共有两座鱼道和两座鱼闸。该枢纽水位差最大约 30.5m。苏联伏尔加河上的伏尔加格勒鱼闸，是双线式鱼闸，即有两个并列的闸室和下游槽（也可归类于升鱼机），水位差 27.5m。据 1962～1978 年数据统计，该水力升鱼机过鱼种类主要有鲟类、小白鲑、鲱、鲇等，年过鱼 28.8 万～1301.4 万尾。鱼闸常布置在厂房附近，和主体工程一并考虑，从运行和大坝的安全考虑，一般一级鱼闸不宜承担过高水头，水头高的情况下，需设置多级鱼闸。鱼闸的缺点是不能连续过鱼，工程难度大，仅适用于过鱼量不大的枢纽。另外，需较多的机电设备，维修费用较高。

鱼闸操作复杂且具有不连续性，加之下游暂养池容积有限，致使过鱼能力十分有限，并且后期设施的运行维护费较高。考虑到布尔津山口大坝坝后山谷狭窄，主河道为行洪通道，没有修建鱼闸的条件，故采用鱼闸过鱼不适应于布尔津山口水利枢纽。

（2）捞扬式鱼道（升鱼机式鱼道）。捞扬式鱼道（升鱼机式鱼道）的优点是适于高坝过鱼，对重力坝、拱坝等较为适合；能较好适应水库水位的较大变幅，与同水头的鱼道相比，造价较省、占地少，便于在水利枢纽中布置，同时升鱼机过鱼对象广泛，可较好适应具有不同洄游特性、个体大小、集群程度等生物特性的鱼类，可确保较好的过鱼效果。

主坝为常态混凝土抛物线双曲拱坝，最大坝高 94.0m，坝顶高程 649.0m，坝顶弧长 319.646m，坝顶厚 10.0m，最大坝底厚度 27m，厚高比 0.287，弧高比为 3.4，顶拱最大中心角为 96.964°。

可以看出，在双曲拱坝上设置类似于电梯的升鱼机来运鱼过坝的方案可行。

（3）索道式鱼道。布尔津山口水利枢纽坝址区所在地山上岩石裸露，河谷呈不对称的“U”形，岸坡陡立，两岸零星分布Ⅰ、Ⅱ、Ⅲ、Ⅳ级阶地。河谷两岸分布有走向多与河谷近正交的季节性冲沟，无布置索道的地形条件，大坝最大坝高达 96m，结合上下游地形条件，无法布置索道。若强行设置，需在一侧岸坡上开挖出一条满足索道运行的人工通道，其工程量巨大，需要耗费大量资金，并投入极多人力和物资。

综上分析，受布尔津河库坝区地形条件，以及库区水位变幅大、索道工程量巨大和资金等等因素影响，索道过鱼方案不适应于布尔津山口水利枢纽（见图 5-12）。

（4）集运鱼船。集运鱼船主要包括集鱼设施和运输设施。集鱼设施根据水域特点和大坝辅助设施可以考虑集鱼船；运输设施包括活渔船、活鱼车、码头、吊车等。集鱼船可驶至鱼类集群区，打开两端，水流通过船身，并采用补水措施使进口流速比河床中略大，以诱鱼进入船内，再通过驱鱼装置将鱼驱入紧接在其后的运鱼船。运鱼船可通过船闸过坝，将鱼放入适当水域，在没有设置船闸的大坝，可以将鱼从活渔船中转入活鱼车，运到合适的水域放流。国内目前已开展相关试验型研究，彭水水电站已开始进行规划设计和建设，尚无建成运行的集运鱼船系统。集运鱼船系统过鱼实践和效果的资料主要来自国外，如在顿河支流内马内奇河口枢纽进行的试验中，8 天就收集了鲱、鳊、梭鲈等鱼 2.5 万尾。集运鱼船机动灵活，可在较大范围内变动诱鱼流速，可将鱼运往上游适当的水域投放，对枢纽布置无干扰，适用于已建有船闸的枢纽补建过鱼设施。其缺点是运行费用大，受诱鱼效果的制约较大，特别是诱集底层鱼类较困难，噪声、振动及油污也影响集鱼效果。

布尔津河坝址区河谷底部水面狭窄，水深较浅，无航运，未设置船闸，从坝址区向坝前无直接交通路；同时，受水深限制，亦无法采用深水网箱集鱼，因此，采用集运鱼船过鱼的方案不适合于本项目。

（5）综合比选结果。从诱集鱼和过鱼效果、工程布置的可行性、工程可靠性、可操作性、建设工期、工程量以及工程投资等多方面综合考虑，进行的对比分析表见表 5-8。

图 5-12 布尔津山口枢纽鸟瞰图

表 5-8 过鱼措施方案综合比较

过鱼措施	本项目外应用实例	优点	缺点	本工程适宜性	比选结果
集运式鱼闸	国内尚无实施实例； 国外如英国、爱尔兰、苏联等均有应用（单级提升高度可达 41m）	（1）鱼类过坝不必溯水，不费力； （2）过坝鱼类成活率高	（1）不能够连续过鱼； （2）集诱鱼差影响过鱼效果； （3）对枢纽主体工程影响较大； （4）施工难度大，技术要求高； （5）投资相对较大	（1）大坝对应河道狭窄，无法布置。 （2）不适应于布尔津山口拱坝	不适合
捞扬式鱼道（升鱼机式鱼道）	国内尚无实施案例； 美国、加拿大、苏联等应用较多（63m 至 134m 坝高均有应用）	（1）集诱鱼效果较好； （2）对枢纽主体工程影响较小，便于布置； （3）投资较小； （4）管理方便	（1）不能双向过鱼； （2）对诱鱼系统依赖性较强，集诱鱼位置固定，对过鱼效果有一定的影响； （3）维护、管理复杂； （4）单次过鱼量有限； （5）不适应土石坝	（1）对大坝的结构有一定的影响：诱鱼、导鱼设施和投鱼点需设置在大坝附近。 （2）布置对枢纽影响较小，水库泄洪有一定影响	适合
索道式鱼道	国内尚无实施实例； 国外如英国、爱尔兰、苏联等均有应用	（1）鱼类过坝不必溯水，不费力； （2）集诱鱼效果较好； （3）过坝鱼类成活率高	（1）不能够连续过鱼； （2）集诱鱼差影响过鱼效果； （3）对枢纽主体工程影响较大； （4）施工难度大，技术要求高； （5）投资相对较大	（1）大坝对应河道狭窄，无法布置。 （2）不适应于布尔津山口拱坝	不适合
集运鱼船	国内乌江干流彭水水电站正进行规划设计，尚无实施； 国外顿河支流马内奇河口枢纽	（1）集鱼船结合深水网箔诱鱼，机动灵活，集鱼效果好； （2）可以双向过鱼； （3）不涉及主体工程； （4）方案可操作性强	（1）不能够连续过鱼； （2）人为因素对过鱼效果影响较大； （3）过坝鱼类成活率受人为影响较大； （4）国内没有成功经验借鉴	无航运，无集鱼船航道	不适合

几个常用的过鱼措施方案中，集运式鱼闸方案对枢纽主体工程影响较大，不适合；索道式鱼道布置、建设难度大，投资高，不适合；集运鱼船，无可供行船的航路，不适合。

综上分析，唯有捞扬式鱼道（升鱼机式鱼道）即升鱼机方案适用于该工程。

二、诱鱼口布置研究

（一）集诱鱼系统鱼道进口设置原则

根据国内外过鱼设施的研究和应用实例，由于鱼类对水流有明显的趋向性，对于水电站来说，坝下鱼类容易聚集的区域为厂房尾水处，由此形成一个共识：即有发电厂房的工程，诱鱼设施鱼道进口应尽可能布置在厂房尾水渠内。鉴于此，集诱鱼系统鱼道进口应适宜紧邻电站厂房尾水渠布置，以利用发电尾水吸引鱼类聚集。

集诱鱼系统自上而下布置有供水系统、集鱼池、鱼道，其工作原理为：利用鱼类对水流的趋向性，通过给集诱鱼系统供水，使鱼类顺鱼道提供的水流指引进入鱼道及其后集鱼池内，最终使鱼类能够顺利达到进入升鱼机并过坝的目的。

工程建成前，河道的整个宽度都可以提供鱼类洄游。但是当工程修建之后，洄游鱼必须通过集诱鱼系统进入升鱼机后才能实现过坝。一方面，相对于整个河道而言，集诱鱼系统的进口的尺寸非常小，因此具有“针眼”的特点；另一方面，任何鱼道的尺寸都要受到地形及场地布置的限制。因此，对于该工程的鱼道而言，主要洄游鱼类能否成功找到鱼道进口对于过鱼设施成功运行具有至关重要的意义。

鱼道在水电站的最适宜位置通常位与发电厂在江河的同侧，电站发电尾水渠出口是大坝向下游泄水的主要途径和最直接的诱鱼区。将鱼道进口紧靠电站发电尾水渠出口，能使障碍物与鱼道进口之间形成的死水区减少到最小。这是很重要的，因为溯河洄游的鱼可能不易察觉到进口并仍然停留在死水区而被困住。

电站发电尾水渠出口下泄水流的水力学特性（水流流速和湍动强度等）影响鱼道进口处形成的吸引流，水流的吸引力也受到从鱼道流出水流的流速、角度及河流流量对鱼道流量之比的影响。吸引流流出鱼道的速度应在 0.1～

1.2m/s 的范围内。相关研究成果也指出，当电站正常发电条件下，鱼道出口水流应尽可能的扰动尾水或河道水流，在岸边或者游泳的鱼类，只有在它们恰好在鱼道进口附近时才会注意到吸引流。

（二）集诱鱼系统流场的数值模拟研究计算工况

1. 计算工况

为分析不同集诱鱼系统进口方案的流态，比选推荐最优方案，研究开展了相关数值模拟研究工作。

针对设计初步推荐的布置方案，进行多方案对比分析研究。结合工程布置，共拟定 4 个研究方案。

方案一：两个进口，右岸设置平行及垂直于尾水。

方案二：两个进口，左右岸各设置 1 个。

方案三：三个进口，左岸设置 1 个，右岸设置 2 个。

方案四：三个进口，左岸设置 1 个，右岸设置 2 个。

此外，针对优化方案工况 3，还分别进行了二维、三维的计算以对比分析差异（两种情况下，各个进口在河道的位置均一致，只是为了比较角度的影响，二维计算时，进口 1 与主流方向夹角 5°，进口 2 与主流方向夹角 45°，进口 3 与主流方向夹角 30°；三维计算时，进口 1 与主流方向夹角 25°，进口 2 与主流方向夹角 45°，进口 3 与主流方向夹角 60°）。各个工况设置见表 5-9。

表 5-9　　集诱鱼系统诱鱼流态计算工况设置表

编号	进 口 设 置 情 况
方案一	两个进口：进口 1 为横向诱鱼进口（右岸），与厂房尾水垂直衔接。 进口 2 为垂向诱鱼进口（右岸），平行厂房尾水与原河床衔接
方案二	两个进口：进口 1 在尾水出口上游 20m（右岸），与主流方向夹角 25°。 进口 2 在二道坝下游 100m（左岸），与主流方向夹角 45°
方案三	三个进口：进口 1 在电站发电尾水渠出口上游约 20m（右岸），与主流方向夹角 25°。 进口 2 在二道坝下游约 100m（左岸），与主流方向夹角 45°。 进口 3 在二道坝下游约 100m（右岸），与主流方向夹角 60°
方案四	三个进口：进口 1 在电站发电尾水渠出口上游约 20m（右岸），与主流方向夹角 25°。 进口 2 在二道坝下游约 100m（左岸），与主流方向夹角 45°。 进口 3 在二道坝下游约 200m（右岸），与主流方向夹角 45°

布尔津山口枢纽工程的主要过鱼对象为哲罗鲑、细鳞鲑及北极茴鱼 3 种洄游性鱼类。上述 3 种鱼类的产卵季节为 4～7 月，因此，确定集诱鱼系统进口的设计应针对工程运行后最常见的运行工况，结合过鱼季节为每年的 4～7 月，选定典型来流流量 P=90%时，设计年 4～7 月的平均流量分别为 28.97m^3/s、245.26m^3/s、253.26m^3/s 和 205.27m^3/s，所有下泄流量通过机组发电下泄。根据厂房尾水断面处的水位-流量关系，4～7 月流量对应的厂房尾水断面水位分别 4 月 564.5m、5～7 月基本都为 570.0m。

（1）方案一计算工况说明。集诱鱼系统自上而下布置有供水系统、集鱼池、诱鱼道。其工作原理为：利用鱼类对水流的趋向性，通过给集诱鱼系统供水，使鱼类顺诱鱼道提供的水流指引进入诱鱼道及其后集鱼池内。升鱼机利用水流诱鱼，水流通过水泵自厂房尾水抽取，消能后进入集鱼池及诱鱼道。考虑到厂房尾水处为坝下鱼类容易聚集的区域，因此，集诱鱼系统的进口 1 设置与厂房尾水垂直衔接；另外，为了更好地集鱼，加设进口 2，平行厂房尾水与原河床衔接。

按照前述，方案一计算范围选择：选取 7 月的水面线进行计算，上游从二道坝至所提供的下游最末端（上下游距离约为 700m），左右岸高程为 570.00m 的等高线，以及电站发电尾水渠出口和鱼道进口。另外，在高程（纵向）方向上，电站二道坝下游河道的坡降为 i=1/68.493，电站厂房发电尾水渠出口底板高程为 564.20m，而二道坝底板高程为 566.00m，由此控制纵向方向上的计算范围。图 5-13 所示为方案一的计算范围。

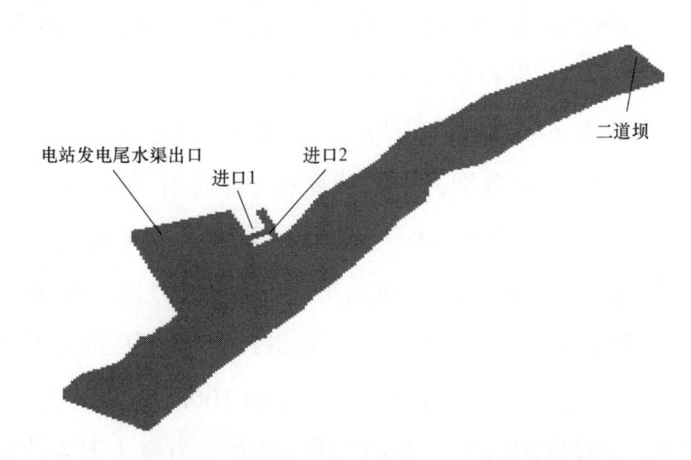

图 5-13　集诱鱼系统流场方案一计算范围

（2）方案二计算工况说明。方案二进口 1 设置紧邻电站发电尾水渠出口的左侧，与主流方向夹角 25°，鱼道净宽 1m，水深 1m；同时，由于鱼类在游动过程中，很有可能在通过电站发电尾水区域之后继续上行，因此为了增加过鱼数量，产生更好的过鱼效果，在二道坝下游左岸约 100m 处设置进口 2，与主流方向夹角 45°。方案二计算范围选择：选取 7 月的水面线进行计算。图 5-14 所示为优化方案工况 2 的计算范围。

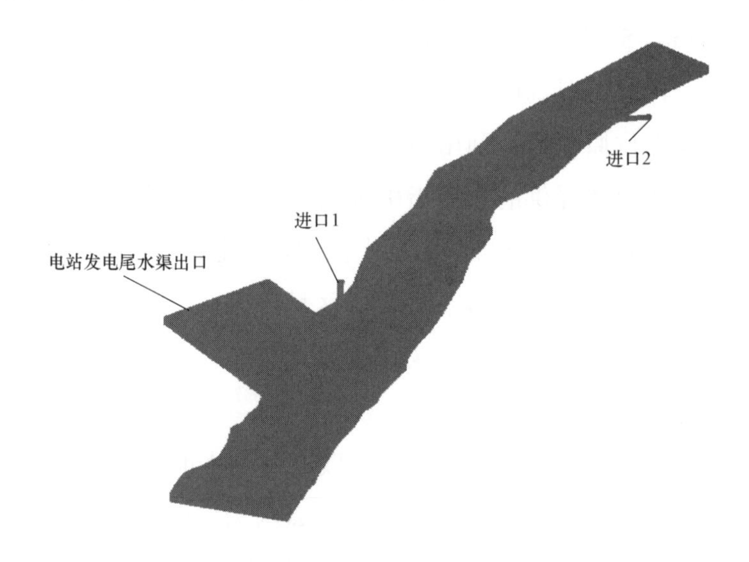

图 5-14 集诱鱼系统流场方案二计算范围

（3）方案三计算工况说明。方案三进口 1 设置紧邻电站发电尾水渠出口的左侧，与主流方向夹角 25°。同时，由于鱼类在游动过程中，很有可能在通过电站发电尾水区域之后继续上行而进入到前述“集鱼死水区”，为增加过鱼数量，在二道坝下游左岸和右岸约 100m 处各设置进口 2 和进口 3，与主流方向夹角分别为 45°和 60°。方案三计算范围选择：选取 7 月的水面线进行计算。图 5-15 和图 5-16 所示分别为二维计算和三维计算的范围。

（4）优化方案工况 4（3D）计算工况设置说明。方案四进口 1 设置紧邻电站发电尾水渠的左侧，与主流方向夹角 25°；同时，由于鱼类在游动过程中，很有可能在通过电站发电尾水区域之后继续上行，因此为了增加过鱼数量，产生更好的过鱼效果，在二道坝下游左岸约 100m 处设置进口 2，二道坝下游右岸约 200m 处设置进口 3。图 5-17 所示为优化方案工况 4 的计算范围。

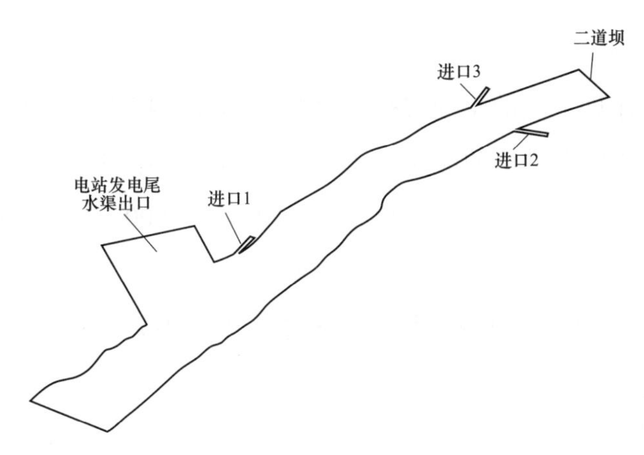

图 5-15　集诱鱼系统流场方案三计算范围（二维）

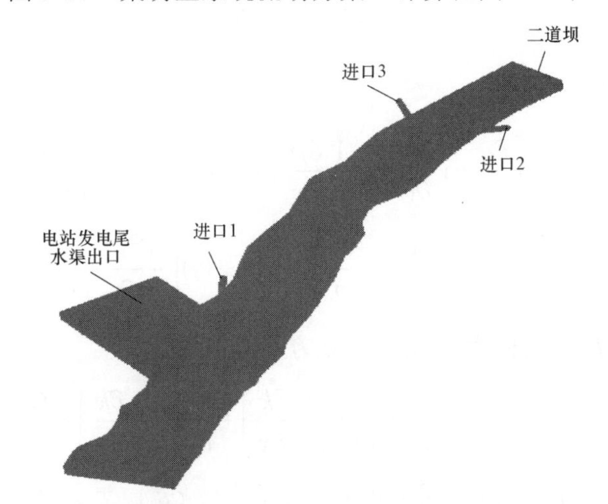

图 5-16　集诱鱼系统流场方案三计算范围（三维）

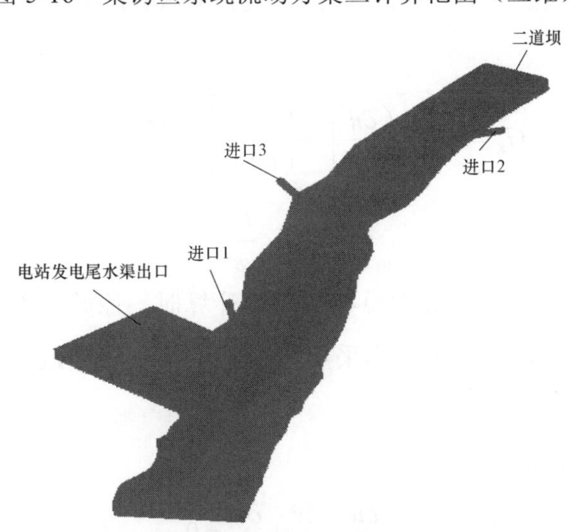

图 5-17　集诱鱼系统流场方案四计算范围

2. 数学模型

在确定了计算工况的水面线范围之后，需要根据实际情况对其边界条件进行设定：每个鱼道进口的流速为 1m/s；而对于电站发电尾水渠出口，其底板高程为 564.20m，则尾水渠出口断面高度为 570.00–564.20=5.80（m），其宽度约为 64m，则设置其流速为 0.55m/s。

（1）二维（2D）计算数学模型。采用标准二维 $k\text{–}\varepsilon$ 模型进行计算，控制方程如下：

1）连续性方程

$$\frac{\partial u}{\partial x}+\frac{\partial v}{\partial y}=0 \tag{5-1}$$

2）动量方程

$$\frac{\partial u}{\partial t}+u\frac{\partial u}{\partial x}+v\frac{\partial u}{\partial y}=-\frac{1}{\rho}\frac{\partial \rho}{\partial x}+(\nu+\nu_t)\left(\frac{\partial^2 u}{\partial x^2}+\frac{\partial^2 u}{\partial x\partial y}\right) \tag{5-2}$$

$$\frac{\partial v}{\partial t}+u\frac{\partial v}{\partial x}+v\frac{\partial v}{\partial y}=-\frac{1}{\rho}\frac{\partial \rho}{\partial y}+(\nu+\nu_t)\left(\frac{\partial^2 v}{\partial x\partial y}+\frac{\partial^2 v}{\partial y^2}\right) \tag{5-3}$$

3）紊动能 k 方程和紊动耗散率 ε 方程

$$\frac{\partial k}{\partial t}+u\frac{\partial k}{\partial x}+v\frac{\partial k}{\partial y}=\frac{\partial}{\partial x}\left(\frac{\nu_t}{\sigma_k}\frac{\partial k}{\partial x}\right)+\frac{\partial}{\partial y}\left(\frac{\nu_t}{\sigma_k}\frac{\partial k}{\partial y}\right)+\frac{G_K}{\rho} \tag{5-4}$$

$$-\varepsilon\frac{\partial \varepsilon}{\partial t}+u\frac{\partial \varepsilon}{\partial x}+v\frac{\partial \varepsilon}{\partial y}=\frac{\partial}{\partial x}\left(\frac{\nu_t}{\sigma_z}\frac{\partial \varepsilon}{\partial x}\right)+\frac{\partial}{\partial y}\left(\frac{\nu_t}{\sigma_z}\frac{\partial \varepsilon}{\partial y}\right)+\frac{\varepsilon}{k}C_{1\varepsilon}\frac{G_k}{\rho}-C_{2\varepsilon}\frac{\varepsilon^2}{k} \tag{5-5}$$

其中：

$$G_K=\nu_t\left\{2\left[\left(\frac{\partial u}{\partial x}\right)^2+\left(\frac{\partial v}{\partial y}\right)^2\right]+\left(\frac{\partial u}{\partial y}+\frac{\partial v}{\partial x}\right)^2\right\} \tag{5-6}$$

$$\nu_t=C_\mu\frac{k^2}{\varepsilon} \tag{5-7}$$

（2）三维（3D）计算数学模型。三维计算时，原始推荐方案的计算工况以及修改方案的三种计算工况均采用标准三维 $k\text{–}\varepsilon$ 模型进行计算，控制方程如下：

1）连续性方程

$$\frac{\partial u}{\partial x}+\frac{\partial v}{\partial y}+\frac{\partial w}{\partial z}=0 \tag{5-8}$$

2）动量方程

$$\frac{\partial u}{\partial t}+u\frac{\partial u}{\partial x}+v\frac{\partial u}{\partial y}+w\frac{\partial u}{\partial z}=-\frac{1}{\rho}\frac{\partial \rho}{\partial x}+(v+v_t)\left(\frac{\partial^2 u}{\partial x^2}+\frac{\partial^2 u}{\partial x\partial y}+\frac{\partial^2 u}{\partial x\partial z}\right) \tag{5-9}$$

$$\frac{\partial v}{\partial t}+u\frac{\partial v}{\partial x}+v\frac{\partial v}{\partial y}+w\frac{\partial v}{\partial z}=-\frac{1}{\rho}\frac{\partial \rho}{\partial y}+(v+v_t)\left(\frac{\partial^2 v}{\partial x\partial y}+\frac{\partial^2 v}{\partial y^2}+\frac{\partial^2 v}{\partial y\partial z}\right) \tag{5-10}$$

$$\frac{\partial w}{\partial t}+u\frac{\partial w}{\partial x}+v\frac{\partial w}{\partial y}+w\frac{\partial w}{\partial z}=-\frac{1}{\rho}\frac{\partial \rho}{\partial z}+(v+v_t)\left(\frac{\partial^2 w}{\partial x\partial z}+\frac{\partial^2 w}{\partial y\partial z}+\frac{\partial^2 w}{\partial w^2}\right)+g \tag{5-11}$$

3）紊动能 k 方程和紊动耗散率 ε 方程

$$\frac{\partial k}{\partial t}+u\frac{\partial k}{\partial x}+v\frac{\partial k}{\partial y}+w\frac{\partial k}{\partial z}=\frac{\partial}{\partial x}\left(\frac{v_t}{\sigma_k}\frac{\partial k}{\partial x}\right)+\frac{\partial}{\partial y}\left(\frac{v_t}{\sigma_k}\frac{\partial k}{\partial y}\right)+\frac{\partial}{\partial z}\left(\frac{v_t}{\sigma_k}\frac{\partial k}{\partial z}\right)+\frac{G_k}{\rho}-\varepsilon \tag{5-12}$$

$$\frac{\partial \varepsilon}{\partial t}+u\frac{\partial \varepsilon}{\partial x}+v\frac{\partial \varepsilon}{\partial y}+w\frac{\partial \varepsilon}{\partial z}=\frac{\partial}{\partial x}\left(\frac{v_t}{\sigma_z}\frac{\partial \varepsilon}{\partial x}\right)+\frac{\partial}{\partial y}\left(\frac{v_t}{\sigma_z}\frac{\partial \varepsilon}{\partial y}\right)+\frac{\partial}{\partial z}\left(\frac{v_t}{\sigma_z}\frac{\partial \varepsilon}{\partial z}\right)+\frac{\varepsilon}{k}C_{1\varepsilon}\frac{G_k}{\rho}-C_{2\varepsilon}\frac{\varepsilon^2}{k} \tag{5-13}$$

其中：

$$G_k=\rho v_t\left\{2\left[\left(\frac{\partial u}{\partial x}\right)^2+\left(\frac{\partial v}{\partial y}\right)^2+\left(\frac{\partial w}{\partial z}\right)^2\right]+\left(\frac{\partial u}{\partial y}+\frac{\partial v}{\partial x}\right)^2+\left(\frac{\partial u}{\partial z}+\frac{\partial w}{\partial x}\right)^2+\left(\frac{\partial v}{\partial z}+\frac{\partial w}{\partial y}\right)^2\right\} \tag{5-14}$$

$$v_t=C_\mu\frac{k^2}{\varepsilon} \tag{5-15}$$

式中：u、v、w 分别为 x、y 方向的速度，m/s；ρ 为水体密度，kg/m^3；p 为时均压强，Pa；v 和 v_t 分别表示水的分子黏性系数和紊动涡黏系数；g 为重力加速度，m^2/s；k 为紊动动能耗效率，m^2/s^2；ε为与紊动动能耗散率，m^2/s^3；σ_k、σ_ε、$C_{1\varepsilon}$、$C_{2\varepsilon}$、C_μ 均为经验常数，在该模型中 $C_\mu=0.09$，$C_{1\varepsilon}=1.44$，$C_{2\varepsilon}=1.92$，$\sigma_k=1.0$，$\sigma_\varepsilon=1.3$。

3. 集诱鱼系统流场计算结果及分析

（1）方案一计算结果及分析。图 5-18 所示为集诱鱼系统流场计算方案一三维流场图，图 5-19 所示为该工况的表层流场图。

从方案一流场计算结果来看，整个计算范围的最大流速出现在电站发电尾水渠出口及其附近下游河道交汇处，约为 1.3m/s；电站发电尾水渠出口及其下游河段区域的流速较大，范围为 0.5～1.2m/s。进口 1 直接垂直于尾水渠

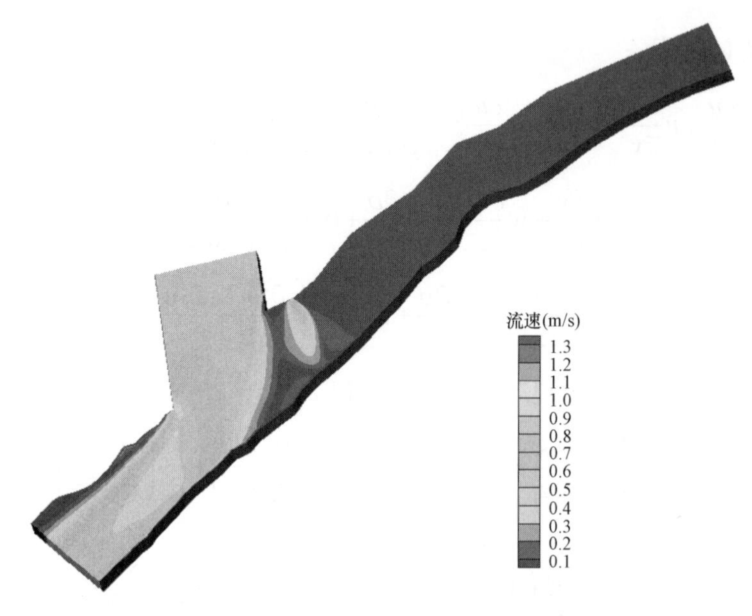

图 5-18 集诱鱼系统流场计算方案一三维流场图

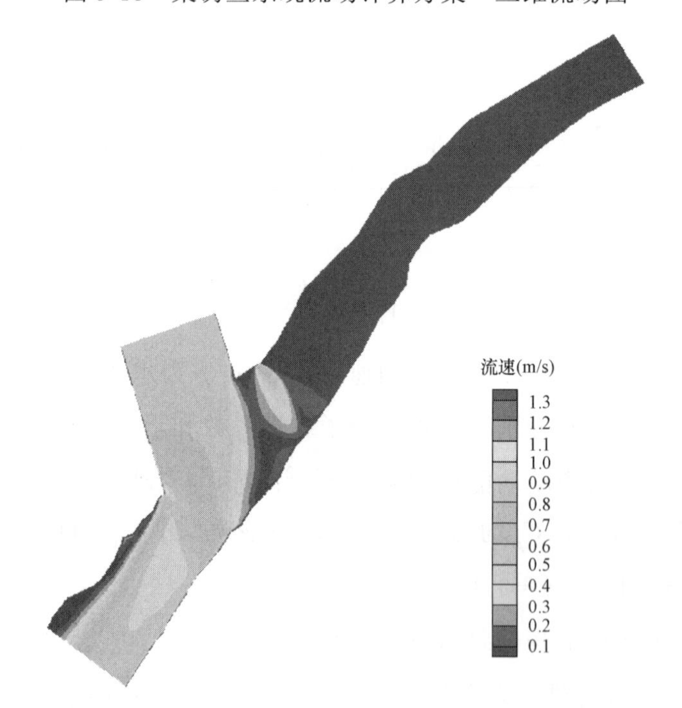

图 5-19 集诱鱼系统流场计算方案一表层流场图

出口，水流影响范围在尾水渠出口中；进口 2 在尾水渠出口上游约 13m。结合鱼的游泳能力测试成果来看，若以 0.1m/s 流速作为感应流速的标准，影响范围：横向从右岸垂直进口至河道中心，纵向为进口至尾水渠出口。从进口

2 上游约 20m 至二道坝范围内流速几乎为 0，为死水区。

（2）方案二计算结果及分析。图 5-20 所示为布尔津山口水利枢纽集诱鱼系统流场计算优化方案工况 2 三维流场图，图 5-21 所示为该工况的表层流场图。

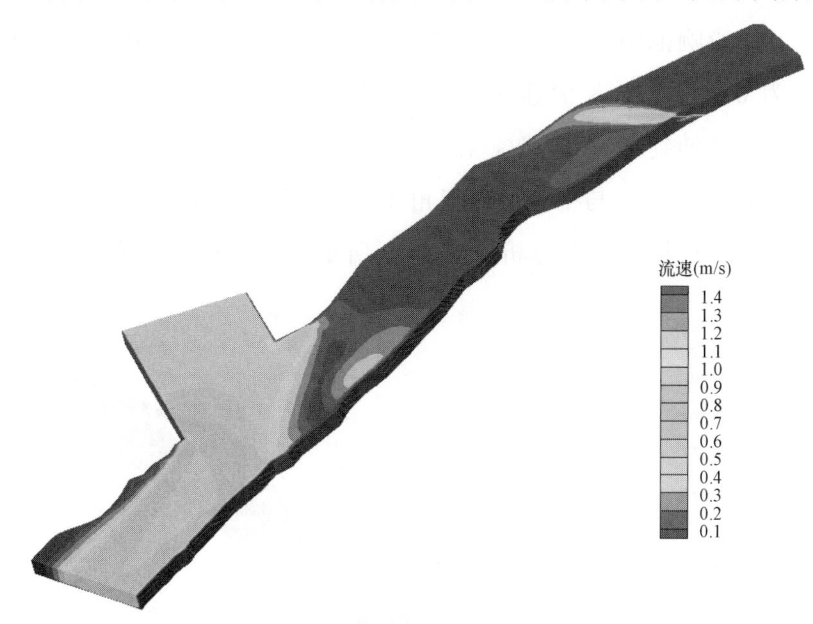

图 5-20 集诱鱼系统流场计算方案二三维流场图

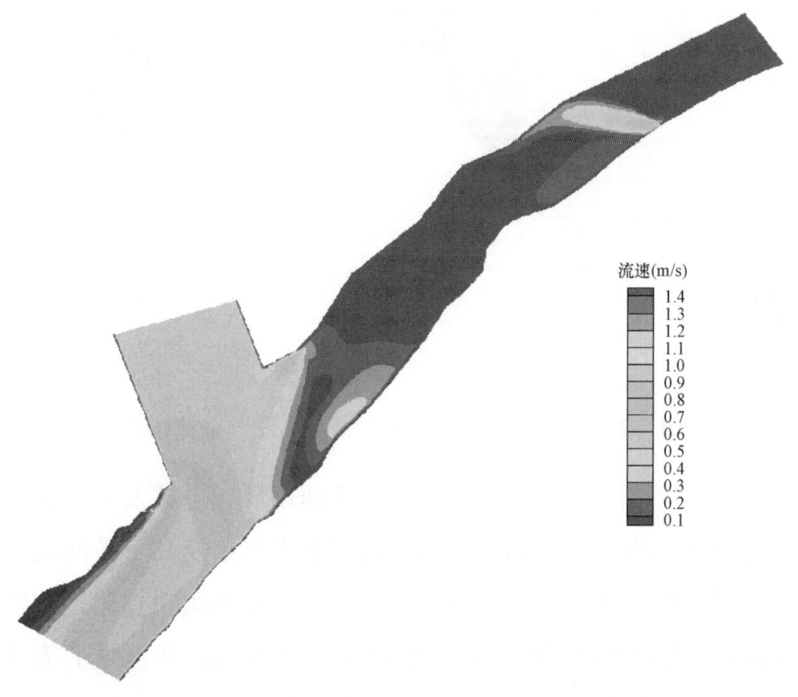

图 5-21 集诱鱼系统流场计算方案二表层流场图

由图 5-20 和图 5-21 可以看出：整个计算范围的最大流速出现在电站发电尾水渠出口及其附近下游河道交汇处，约为 1.1m/s；电站发电尾水渠出口及其下游河段区域的流速较大，范围为 0.5～1.0m/s。进口 1 在电站发电尾水渠出口附近，影响范围在其附近。进口 2 在二道坝下游约 100m，使该区域的流速不再为 0。以 0.1m/s 流速作为感应流速的标准，影响范围：进口 1 仅在横向上从右岸延伸到左岸，同时，在左岸处形成了一个低速回流区，流速范围为 0.2～0.5m/s；进口 2 与主流方向夹角 45°，影响范围延伸到河道中心。

（3）方案三计算结果及分析。图 5-22 所示为集诱鱼系统流场计算方案三二维流场图。

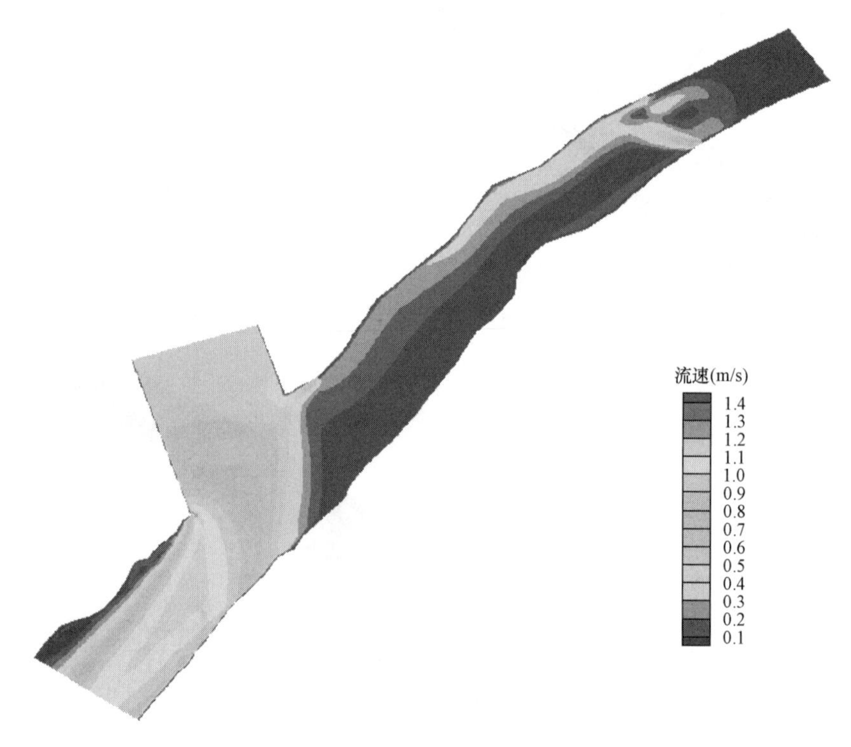

图 5-22　集诱鱼系统流场计算方案三二维流场图

由图 5-22 可以看出，计算范围内最大流速出现在电站发电尾水渠出口及其附近下游河道，约为 1.3m/s，电站发电尾水渠出口及其下游河段区域的流速较大，范围为 0.7～1.3m/s。进口 1 在电站发电尾水渠出口附近，影响范围也只在其附近；进口 2 和进口 3 在二道坝下游约 100m，该区域的流速不再为 0。以 0.1m/s 流速作为感应流速的标准，影响范围：进口 1 在横向上从右岸延伸到左岸，且其与主流方向夹角 5°，出流基本都集中在右岸，左岸没有形成低速回流区；进口 2 与主流方向夹角 45°，影响范围延伸至河道中心；进口 3 与主流方向夹角 30°，影响范围主要靠近右岸并在纵向范围向下游延伸。

图 5-23 所示为布集诱鱼系统流场计算方案三三维流场图，图 5-24 所示为三维计算的表层流场图。

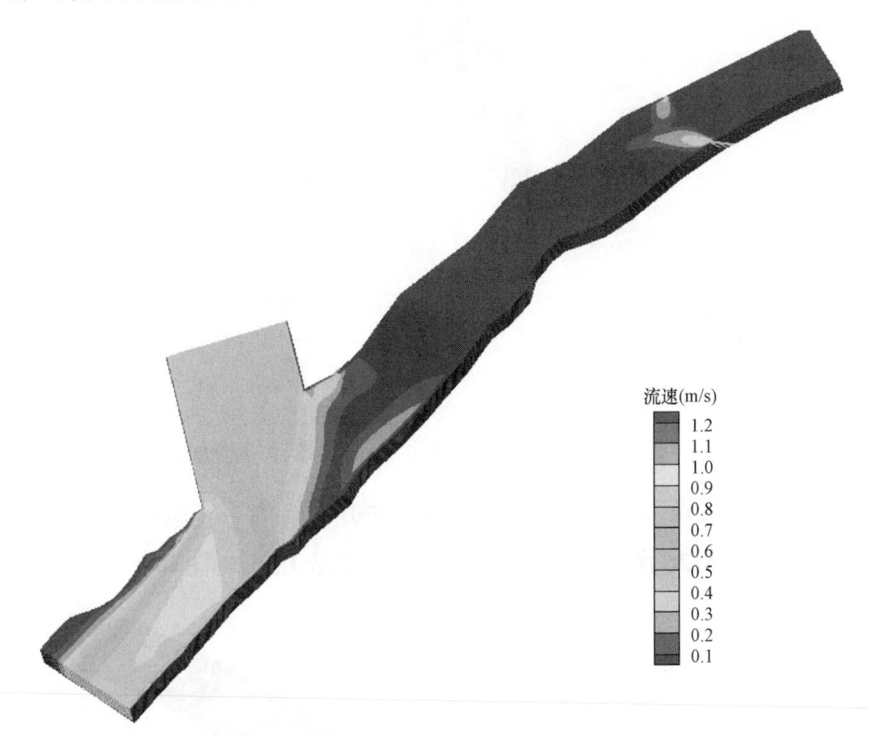

图 5-23 集诱鱼系统流场计算方案三三维流场图

由图 5-23 和图 5-24 可以看出：计算范围内最大流速出现在电站发电尾水渠出口及其附近下游河道交汇处，约为 1.1m/s；电站发电尾水渠出口及其下游河段区域的流速较大，范围为 0.5～1.1m/s。进口 1 在电站发电尾水渠出口附近，影响范围在其附近；进口 2 和进口 3 在二道坝下游约 100m，使该区域的流速不再为 0。以 0.1m/s 流速作为感应流速的标准，影响范围：进口 1 横向上从右岸延伸到左岸，同时，在左岸形成低速回流区，流速范围为 0.2～0.5m/s；进口 2 与主流方向夹角 45°，影响范围延伸至河道中心；进口 3 与主流方向夹角 60°，出流远远地直射河心，由于受到进口 2 出流的作用，导致影响范围不大。

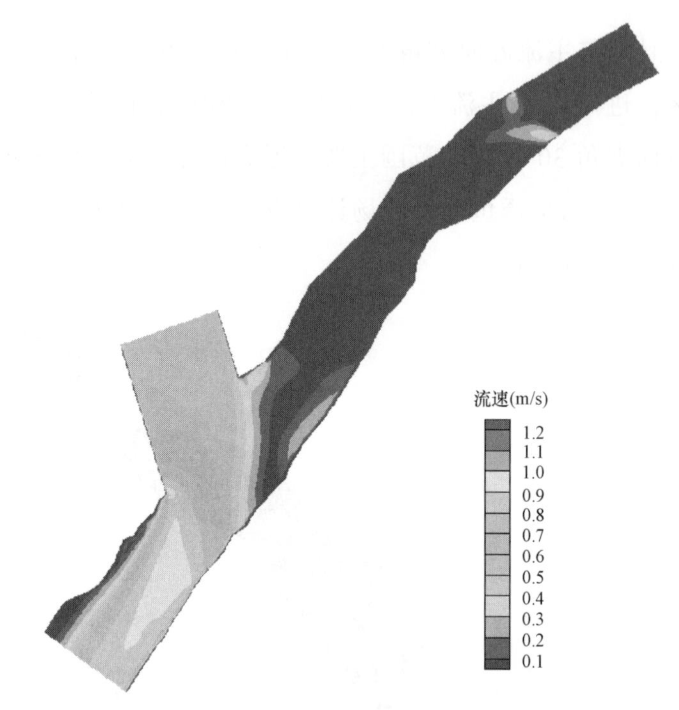

图 5-24 集诱鱼系统流场计算方案三三维计算表层流场图

（4）方案四计算结果及分析。图 5-25 所示为集诱鱼系统流场计算方案四三维流场图，图 5-26 所示为该工况三维计算的表层流场图。

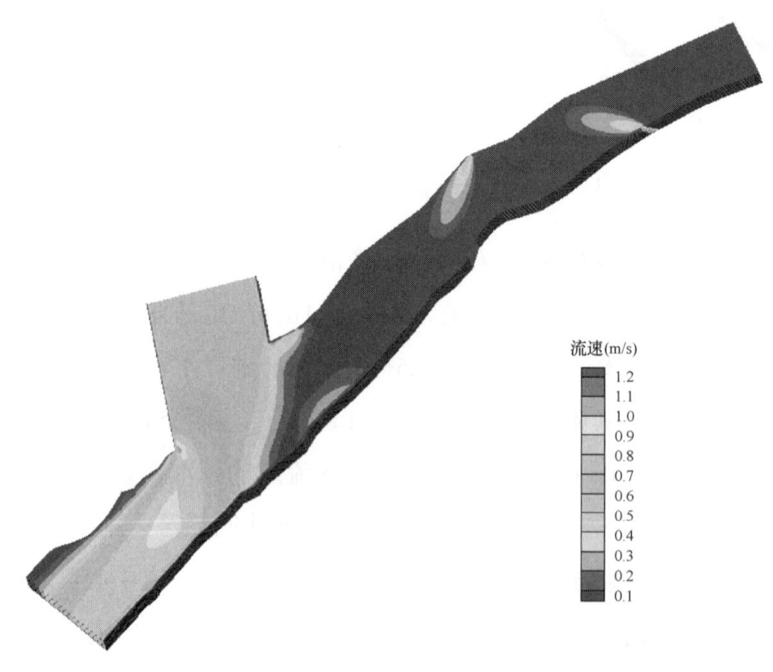

图 5-25 集诱鱼系统流场计算方案四三维流场图

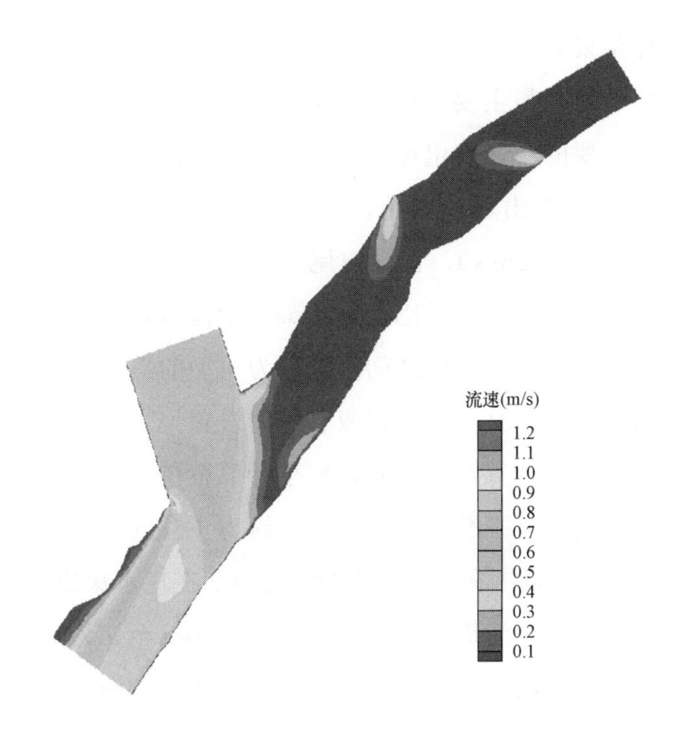

图 5-26 集诱鱼系统流场计算方案四表层流场图

由图 5-25 和图 5-26 可以看出：在设定的计算条件下，整个计算范围的最大流速均不超过 1.2m/s，最大流速出现在电站发电尾水渠出口及其附近下游河道交汇处，约为 1.2m/s；电站发电尾水渠出口及其下游河段区域的流速较大，范围为 0.5～1.2m/s。进口 1 在电站发电尾水渠出口附近，影响范围在其附近；进口 2 在二道坝下游约 100m，进口 3 在二道坝下游约 200m，使这些区域的流速不再为 0。以 0.1m/s 流速作为感应流速的标准，影响范围：进口 1 在横向上从右岸延伸到左岸，同时，在左岸形成低速回流区，流速范围为 0.2～0.5m/s；进口 2 与主流方向夹角 45°，影响范围延伸到约为河道的一半；进口 3 与主流方向夹角 45°，影响范围延伸至河道中心。

4. 数值模拟研究计算结论

对该工程集诱鱼系统鱼道进口方案一（右岸两进口）、方案二（两个进口，左右岸各一个）、方案三（三个进口，左岸一个，右岸两个）、方案四（三个进口，左岸一个，右岸两个）流场进行数值模拟计算分析。此外，针对方案三分别进行了二维、三维的计算以对比分析差异，获得了流场计算结果。

由以上计算结果分析可以得出如下结论：

（1）发电尾水渠是最主要的鱼类聚集区域，这尾水渠附近设置集诱鱼系统的进口是十分必要的；而发电尾水下泄流量和断面流速均较大（各工况计算结果中的最大流速都出现在电站发电尾水渠出口及其附近下游河道交汇处，流速范围为 0.5～1.2m/s），在发电尾水附近及下游的任何诱鱼措施和吸引水流与之相比则无明显效果，因此尾水渠下游没有设置集鱼进口的必要，从发电尾水渠出口至上游二道坝之间的区域为典型的集鱼“死水区”，在该范围内则有必要增加进口，且左右岸均应有进口设置。

（2）从方案一流场计算结果来看，整个计算范围的最大流速出现在电站发电尾水渠出口及其附近下游河道交汇处，约为 1.3m/s。进口 1 直接垂直于尾水渠出口，水流影响范围在尾水渠左侧。进口 2 在尾水渠出口上游约 13m，其水流基本可以影响整个河道。但进口 2 上游约 20m 至二道坝范围内流速几乎为 0，即死水区，洄游鱼类进入这一区域则会迷失方向，难以进入集诱鱼系统。

（3）方案二共两个进口，进口 1 设置紧邻电站发电尾水渠出口的左侧，与主流方向夹角 25°，在二道坝下游左岸约 100m 处设置进口 2，与主流方向夹角 45°；计算范围的最大流速出现在电站发电尾水渠出口及其附近下游河道交汇处，约为 1.1m/s。水流影响范围：进口 1 在横向上从右岸延伸到左岸，同时，在左岸处形成了一个低速回流区，流速范围为 0.2～0.5m/s；进口 2 与主流方向夹角 45°，影响范围延伸至河道中心。

（4）方案三进口 1 设置紧邻电站发电尾水渠出口的左侧，与主流方向夹角 25°，在二道坝下游左岸和右岸约 100m 处各设置进口 2 和进口 3，与主流方向夹角分别为 45°和 60°。整个计算范围的最大流速均不超过 1.2m/s，最大流速出现在电站发电尾水渠出口及其附近下游河道交汇处。电站发电尾水渠出口及其下游河段区域的流速较大，范围为 0.5～1.1m/s。

水流影响范围：进口 1 仅在横向上从右岸延伸到左岸，同时在左岸形成低速回流区，流速范围为 0.2～0.5m/s。进口 2 与主流方向夹角 45°，影响范围延伸至约河道中心。进口 3 与主流方向夹角 60°，出流远远地直射河心，同时由于受到进口 2 出流对冲的作用，导致影响范围不大。因此，在同一断面左右岸设置进口将减弱诱鱼效果，且进口方向与主流夹角过大。

（5）方案四进口 1 设置紧邻电站发电尾水渠的左侧，与主流方向夹角 25°，此外在二道坝下游左岸约 100m 处设置进口 2，二道坝下游右岸约 200m 处设置进口 3。计算范围的最大流速均不超过 1.2m/s，电站发电尾水渠出口及其下游河段区域的流速较大，范围为 0.5～1.2m/s。

水流影响范围：进口 1 在横向上从右岸延伸到左岸，同时在左岸形成低速回流区，流速范围为 0.2～0.5m/s。进口 2 与主流方向夹角 45°，影响范围延伸到河道中心。进口 3 与主流方向夹角 45°，影响范围延伸到河道中心，但从整个区域来看，基本实现了诱鱼流态清晰，无集鱼“死水区”并基本覆盖了发电尾水至二道坝的河段。

（三）工程实施集诱鱼系统布置方案

根据上述研究成果，并结合工程建筑物布置特点、工程地形条件，综合选择诱鱼系统布置方案。

（1）被保护鱼（细鳞鲑、哲罗鲑、北极茴鱼）的感应流速为 0.07～0.11m/s，上述四种布置方案各鱼道进口水流影响范围内的流速均可满足最低感应流速要求。

（2）结合发电厂房布置，工程集诱鱼系统应布置在发电厂房尾水附近，鱼道进口也应直接和尾水相通，使发电尾水吸引聚集鱼类通过鱼道进入到集诱鱼系统。

（3）发电厂房所在的河道左岸为高陡地形，一方面存在交通问题，另一方面如果鱼道进口布置在左岸，鱼道无法和位于右岸的集诱鱼系统连接。因此，鱼道进口不宜在左岸布置。

（4）死水区（流速为 0），洄游鱼类进入这一区域则会迷失方向，难以进入集诱鱼系统。因此，应避免在诱鱼设施范围内存在死水区，如难以避免，应采取其他措施予以解决，如采取电杆拦鱼设施。

（5）简单可靠是集诱鱼系统成功运行的关键点之一，鱼道进口水流影响范围内的流速在满足感应流速的条件下，应做到整个系统布置紧凑合理。

综上所述，实际工程中采用方案一作为实施方案，为解决死水区鱼类迷失方向问题，在鱼道进口 2 上游侧布置拦河电杆拦鱼设施。

三、升鱼机设计

（一）基本要求

布尔津山口水利枢纽根据工程地形地貌和建筑物布置情况，结合工程过鱼对象研究和集诱鱼系统流场计算成果，因地制宜，采用“诱鱼道+运输过鱼设施”来满足鱼类回游过坝的需求。

电站厂房尾水的集鱼池距坝轴线约470m，电站尾水与下游河段相连，是工程中与坝轴线最近水域，该点作为起始的诱鱼、集鱼点，采用捕捞后机械提升、运输、投鱼入水的方法，实现运鱼过坝的目的。

按工程运行方式，坝前水位变幅在正常蓄水位 646.00m 至常遇水位637.00m之间。尾水渠水位为570.50～577.40m，运鱼过坝的布尔津山口水利枢纽过鱼设施，还要考虑以下几个方面：

（1）诱鱼道成功诱鱼并集中至集鱼斗；

（2）能适应运鱼期水库水位和尾水水位变动的需要；

（3）运输过程和投放入水的过程要安全；

（4）集鱼装置出水后，运行时间要满足鱼类成活的需要。

（二）过鱼设施的布置

1. 运输方案的选择

将鱼类从集鱼点集鱼，然后将鱼装入一容器内，把容器从坝后运至坝前，容器投入水中，将鱼驱出容器。如此循环往复的过程，经研究提出两个不同的机械提升运鱼过坝方案：

（1）方案一：左岸跨河缆机方案。

原理是采用“集鱼斗（集鱼容器）+缆机”的过鱼设施来满足鱼类回游过坝，达到保护鱼类资源的目的。集鱼斗位于集鱼池末端，利用缆机提升过坝，然后投入上游的库水中。

本方案上塔布置在左岸导流洞转弯段上方山体 674m 高程的山坡上，下塔位于发电厂房安装间平台后面的632m高程山坡上，上下塔间距871m，缆机轴线跨过集鱼池，投鱼点位于沿此轴线距离坝上游面约120m高程为622m的山坡上，为避免削坡，上塔塔高35m，下塔塔高35m。

本方案的特点：跨距适中，上下塔间距 871m，集鱼池和投鱼点空中运输距离约 570m，可减少运送时间，增加鱼的成活率。适当选择塔位，可避免与其他建筑物的干扰，避免与山体的干扰，避免削坡等复杂施工。运行简单，无需二次转运，减少运行维护人员的操作量；上下塔较高，塔基处理及安装工作量较大。

（2）方案二：轨道右岸运输方案。

采用“集鱼斗（集鱼容器）+轨道运输+提升机+滑槽”的组合方式，由集鱼斗、桥式起重机、抗风扶架、提升机、坝前轨道及滑槽等部分组成。主要依据右岸地势地形来布置轨道，从集鱼池出发，沿高程为 580m 施工道路内侧的钢架轨道运输至坝下，再用提升机提升至坝顶，继续沿坝顶至发电洞下游侧右岸的山体间架设的轨道运送至高程为 649m 的发电进水口上游侧水池内，再将鱼送入钢滑槽，滑槽沿山坡按照一定的坡度架设至山体上游侧的冲沟内，在计鱼设施内设置水泵，将库水抽至滑槽内，保持滑槽内约有 30cm 水深，将鱼沿滑槽冲入库区内的放鱼点。

本方案的特点：投放点距离泄水建筑物较远，避免了鱼类被吸入泄水通道的风险；运送设备较多；运行较为复杂，需二次转运，运行维护人员的工作量较大。

（3）集鱼点主要建筑物及设备。根据布尔津山口水利枢纽主体建筑物布置方案，过鱼设施布置方案为：集鱼系统集鱼池、诱鱼系统鱼道，位于厂房尾水渠左侧；提升斗位于集鱼池末端；过鱼设施提升装置可通过缆机、轨道布置，通过提升集鱼斗转运到坝前投入到水库协助下游鱼类过坝。在转运系统中也可配置氧泵等加氧设备，不会影响鱼类的存活率。另外，过鱼设施属于独立运行，不受汛期（5～8 月）大坝泄洪的影响。因此，采用过鱼设施方案在布尔津山口水利枢纽是可行的。

两个方案的集鱼池部分完全一致。由诱鱼道、集鱼池、集鱼栅、透水壁、提升架及提升架启闭机以及集鱼斗构成。

2．缆机方案（方案一）

运鱼过坝设备采用缆机，缆机为固定式，即上下塔柱分别固定于混凝土埋件上，均通过集鱼池上方。

（1）缆机基本工作方式。缆机是利用张紧在主副塔架之间的承载索作为载重小车行驶轨道的起重机。适用于地形复杂，难以通行的施工场地，如低洼地带的土方工程，水坝、河流、山谷等地区的物料输送。

在主塔和副塔之间，张设一根承载索，作为载重小车的轨道，牵引机构牵引载重小车在承载索上来回行驶，运送物料。主副塔架的行走机构，使主副塔架沿地面轨道同步行走。工作机构由主塔架上的司机室进行控制。为了避免起升索和牵引索相互干扰，每隔一定距离以骑夹予以承托。

为了悬挂骑夹，在两塔架之间张设专门的节索，索上按顺序有大小不同的索节，骑夹上也相应有大小不同的节孔，牵引索和节索，小车上设有矛形鞍棒，当小车从主塔向副塔行驶时，小车左侧的骑夹依次地停留在各节点处，将起升索和牵引索承托起来，右侧的骑夹逐个地被收集在矛形鞍棒上。

固定式的主副塔架都是固定的，作业范围只沿着承载索一条线。副塔架多采用带平衡重的结构，使承载索保持一定的张力。牵引索和节索，都以一定的配重使之张紧。

缆机有完善的信号指示和安全装置，司机通过室内指示器，进行远距离控制。指示器可指出重物在每一瞬间的垂直和水平的位置，甚至在有雾的气候情况下，也能保证起重机正常可靠地工作。

缆机设备一般主要进行吊钩升降、小车移动、主副台车同步移动几个操作，附属的操作机构包括小车变幅绳、主承载索、副塔吊钩自动落钩、检修小车、载人升降机、辅助检修吊车等装置。缆机运输方案纵剖面见图 5-27。

由于缆机设备死扬程较常规起重设备大，为保证集鱼斗过坝和减少集鱼斗运行线路中的边坡修坡处理工程量，需在缆机上下基础部位设置塔柱，塔柱分别固定于混凝土埋件上，上、下塔架均采用全钢焊接框架结构。

缆机起升容量为 80kN。由于集鱼斗起升落差较大，采用常规的起升速度无法满足时间要求，故起升速度定为集鱼池内速度 2m/min、其他部位 20m/min，采用变频调速控制起升速度。

考虑水库大坝位于河谷，缆机的风载按 380N/m^2（相当于风速 20m/s，约 8 级风）。

缆机运行小车和集鱼斗合并，自集鱼池提升集鱼斗，上行至坝前，通过卷筒收放钢丝绳将集鱼斗放入观察室的受鱼点，然后提升，再下行至集鱼池，循环运行，初拟横移运行速度为 1.5m/s（90m/min）。缆车方案布置见图 5-28。

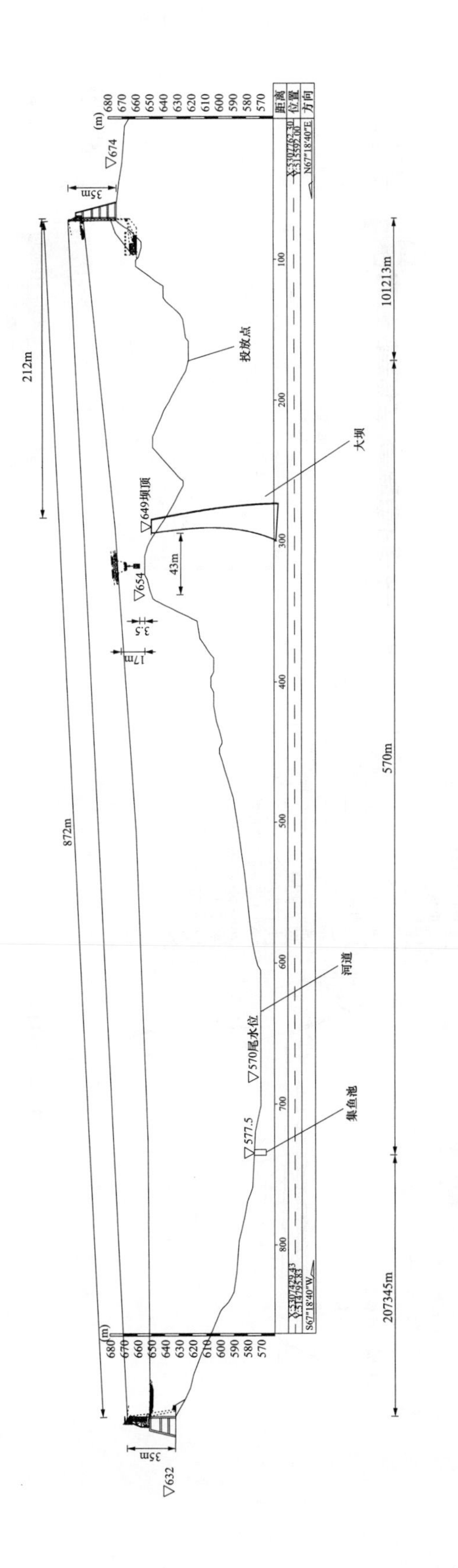

图 5-27 缆机运输方案纵剖面

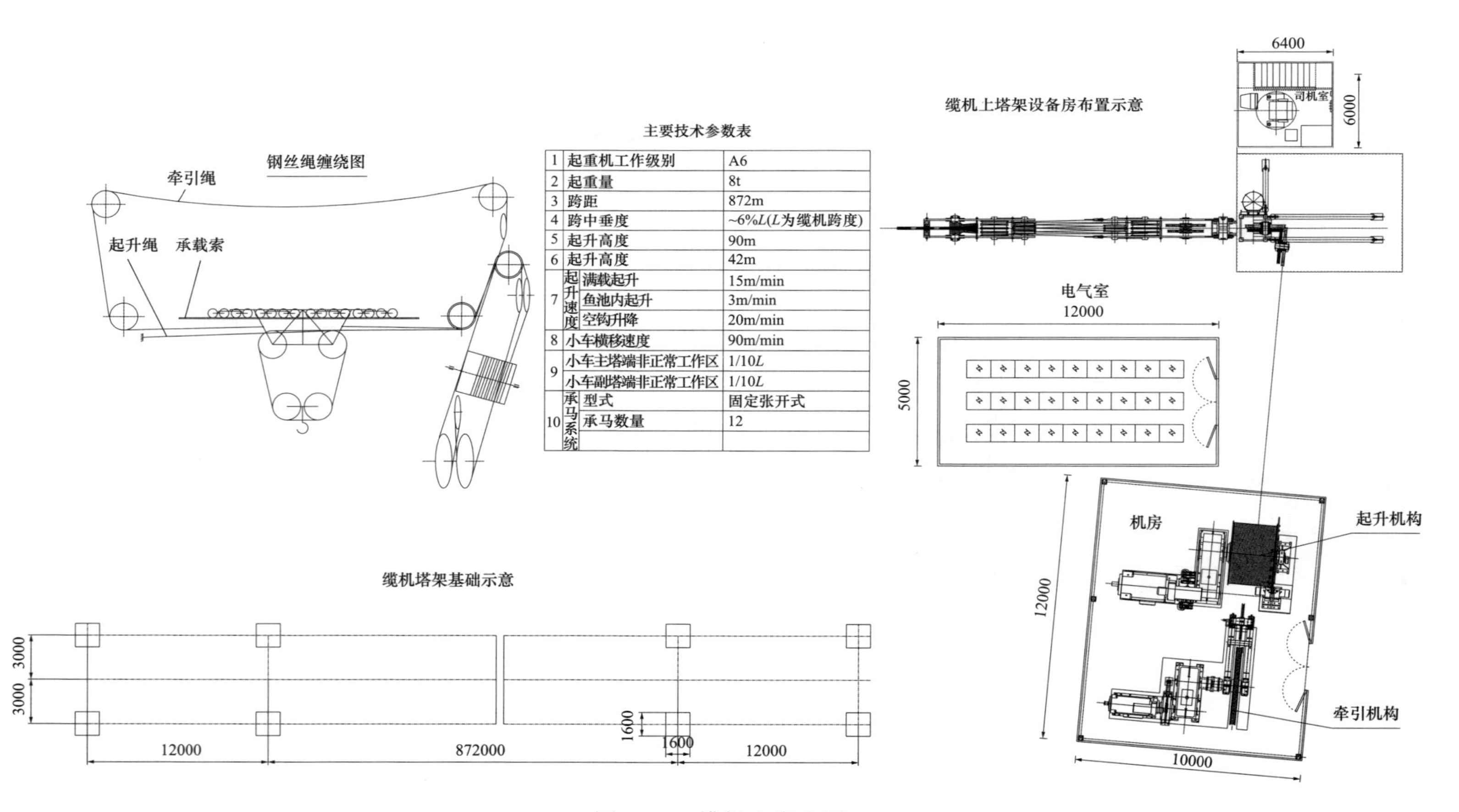

主要技术参数表

序号	项目		参数
1	起重机工作级别		A6
2	起重量		8t
3	跨距		872m
4	跨中垂度		~6%L(L为缆机跨度)
5	起升高度		90m
6	起升高度		42m
7	起升速度	满载起升	15m/min
		鱼池内起升	3m/min
		空钩升降	20m/min
8	小车横移速度		90m/min
9	小车主塔端非正常工作区		1/10L
	小车副塔端非正常工作区		1/10L
10	承马系统	型式	固定张开式
		承马数量	12

图 5-28 缆机方案布置

（2）缆机方案主要设备。缆机设备主要包括上下塔架、承载索（主索）、揽风索、牵引小车（承码）牵引系统、起升系统、控制系统及司机室等。

上塔架为固定式，布置在上游左岸山体，高程为674m的山坡上，塔高35m。上塔布置有节索、牵引索等配重，以保障在各种环境下起重机的平稳运行。

下塔架为固定式，布置在下游发电厂房后侧山体，高程为632m的山坡上，塔高35m。下塔布置有牵引系统、起升系统，以实现缆机的起升及运行操作。

上下塔架采用钢结构，采用相关规范和标准。

承载索架设在上下塔之间，跨度为871m，运行距离为570m。

揽风索架设在上下塔与山体间，用于避免缆机在风荷载作用下偏摆。

牵引小车通过滚轮，悬挂在承载索下，用于集鱼斗的运送。

牵引系统设置于下塔平台处，由卷扬系统、导向滑轮及牵引钢丝绳组成，用于实现对牵引小车实施操作控制。

起升系统设置于下塔平台处，由卷扬系统、导向滑轮及牵引钢丝绳组成，用于实现对集鱼斗实施升降的操作控制。

控制系统用于对缆机运行实施控制。

司机室设置在下塔附近，用于对缆机进行操作。由于缆机设有各种传感及反馈装置，因此在司机室内，即可实现远端控制。

（3）观察室与溜槽。投鱼点位于646.00m坡顶附近，并沿山体地形，按照一定的坡度设置溜槽，溜槽的末端设置在冲沟的高程为637m左右的相应位置。综合考虑鱼类承受能力、溜槽长度、现场地形及水泵排量因素，推荐采用1.2m/s流速运行方案即溜槽长度约为220m，依据坡度为1:30根据现场地形放线安装。溜槽为底部半圆形断面，宽度约为400mm，高度约为600mm，表面涂刷2mm聚脲防腐兼保护鱼体。每隔3m设置支承钢架。为保障鱼类在溜槽内顺利下放，在投鱼点上游端设置水泵，将库水抽至溜槽内，以保持溜槽内有300mm水深。

（4）缆机方案操作运行人员配置。为了保障缆机过鱼设施的正常运行，需配置一组操作人员，包括：缆机操作司机2人，负责对缆机进行操作；鱼池集鱼点操作人员2人，在集鱼池集鱼点负责对集鱼斗的挂脱操作；观察室受鱼点操作人员 2 人，在观察室投鱼点负责对集鱼斗的开闭操作。每台班大约需要运行操作人员 6 人。

3. 轨道右岸运输（方案二）

轨道右岸运输方案工作方式采用“集鱼斗（集鱼容器）+轨道运输+提升机+轨道运输+滑槽”的组合方式，由集鱼斗、桥式起重机、抗风扶架、提升台车、坝前轨道等部分组成。主要依据右岸地势地形来布置轨道，从集鱼池出发，沿高程为 580m 施工道路内侧的钢架轨道运输至坝下，再用提升台车提升至坝顶，继续沿坝顶至发电洞下游侧右岸的山体间架设的轨道运送至高程为 655m 的山体上的观察室内，经过观察室计数后，将鱼送入钢滑槽，滑槽沿山坡按照一定的坡度架设至山体上游侧的冲沟内，最终完成投鱼入水的任务。布置见图 5-29。

作为起点的基础土建部分，诱鱼道、集鱼池、透水板、移动式集鱼栅、集鱼斗等和缆机方案（方案一）完全相同。集鱼斗的运输设备不同，自坝后运鱼至坝前水域要利用桥式起重机、提升机等。

按照轨道右岸运输方案的布置情况，主要运输设备分为坝下运输设备、坝上运输设备和溜槽等部分。

（1）坝下起升运输设备。自集鱼池将集鱼斗运坝底根部的运输装置采用桥式起重机，从集鱼池至坝底根部沿现有 580m 高程的施工道路设置轨道，利用桥式起重机将集鱼斗运至坝脚，运输距离约 450m。桥式起重机起重量为 10t，起升高度为 20m，起升速度暂定为集鱼池内速度 2m/min、其他部位 20m/min，采用变频调速控制起升速度。大车行走速度控制在 40m/min。轨道架设在轨道梁上，轨道梁由混凝土立柱支承。初选排架柱跨度 10m，间距 4.0m，排架梁柱采用 C25 钢筋混凝土结构。桥式起重机采用遥控操作，在两端点进行遥控操作，为保证运行安全，在控制设备上考虑起重机接近端头时自动停机功能。

（2）坝上起升运输设备。自坝底根部至坝前观察室的提升及运输装置采用台车式起重机。从坝底根部至坝顶，在坝体上设置竖向导向支承钢架，高度约为 63m，每间隔 3m 设置横向拉杆以保障竖向导向支承的稳定，横向拉杆端部与坝体相连；在坝顶设置钢架轨道梁，从坝体下游面延伸至坝前发电

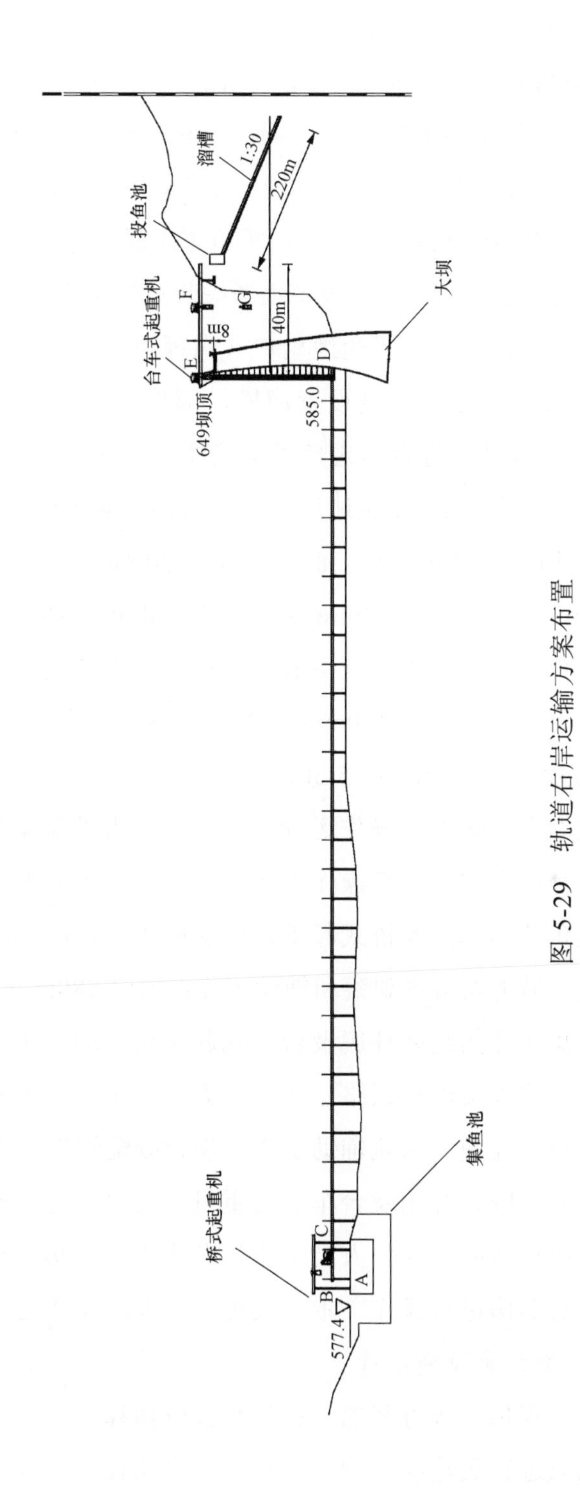

图 5-29 轨道右岸运输方案布置

洞平台，长度约为 78m，其间最大跨度约为 25m；从发电洞平台至观察室设置混凝土轨道梁，长度约为 68m，轨道梁由混凝土立柱支承，排架柱间距 10m，跨度 4m，排架梁柱采用 C25 钢筋混凝土结构。台车式起重机起重量为 10t，起升高度为 70m，起升速度暂定为 20m/min，采用变频调速控制起升速度。台车行走速度控制在 40m/min。台车式起重机采用遥控操作，在两端点进行遥控操作，为保证运行安全，在控制设备上考虑起重机接近端头时自动停机功能。

（3）观察室与溜槽。从投鱼池出口（高程为 645m）至坝前冲沟投放点，沿山体地形，按照一定的坡度设置溜槽，溜槽的末端设置在冲沟的高程为 637m 左右的相应位置。综合考虑鱼类承受能力、溜槽长度、现场地形及水泵排量因素，推荐采用 1.2m/s 流速运行方案即溜槽长度约为 220m，依据坡度为 1:30 根据现场地形放线安装。溜槽为底部半圆形断面，宽度约为 400mm，高度约为 600mm，表面涂刷 2mm 聚脲防腐兼保护鱼体。每隔 3m 设置支承钢架。为保障鱼类在溜槽内顺利下放，在投鱼池上游端设置水泵，将库水抽至溜槽内，以保持溜槽内有 300mm 水深。观察室设置在投鱼池出口。

轨道运输过坝部分详图见图 5-30。

（4）轨道右岸运输方案操作运行人员配置。为了保障右岸轨道运输过鱼设施的正常运行，需配置一组操作人员，包括：集鱼池操作人员 2 人，负责在集鱼池对集鱼斗的起降及桥式起重机启动停止进行操作，其中 1 人负责操作桥式起重机，另 1 人负责观察和辅助工作；坝底 580m 平台操作人员 2 人，负责在坝底对集鱼斗的起降挂脱及台车式起重机启动停止进行操作，同时负责对坝顶台车操作人员沟通联络，其中 1 人负责操作台车式起重机，另 1 人负责观察和集鱼斗挂脱、入轨辅助工作；坝顶处配置操作人员 1 人，负责在坝顶对集鱼斗的起降、开闭及台车式起重机启动停止进行操作，负责操作台车式起重机；投鱼池配置操作人员 1 人，负责观察和集鱼斗开闭辅助工作，同时还须负责对溜槽进行操作。本方案每台班大约需要运行操作人员 6 人。

4. 两个方案过鱼设施比选

（1）估算工程量。各方案的工程量与投资估算，作为起点的集鱼池部分完全一致，故只进行运输线路的工程量估算来比较，对各个方案进行设备特性与数量、投资估算统计，见表 5-10 和表 5-11。

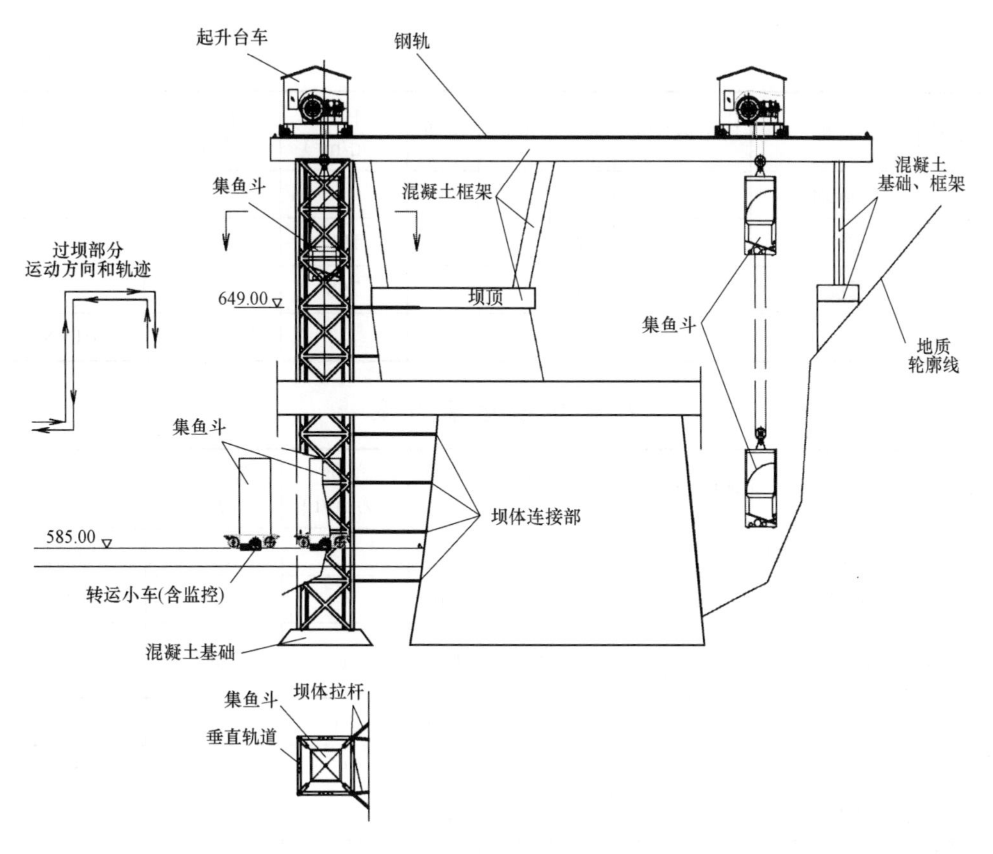

图 5-30 轨道运输过坝部分详图

表 5-10　　　　　缆机运输方案工程量及投资估算

序号	名称	规格或型号	数量	单重（t）	总重（t）	单价（万元/t）	估算设备价（万元）	设备安装费（万元）
一	缆机							
1	缆机	8t/870m	1	200	200	3	600	100
2	缆机控制系统（现地）						50	
3	上下游塔架		1	150	150	0.9	135	20
	小计				350		785	120
二	溜槽输送	220m						
4	溜槽	90kg/m	220	90	20	1	20	10
5	托架	20kg/个	75	20	1.5	1	1.5	1
6	水泵	$180m^3/h$	1			18	18	2

续表

序号	名称	规格或型号	数量	单重	总重	单价（元/m³）	估算设备价（万元）	设备安装费（万元）
三	基础							
	石方开挖		1140			108	合计 78.3	
	混凝土		860			768		
							总投资	1015.8

表 5-11　　　　　右岸轨道运输方案

序号	名称	规格或型号	数量	单重（t）	总重（t）	单价（万元/t）	估算设备价（万元）	设备安装费（万元）
一	坝下起升运输	运距 450m						
1	单梁桥式起重机	10t-20m	1	20	20	4	80	12
2	桥机轨道	43 轨 2×450m	900	0.045	40.5	1	40	6
3	轨道梁	2×450m	900	0.5	450	0.1	45	6.75
4	支承托架构件等		1	40	40	1	40	6
5	轨道埋件及附件		1	40	40	1	40	6
6	钢筋混凝土柱 C30		1	1000		0.08		80
二	抗风架	高度 70m						
7	下游抗风架		1	100	100	1.2	120	18
三	坝下起升运输	运距 168m						
8	高速台车式起重机	100kN-70m	1	80	80	3	240	36
9	钢架轨道梁	长度 2×78m	1	100	100	1.4	140	21
10	混凝土轨道梁	长度 2×68m	136	0.5	68	0.1	6.8	1
11	钢筋混凝土柱 C30		1	200		0.08		9
12	钢轨 P43	43 轨 2×146m	292	0.045	13.14	1	13.14	0.81
13	支承托架构件等		1	2	2	1	2	0.3
14	轨道埋件及附件		1	2	2	1	2	0.3
四	溜槽输送	220m						
15	溜槽	90kg/m	220	90	20	1	20	10

续表

序号	名称	规格或型号	数量	单重（t）	总重（t）	单价（万元/t）	估算设备价（万元）	设备安装费（万元）
16	托架	20kg/个	75	20	1.5	1	1.5	1
17	水泵	180m³/h	台			18	18	2
	小计				873		808.44	216.16
序号	名称	规格或型号	数量			单价（元/m³）		
五	基础部分							
	石方开挖		543			108	合计 26.5	
			268			768		
							总投资	1032

（2）设备的运行效率。按照要求，过鱼设施的运用时间为每年的 4～9 月，时长总计约 180 天。计算该设施的单次运行时间后，以便确定其运行效率。

各个方案的单次循环运行时间和耗能见表 5-12 和表 5-13。

表 5-12　　缆机单循环运行功率及时间

序号	名称	功率（kW）	运行时间（min）	功耗（kWh）
	集鱼及运输			
1	拦污栅关闭及拖动	13	3	0.65
2	集鱼斗提升（池内）	42	3	2.1
3	集鱼斗提升（池外）	42	2.9	2.03
4	运输	250	6.3	26.3
5	集鱼斗下降	42	4.7	3.29
6	放鱼		1	0
	小计		20.9	
7	空集鱼斗提升	42	6	4.2
8	运输（返回）	250	6.3	26.3
9	集鱼斗下降（池外）	42	2.9	2.03
10	集鱼斗下降（池内）	42	3	2.1
11	拦污栅关闭及拖动	13	3	0.65
	合计		42.1	69.65

表 5-13　　轨道运输单循环运行功率及时间

序号	名称	功率（kW）	运行时间（min）	功耗（kWh）
	集鱼及运输			
1	拦污栅关闭及拖动	13	3	0.65
2	集鱼斗提升（池内）	42	3	2.1
3	集鱼斗提升（池外）	42	1	0.7
4	坝下运输装置	40	11.25	7.5
5	集鱼斗挂脱		2	
6	提升（坝上台车）	80	3.5	4.66
7	坝上运输	45	3.65	2.73
8	集鱼斗下降	80	1	1.3
	小计		28.4	
9	集鱼斗提升	80	1	1.3
10	坝上运输返回	45	3.65	2.73
11	集鱼斗下放（坝上台车）	80	3.5	4.66
12	集鱼斗挂脱		2	
13	集鱼斗返回	40	11.25	7.5
14	集鱼斗下降（池外）	42	1	0.7
15	集鱼斗下降（池内）	42	3	2.1
16	拦污栅关闭及拖动	13	3	0.65
	溜槽水泵	30		10
	合计		56.8	49.28

（3）过鱼设施运输方案对比。针对布尔津山口水利枢纽生态过鱼设施提出的两个运输方案，均能满足过鱼要求。从工程方案布置、运行、投资、施工占地、运鱼效率、年耗电量等要素进行了对比可以看出：

1）缆机左岸跨河方案（方案一）的投鱼点位置需开通连接观察室的交通路，左岸的山体需部分挖除，该部分的施工和工程投资存在不确定因素。

2）轨道右岸运输方案（方案二）的轨道基础的梁柱有可能因沉降等导致轨道变形，且使用的运输设备种类过多，控制复杂，协同性要求高，需要较多的运行人员，运行时间长，会对鱼类产生影响，整体难度大。

综合来讲，该工程的两个生态过鱼设施技术复杂，难度较大，尤其缆机方案在大坝上游的基础等部分，无交通条件，需要与左岸山后的交通路衔接，存在不确定因素，而投资估算中无法量化计算。过鱼设施运输方案对比见表5-14。轨道方案要求协同性过高，自投鱼池引向上游的溜槽施工困难；从有利于工程布置和保障工程运行安全的角度分析，结合运鱼效率、经济指标等，以及后期运行管理的便利性，确定采用轨道右岸运输方案（方案二）。

表 5-14　　　　过鱼设施运输方案对比

比选项目	方案一：缆机左岸跨河	方案二：轨道右岸运输
工程布置	见正文	见正文
工程运行	见正文	见正文
施工及占地	施工工艺复杂，受地质地形条件影响大，存在不定因素，整体难度大	施工工艺复杂，溜槽等材料运输安装不便。工程占地多，整体难度大
不确定因素	较多	少
单次运行时间	42.1min	56.8min
运鱼时间	20.9min	28.4min
空中运鱼时间	14.9min	22.4min
运行人员数	5	6
单次运行耗电量	69.7kWh	49.3kWh
工程投资	1015.8 万元	1032 万元
环境影响因素	均能实现过鱼目标，无重大不利影响	

3）过鱼设施实施方案。经过数次优化设计，最终过鱼设施的实施方案如下：诱鱼道位于电站尾水渠左侧，要利用电站发电尾水作为诱鱼道的水源供水。该位置为升鱼机系统的起点，在此集鱼点集鱼，然后将鱼装入集鱼斗内，利用回转吊将集鱼斗从诱鱼道内提出放置在水平转运小车上，水平转运小车沿轨道将集鱼斗运至坝后，再用固定门架式启闭机的起升小车提升至坝顶上方，起升小车继续沿固定门架式启闭机机架上的轨道行走至坝前投鱼点，垂直下落入水，打开集鱼斗，放鱼入库。然后集鱼斗继续按原路线返回集鱼池，循环往复运行。坝后的抗风扶架作为集鱼斗提升的导向及限位装置。升鱼机系统的平面布置及立面图见图 5-31 和图 5-32。

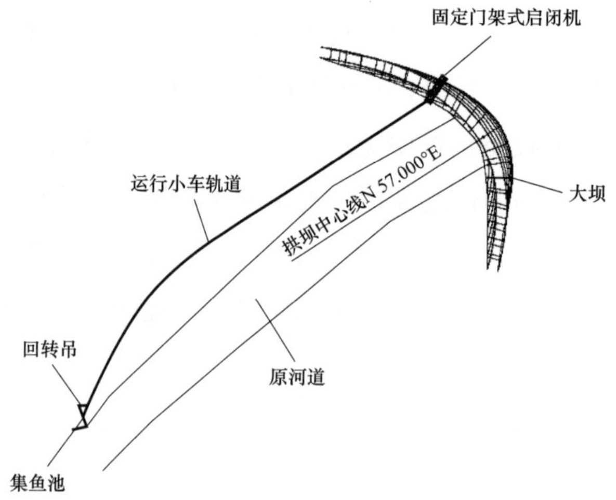

图 5-31 升鱼机系统平面布置图

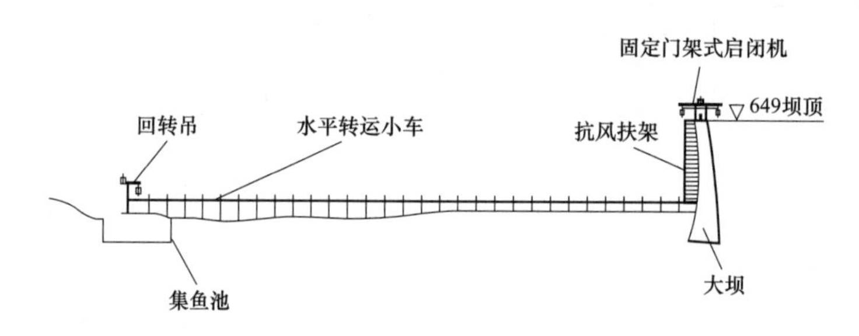

图 5-32 升鱼机立面展开布置图

（三）过鱼设施系统组成

升鱼机系统主要由诱鱼道、供水泵站、可调鱼道、浮式阻水板、集鱼斗、回转吊、水平转运小车、抗风扶架、坝顶固定门机等构成。

1. 鱼道布置

诱鱼集鱼设施布置在厂房尾水左侧，与尾水紧邻。集鱼池长 8.115m，净宽 2m，水深 2.5m，流量 $2m^3/s$，流速 1.0m/s。根据国内外鱼道设计经验，厂房尾水往往具有诱鱼效果，洄游鱼类往往在厂房尾水处汇集，因此，将诱鱼道进口设置在厂房尾水已被国内外鱼道设计中广泛采用。

在厂房尾水处平行尾水布置供水诱鱼集鱼设施，包括消能井、集鱼池、鱼道，厂房尾水设置三台泵（两用一备），消能井、升鱼机、集鱼池净宽 4m，集鱼池至鱼道平分成两个鱼道，鱼道宽均为 1m，横向鱼道与厂房尾水垂直衔接，纵向鱼道与河床衔接。诱鱼道水流流速为 0.8～1.2m/s，满足诱鱼对水流流速要求。

2. 鱼道供水方式

进行了两个供水方案布置：

方案一：从拱坝坝身开孔，通过管道向鱼道供水，设计引水流量 2m³/s。

方案二：在厂房尾水处设置水泵室，从厂房尾水抽水向鱼道供水，设计引水流量 2m³/s。

对以上两个方案进行比较，从拱坝坝身开孔取水具有风险大、水头高、投资大等缺点，因此，供水方式为从厂房尾水泵水的方式。

具体为：在厂房尾水左侧、集鱼室上游设置水泵室，共设 3 台水泵，采用变频水泵，单台水泵设计流量为 0.8～1.2m³/s，2 用 1 备。水流经水泵首先进入消能井，消能后的平缓水流进入集鱼池。鱼道设计流速为 0.8～1.2m/s，满足诱鱼水流流速要求。

泵室布置于布尔津山口电站尾水渠左岸地下，诱鱼泵室长 18m，宽 9m，高 9.8m。泵室布置有 3 台卧式混流泵，流量 0.8～1.2m³/s，扬程 5～10m。为安装、检修方便，室内设置 2t 门式起重机 1 台，跨度 6m。水泵由变频控制以满足在尾水位发生变化时，诱鱼所需流量及流速。水泵控制设备布置于回转房内。布尔津山口诱鱼泵室设备清册见表 5-15。

表 5-15　　　　布尔津山口诱鱼泵室设备清册

序号	名　称	规　　格	单位	数量	备注
1	卧式混流泵	流量 0.8～1.2m³/s，扬程 5～10m	台套	3	含基础螺栓
2	静音止回阀	DN600，p=1.0MPa	个	3	含连接件
3	弹性座封闸阀	DN600，p=1.0MPa	个	6	含连接件
4	FMI 插入式电磁流量计	DN600，1.6MPa，精确度±2.5%，环境温度−25～+60℃，量程 0～15mH₂O，信号电极材料 0Cr18Ni12Mo2Ti，外壳防护 IP65，电缆长度 100m，负载电阻小于 60Ω，输出范围 4～20mA	套	3	
5	压力显控器	p=−0.1～0.6MPa	只	3	
6	法　兰	DN600，p=1.0MPa	个	18	

续表

序号	名　称	规　　格	单位	数量	备注
7	弯　头	DN600，p=1.0MPa	个	5	
		DN1200，p=1.0MPa	个	2	
8	伸缩节	DN600，p=1.0MPa	个	6	含连接件
9	管材	ϕ633×12	m	40	
		ϕ1200×12	m	18	
10	变频控制屏	P_e=132kW，U_e=0.4kV	面	3	
11	门式起重机	2t-6m	台/套	1	现场制作

3. 投鱼点选择

本次升鱼机选择在近坝库区投放鱼类。考虑到鱼类投放点需要一定的水流速，由于库区内水流速度很小，几乎静止，鱼类没有水流引导可能会迷失方向，因此鱼类投放点不宜设置在库区。同时，投鱼点不能距离泄水建筑物进口过近，避免投放鱼类因水流速度过大再次进入泄水建筑物。

根据枢纽布置及运行期坝前水流特性，投放点可选在坝前，虽然靠近发电洞进口附近，但进口位于水下 20m 以上位置，而布尔津河的鱼类均在浅水区域活动，且发电洞运行期水流流速小于 0.9m/s，小于被保护鱼类的巡航流速，既满足鱼类感应流速要求，投放的鱼类也不会被高速水流带至下游。

4. 可调节浮箱式诱鱼道

在电站尾水渠右侧设置 Y 形诱鱼道，上游侧为水泵出口，下游侧一端为尾水池，一端为河道。两个鱼道入口处的流速均大于鱼类的感应流量，小于突进流速，且水泵流量可在一定范围内连续调节，以满足不同鱼种，以及同一鱼种不同个体大小条件下，均可有效诱入。诱鱼道深度满足河道或尾水池的最高最低水位间均可运行，入口处均设置检修闸门，必要时，可利用临时启闭设备操作检修闸门挡水，为可调鱼道检修提供无水工作条件。可调节浮箱式诱鱼道见图 5-33。

可调节浮箱式诱鱼道主要承载结构为钢结构焊接件，过水断面为 U 形。每套结构侧壁设置 4 套侧向支承系统，利用设置于诱鱼道侧墙的轨道埋件，限制浮箱在诱鱼道内始终处于设定位置。设置于浮箱底部和两侧的浮箱的为浮力单元，通过工厂试验和现场调试，可使浮箱具有稳定的漂浮姿态，U 形过水断面中的工作水深满足流速流量的要求。当尾水位或河道水位变化时，浮箱能自动随水位变化而升降，始终保持 U 形过水断面中的流量流速基本恒定，避免频繁调整水泵。

图 5-33 可调节浮箱式诱鱼道

5. 可调节浮箱式诱鱼道与浮箱式挡水板

集鱼池可调节浮箱式鱼道（见图 5-34）为不锈钢制结构，U 形断面，设计中考虑入水后的稳定性，其浮心位置高于重心，并要求浮箱的焊缝严密，制作完成后进行水密性检查。

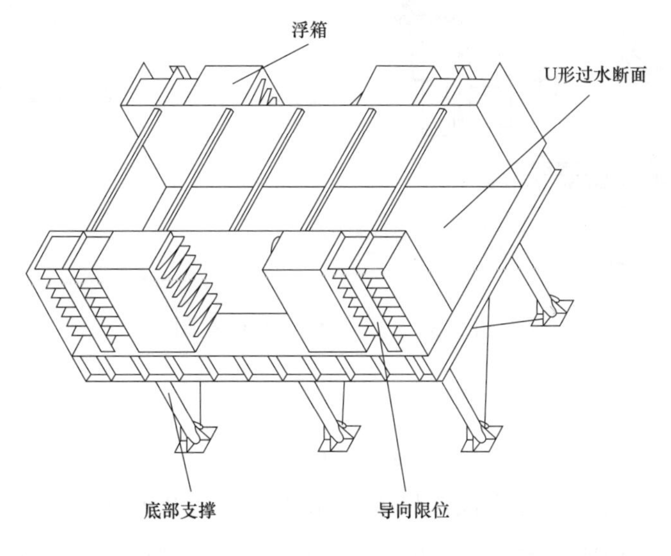

图 5-34 可调节诱鱼道浮箱

根据集鱼池结构共布置三个可调节诱鱼道浮箱，集鱼池可调节诱鱼道浮箱布置见图 5-35。

其中二号浮箱底部设有浮箱式挡水板。

布尔津山口水利枢纽的过鱼季节为每年的 4～9 月。按工程运行方式，

4～9 月诱鱼道的水位变幅在 570.50～576.40m，运行期水位的上下浮动距离约 5.9m。同时，诱鱼道也要求流道的水深约 1m、流速约为 1m/s，因此为适应运行期集鱼池水位的大幅变动和过流水深及流速的需求，在土建结构中，另设部分结构沉在水中，能随水深自动沉浮，基本使流道的水深维持在 1m 左右的浮箱式鱼道，并在其下部设浮箱式挡水板，以及配套基础埋件，令绝大部分水流从浮箱的 U 形断面流道内通过（浮箱与挡水板结构与混凝土边墙的缝隙小于 10mm，其漏水量可忽略不计）。

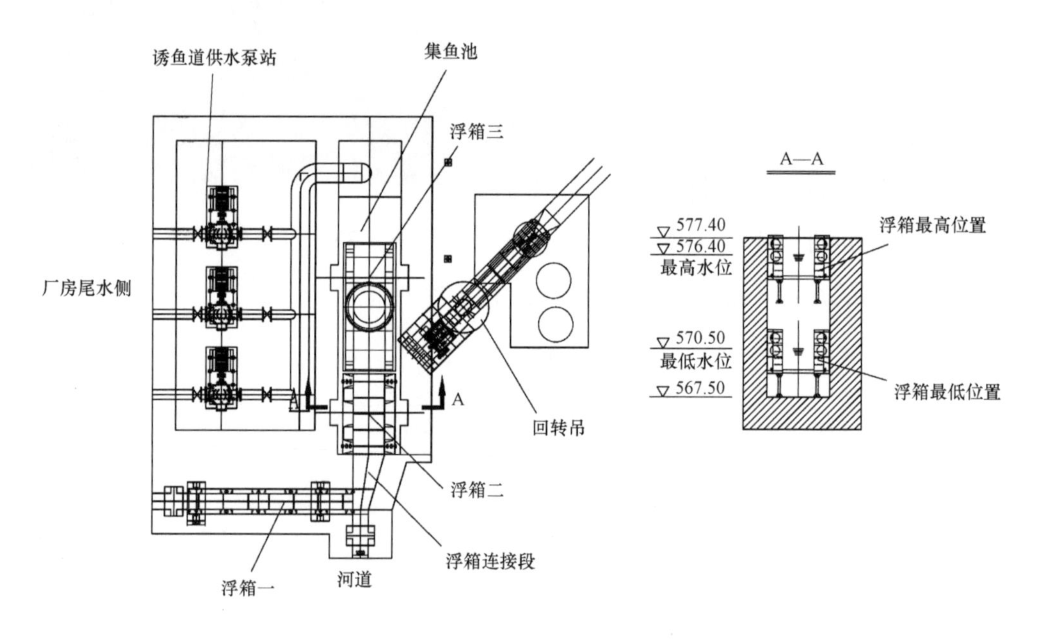

图 5-35　集鱼池浮箱布置图

浮箱设计中，要求

$$kF = \Sigma G + \Sigma f \tag{5-16}$$

式中　k——浮箱式鱼道淹没深度安全系数，可选 0.9～0.95；

F——浮箱所受的浮力，相当于浮箱全部密闭腔体所排开水的重力，N；

ΣG——所有构件的重力之和，N；

Σf——所有支承限位构件形成的摩擦力之和。

考虑到实际运行当中，受安装制造精度影响，Σf 的计算值无法达到精确值，浮箱式鱼道在水中的淹没深度会与计算值有偏差，因此预备铸铁加重块，用以调整其淹没深度。

浮箱式鱼道下部的浮箱式挡水板，用以阻隔其下部水流，令诱鱼水流只从鱼道通过，在最高和最低水位情况下，浮箱式鱼道与挡水板的位置关系见图 5-36。

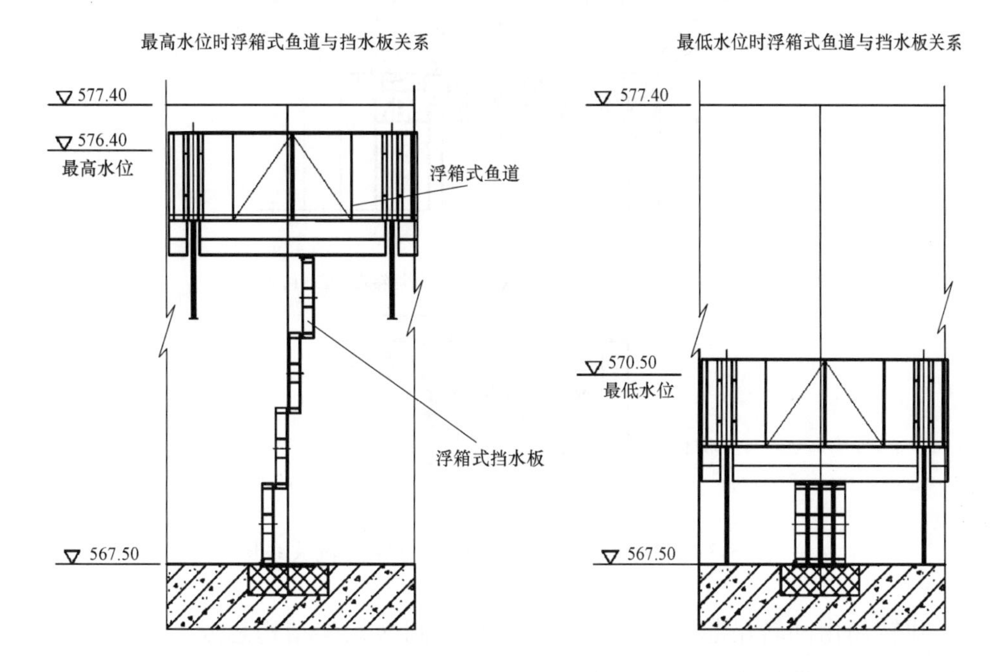

图 5-36　集鱼池浮箱式挡水板布置及相关构件关系图

集鱼池浮箱式挡水板与导向轨关系图见图 5-37。其设计原理与浮箱式鱼道相同。浮箱式挡水板共四片，依靠埋设在侧墙上的轨道导向和限位。其最下部挡水板不能上浮，在轨道方钢间设置固定限位，第二、三、四片的限位高度分别等于挡水板高度的 2 倍、3 倍和 4 倍。浮箱式挡水板设有 L 形止水橡皮，侧向设滚轮，为降低摩阻力，橡皮、滚轮与埋件的理论间隙值均取零。理论设计中无摩阻力影响，且每片挡水板之间也只依靠 L 形橡皮止水。考虑制造安装误差，并对比设备自重，其浮力留有一定的裕度。

6. 回转吊及集鱼斗

尾水集鱼池平台上设有一台 1×100kN 悬臂回转吊（简称回转吊，见图 5-38），用于将满载集鱼斗从集鱼池垂直起吊出平台，然后回转至轨道小车位置，将集鱼斗放置在轨道车上，待轨道车走后，将另一个空集鱼斗吊起，再回转至集鱼池，将空集鱼斗垂直下放至集鱼池内，等待轨道车将空集鱼斗运来。

再将空集鱼斗从轨道车上卸下放置在空鱼斗存放位置，完成一次工作循环。

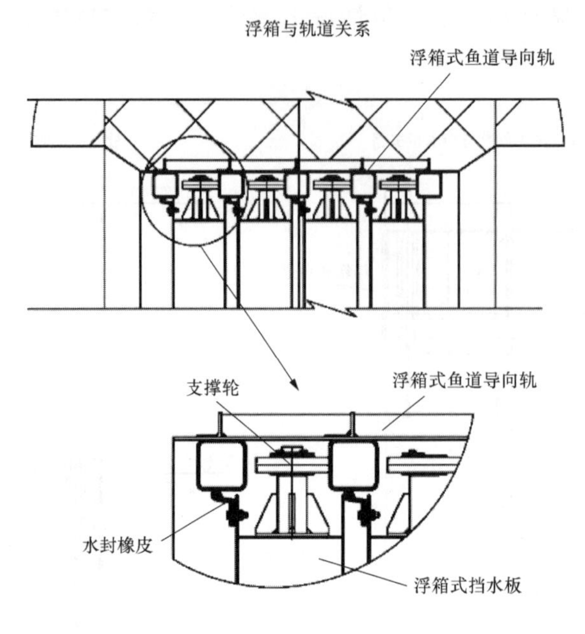

图 5-37 集鱼池浮箱式挡水板与导向轨关系图

回转吊由回转吊起升机构、回转机构、回转构架结构总成，塔架、回转臂和控制设备等组成，主要技术参数见表 5-16。

表 5-16　　　　回转吊主要技术参数

序号	名　称	参　数	备　注
一	起升机构		
1	额定提升力	100kN	
2	起升高度		
	总起升高度	22m	
	平台以上起升高度	13m	
3	起升速度	约 20/30m/min（满载/空载）	空载含抓斗或挂钩梁
4	电动机防护等级	TH 处理，IP54，F 级	
5	调速方式	交流变频调速， 满载调速范围 1:10， 总调速范围 1:20	
二	回转机构		
6	回转荷载	100kN	

续表

序号	名 称	参 数	备 注
7	回转幅度	6m	
8	回转速度	约 0.4r/min	
9	回转角度	0°～200°	以不与结构相碰为限
10	电动机防护等级	TH 处理，IP54，F 级	

回转吊运行的起升机构和回转机构二者不同时工作。

图 5-38　回转吊和集鱼斗

集鱼斗为筒形，底部为半球状，利用回转吊放置在浮箱式鱼道三的底部。当被保护鱼类经过鱼道进入集鱼斗的上部时，提起集鱼斗，将集鱼斗运输过坝，并投入水库中。集鱼斗的容积约 2m^3。

7. 水平转运小车及轨道

水平转运小车安装在排架轨道上，一端位于集鱼池处，另一端位于坝后。附属设备包括轨道装置、超级电容电池组充电装置、行程开关等。其主要作用是将集鱼斗从集鱼池水平转运至坝底。

水平转运小车由车架结构、集鱼斗承载结构、行走机构、轨道装置、阻进器、行程检测及行程开关、夹轨器、防风锚定装置及埋件、电力拖动和控制设备等必要的附属设备组成（见图 5-39）。车架结构由 Q345C 钢板焊接组成，通过主横梁及水平连接梁系，将集鱼斗荷载传递至台车架及车轮组（见图 5-40）。集鱼斗承载结构由钢结构骨架、支承点及橡皮垫块等组成。行走机构由电动机、制动器、减速器、联轴器、台车架和车轮组、电力拖动设备等组成。控制系统采用无线遥控和有线现地控制相结合的方式，由视频监控系统、行程检测系统、数据存储、信号收发系统等组成，并集成安装在小车上。

图 5-39　水平转运小车

图 5-40　水平转运小车与轨道排架

坝顶上安装一台 100kN 固定门架式启闭机（简称启闭机，见图 5-41）。门架下有上坝运输要求，交通运输通道尺寸宽不小于 6m，高不小于 6m。集鱼斗过坝可临时占用交通运输通道。该启闭机由固定式门架结构及埋件、主小车、集鱼斗专用吊具、电力拖动和控制设备、以及必要的附属设备组成。启闭机门架为固定式钢架，设有独立运行的小车。用于位于坝后集鱼斗的垂直提升和坝顶处集鱼斗的水平过坝。其中：

（1）固定式门架结构及埋件。固定式门架结构及埋件由门架、小车运行机构轨道、门架固定基座组成，门架通过埋件与坝面铰接方式连接。门架下为上坝交通通道。启闭机埋件的插筋和锚栓为一期埋设，紧固件为二期埋设安装。

（2）小车的组成。小车由起升机构、小车架、小车运行机构、小车机房罩、电力拖动和控制设备等组成。

图 5-41　固定门架式启闭机

（3）集鱼斗专用吊具。集鱼斗专用吊具由挂钩装置和控制设备等组成。

（4）主小车主要技术参数见表 5-17，其中抗风扶架见图 5-42。

表 5-17　　　　固定门架式启闭机及抗风扶架参数

序号	名称	参数	备注
	起升机构		
1	额定启门力	100kN	不包括专用吊具
2	总起升高度	70.0m	
3	起升高度		
4	坝面以上起升高度	6.0m	不包括专用吊具
5	起升速度	约 1.5/30m/min	满载/空载带液压专用吊具
6	调速方式	交流变频调速，满载调速范围 1:20 总调速范围 1:20	
7	电动机防护等级	TH 处理，IP54，F 级	

续表

序号	名称	参数	备注
8	运行机构		
9	运行荷载		
10	运行速度	约 20m/min	
11	运行距离	约 24m	
12	电动机防护等级	TH 处理，IP54，F 级	
13	电源	电压 AC380V，50Hz	

扶架的高度为 65m，作为集鱼斗自坝后下部提升至坝顶和集鱼斗返回至运输小车的导向与限位轨，采用自立式塔架结构，顶部与坝顶齐平，底部坐落在混凝土基础上，分片制作运输，在工地现场拼成整体。

图 5-42 抗风扶架

四、观测设备及观测点

1. 设置观测设备的必要性

根据河流连续系统理论，鱼道是一种有效地提高河流连接度与连通性的手段。20 余年来，国内对过鱼设施一直是重建设轻观测，已经建成的鱼道大都无法进行有效观测，也无法对过鱼设施进行有效地评价。为了评价过鱼设施的效果，需对被保护鱼类的数量、种类进行分类监测。因此，鱼道观测系统应成为鱼道大系统中重要的一部分。

2. 设备选择

为有效地评价过鱼设施运行效果，必须设置鱼道观测系统，该系统应具有故障率低、技术成熟可靠、便于维护和具备自动观测等特点。该设备不仅需要自动观测记录通过鱼道的鱼的数量，还要自动区分和记录通过鱼的种类。

针对此问题进行了专门考察，主要考察美国已使用的鱼道自动化观测设备项目及技术，并拜访了鱼道管理部门和鱼道观测设备厂家的美国代理，与现场管理人员就设备的安装、使用、运行时间及观测效果方面进行了深入交流。

此次考察，得出以下结论：

（1）riverwatcher 鱼道观测系统主要包含水下红外快速扫描技术、水下高清摄像技术和鱼图像视频处理软件等 3 项技术，观测方式先进，软件系统功能强大，完全可以满足各种类型鱼道运行监测要求。

（2）该鱼道观测系统应用广泛，目前已在世界 300 多条鱼道应用（其中美国应用约 130 例）。

（3）从运行时间上看，该鱼道观测系统运行时间已经超过 25 年，经向运管机构了解咨询，该设备故障率低，运行稳定可靠。

（4）为评价鱼道运行期过鱼效果，结合本次考察结论，本工程采用 riverwatcher 鱼道观测系统。

3. 监测点选择

可选择的监测点有两个，一是将观测设备设置在诱鱼集鱼通道内，二是设置在坝前投放处。

设置在诱鱼集鱼通道内有两个优点：

（1）可提前监测到是否有鱼类进入通道。鱼道自动运行时无论运鱼斗内是否有鱼均会提升过坝。而提前监测是否有鱼可避免过鱼系统空转，耗费大量的人力、物力。

（2）设置在诱鱼通道内结构简单，安装方便。

设置在坝前投放处有以下不利之处：

（1）如前所述，无论运鱼斗内有鱼还是无鱼，过鱼设备均在运行，可能造成大量浪费。

（2）设置在坝前不仅需做专门的安装平台，还要做溜槽将水和鱼一并投入水库中，而溜槽可能对鱼造成伤害。

综上，将监测设备设置在诱鱼道中是合理、可行的。

五、电拦鱼设备设计

电拦鱼设备主要由电拦鱼系统、电拦鱼支撑结构和水下电极三部分组成。

1. 电拦鱼系统

电拦鱼系统主要技术参数：

（1）控制区域面积：480m^2。

（2）使用原因：拦鱼。

（3）水质：江河。

（4）鱼品种类：哲罗鲑、细鳞鲑和北极茴鱼。

（5）主控机：

1）输入电源：220V±10V AC；

2）系统绝缘特性：工作人员可触摸；

3）耗电功率：≤10W；

4）环境温度：–45～+50℃。

（6）脉冲电源：

1）输入电源：220V±10V AC；

2）系统绝缘特性：工作人员可触摸；

3）输出频率：2～15 次/s（可调）；

4）脉冲峰值：＞300V；

5）输出脉冲宽度：＞0.4ms；

6）环境温度：–45～+50℃。

（7）节点器：

1）输入电源：220V±10V AC；

2）系统绝缘特性：工作人员可触摸；

3）耗电功率：≤10W；

4）负载能力：＞0.5Ω；

5）自保护：电极短路响应时间小于等于 0.5s；

6）自恢复：＜0.1s；

7）脉冲频率控制方式：自适应。

2. 电拦鱼支撑结构

电拦鱼支撑结构由立柱、主索、吊索、C 型钢滑轨、电极活动架及牵引绳等构成。

（1）立柱。电拦鱼架构两端立柱分别位于河道左右岸，立柱轴线相距 66m，高度 5.2m。立柱基础底面高程 577.40m，坐落于混凝土或基岩上。基础底面上部浇筑 0.6m 厚 C25 混凝土基座，混凝土基座预埋 8 根 0.5m 长锚钉。立柱采用ϕ400 钢管，立柱底板与预埋锚钉锚固后与立柱钢管焊接固定，立柱底部焊接 8 块肋板。焊接完成后立柱中间回填 C25 混凝土，并在混凝土基座上部浇筑 0.8m 厚 C25 混凝土。

每侧立柱采用两根拉线进行固定。拉线平面上与 C 型钢滑轨轴线呈 45°沿上下游各一根，纵剖面上与立柱呈 45°。

（2）主索。立柱两侧通过抱箍将主索固定于立柱顶部，抱箍距离立柱顶部 0.5m。主索水平跨度 96m，垂度 1/20。主索采用ϕ20（平行捻 7×19）不锈钢钢缆。主索下部直接连接吊索。

（3）吊索。吊索通过 U 形钢缆卡悬吊固定于主索下部。吊索采用ϕ8 的套塑钢丝绳，布置间距 5m，主索最低点处吊索长度 0.5m。吊索下部直接掉接 C 型钢滑轨。

（4）C 型钢滑轨。C 型钢滑轨顶部与吊索连接，水平布置，C 型钢滑轨顶部高程 578.9m。C 型钢滑轨采用 C 型不锈钢，尺寸 50mm×43mm。C 型钢滑轨两端固定于两侧立柱上。

（5）电极活动架。电极活动架由滑轮组和不锈钢钢柱等构成。一套滑轮组共四个轴承，轴承均采用 RNU202 圆柱滚子轴承，直径 35mm。不锈钢钢柱高度 175mm，牵引绳位于钢柱下部 100mm 处，与钢柱固定。钢柱底部焊圆环用于挂水下电极。

（6）牵引绳。牵引绳采用ϕ2 的套塑钢丝绳，拉紧封闭穿绕于两端定滑轮上。牵引绳上行线固定于每个电极活动架上，下行线不固定，从而实现操作人员在拉拽牵引绳时能牵引电极活动架一同滑动。

3. 水下电极

水下电极由绝缘子、母线及电极引导线和电极组成。

（1）绝缘子。绝缘子采用拉紧绝缘子，上部连接挂钩，下部连接电极，绝缘子上固定母线。

（2）母线及电极引导线。母线与电拦鱼系统相连接，平行于 C 型钢滑轨布置，在每个绝缘子处固定。母线采用 2×6 橡套海缆，母线在每个电极处留有引导线与电极相连。引导线可通过螺母实现随时拆卸安装。

（3）电极。电极采用 304 DN15 不锈钢钢管，挂在绝缘子下部并与引导线连接。电极间距 2m，长度根据河道深度而不同，铅直下垂时电极底部离河底 0.5m。

六、后期技改

2017 年 9 月，升鱼机设备已安装完毕，初期调试运行正常。

2018 年春季，升鱼机拟运行，出现浮箱下沉等情况，没能投入运行。

2018 年 8 月 6～8 日召开了布尔津山口升鱼机系统建设管理中存在问题及处理方案讨论会。会议提出：连接段浮箱、2 号和 3 号过渡浮箱及 1 号集鱼浮箱，存在沉浮速率不一致、不平衡、浮箱漏水下沉等问题，处理措施为将浮箱改造为适应工作水位变幅的鱼道。

根据现场情况，主要进行了以下几项改造：

（1）设置排架，增加起吊设备，采用电动葫芦将各浮箱连接，浮箱的浮筒结构打通，与外界水流相通，利用起吊设备控制各浮箱入水深度。

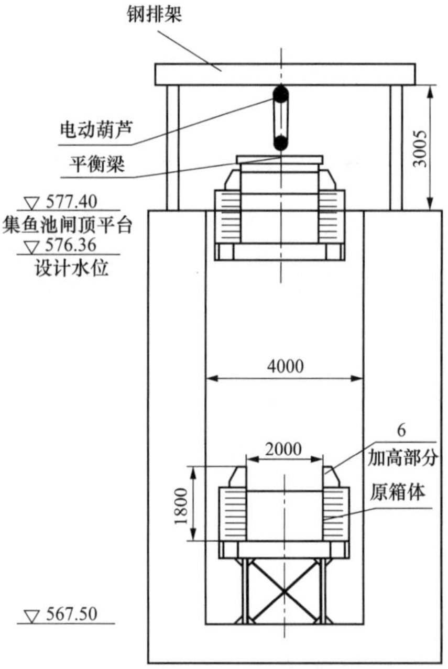

（2）在靠近鱼道进口处浮箱下部设置折叠板，防止鱼进入浮箱下部。

（3）观测段浮箱靠近集鱼浮箱处，设置挡鱼板，防止起升集鱼斗时鱼洄游而跑失。

（4）加高鱼道侧壁至 1.8m，增加水位变幅。

改造后集鱼池布置剖视图见图 5-43。

图 5-43 改造后集鱼池布置剖视图
（单位：mm）

七、升鱼机实施效果

2015 年 9 月中国电建集团水利水电十六局开始安装轨道梁土建和回转吊、抗风扶架等金结设备，2017 年 7 月全部安装完毕，10 月 8 日对所有设备进行安装验收。

2018 年 4～8 月由中国电建集团水利水电十六局进行第一次试运行，8 月 23 日进行第一次评审并提出设备功能改造。2019 年 4～8 月由黄河水利委员会黄河水工机械厂进行设备运行和维护。

升鱼机自2019年5月正式投入试运行，根据制定的试运行方案，采用分高、中、低水位、分时段、改变集鱼池流量、投放鱼饵等方式进行诱鱼。每日分两班组运行10～12次，根据水位变化每2～3天改变一次集鱼池内流量。单次往返运行时间约45min。

在升鱼机运行的第一阶段，运维人员按照试运行方案计划，根据每天不同水位、不同时段完成升鱼系统工作。每间隔2～3日启动另一台水泵运行以改变集鱼池内流量做诱鱼数量试验，过鱼时间段分别于每日10～14时、16～20时、21～23时、0～2时监测鱼群数量，平均每日升鱼机运行8～10次。并采用了在集鱼池内投放鱼饵的方式做比较，通过过鱼监控系统数据显示，发现诱鱼效果明显增大。在升鱼机运行期的第二阶段，进入6月中下旬以后，随着水温达到15℃以上，集鱼池内水位高程5～6m时，每天时间段12～14时、18～20时会有鱼群大量洄游至集鱼池内，每日实际不同的鱼类种群运鱼量均在1000条以上。在升鱼机运行的第三阶段，进入7月中旬以后，由于大坝泄水量比往年同期减少80%及下游补水量每日不同，集鱼池内的水位高程由之前的5.5～6m降低为现在的3.5～4m。再加之升鱼机平均水温达到了18℃以上，升鱼机的过鱼量和实际调鱼量有明显减少。

2019年4月20日～7月30日，升鱼机实际运鱼总量统计在45000条左右，其中6～8cm的尖鳍鮈种群最多，并有少量的北极茴鱼、阿勒泰鱥、贝尔加雅罗鱼、湖拟鱼以及阿勒泰杜父鱼。其中最大的贝加尔雅罗鱼长度约30cm、北极茴鱼20cm、湖拟鲤25cm，几种鱼类照片见图5-44。

八、小结

目前实际运用较多的过鱼设施包括鱼道、旁路水道、升鱼机、鱼闸以及集运鱼设施等。工程不同、过鱼种类不同，过鱼设施的形式也是多种多样的。与中小型水利工程不同，大型工程，尤其是高坝水库工程的生态过鱼设施的设置情况要复杂得多。

布尔津山口水利枢纽工程升鱼机设施已建设完成。在进行初步运行后，取得了一定的效果。布尔津山口水利枢纽的生态过鱼设施，采用“集鱼斗（集鱼容器）+轨道运输”的组合方式，适合工程特性，不涉及主体工程，安全、运行可靠，工程布置、建设难度较低，能实现过鱼目标，无重大不利影响，解决了运鱼过坝的问题。对类似工程的建设具有一定的指导意义。

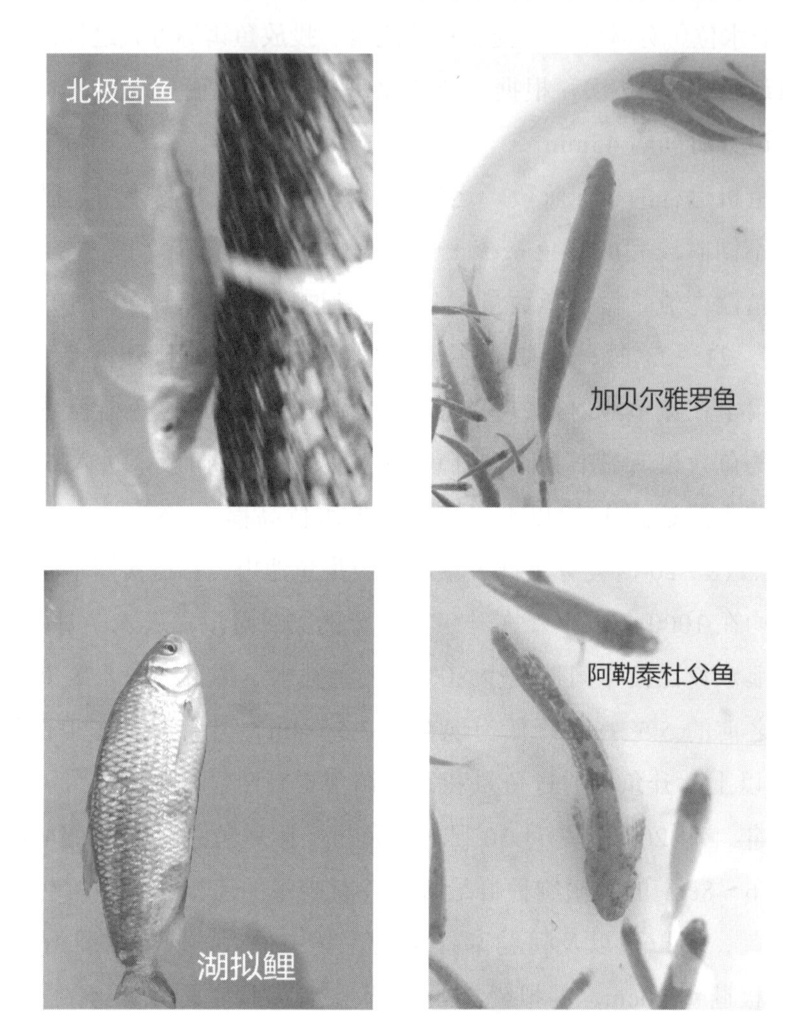

图 5-44 几种鱼类照片

第六节 多层盘折槽式鱼道

西水东引拦河枢纽是从布尔津河下游引水后向额河“635”水库补水的工程设施，其设计引水流量为 110m^3/s，由西水东引闸、东干进水闸、西干进水闸、泄洪冲砂闸等组成。工程布置如下：垂直河床布置 126m 溢流堰，两侧各布置 1 孔 12m 宽泄洪冲沙闸，闸前设冲沙槽、悬臂挡砂坎及导水墙；左岸布置西水东引进水闸及地方灌区东干进水闸，右岸布置地方灌区西干进水闸，进水闸引水角均为30°；冲沙槽设在上游整治河段内。拦河闸下游设置消力池段、护坦段、铅丝石笼段。闸后下游整治河段宽度按照堰后铅丝石笼段宽度向下游顺延。

为了保证鱼类洄游，拦河枢纽需要设置低水头过鱼设施。

一、低水头过鱼设施简介

目前国内外常用的低水头过鱼设施主要为池式、槽式鱼道，部分工程采用具有自然特征的旁路水道。

1. 槽式鱼道

槽式鱼道是最常见的鱼道类型，其原理是将待通过的高度分成数个小的落差，形成一个水池系列。相邻的水槽间设有隔板，隔板上有堰、槽口、垂直缝或潜孔口，这些都用来控制各个水槽的水位和鱼道中水流。水槽有双重作用：一是通过水流对冲、扩散来消能，达到改善流态、降低过鱼孔流速的要求；二是为鱼提供休息的场所。两个相邻水槽的水位差由经过鱼的种类决定。水槽型鱼道的倾斜度经常变化在10%～15%。依据孔口和隔板形式不同，又分为溢流堰式、淹没孔口式、竖缝式和组合式。图5-45～图5-48所示为几种槽式鱼道实物照片。

图5-45 弗农大坝的埃斯哈勃鱼道（上游视角）

图5-46 弗农大坝的埃斯哈勃鱼道（下游视角）

图 5-47 多尔多涅河毛扎克电站单侧垂直竖缝式鱼道

图 5-48 加登河上小测流堰的双侧竖缝式鱼道

2. 丹尼尔鱼道

丹尼尔鱼道为比利时工程师丹尼尔首创，其原理是在坡度较陡的矩形水槽的底板或壁上，设有间距甚密的阻板和砥坎，以减小平均流速并削减能量。丹尼尔鱼道内水流的特点在于流速、湍流度及曝气程度都很高。这类鱼道具有较强的选择性，一般适用于较强劲的鱼类和水位差不大的地方。鱼道及鱼迁移见图 5-49 和图 5-50。

图 5-49 丹尼尔鱼道试验模型

图 5-50 鳟鱼在丹尼尔鱼道模型中向上游迁移

3. 具有自然特征的旁路水道

具有自然特征的旁路水道是为鱼绕过非常类似于河流的自然支流的特定障碍物而设计的一种水道。正如帕拉西维兹（Parasiewitz et al，1998）所说，具有自然特征的旁路水道的功能在某种程度上是恢复性的，因为它代替了因蓄水而失去的部分流水生境。这些水道的特征是坡度非常低，一般为 1%～5%，在低地河流中甚至更小。不像在水池型鱼道中那样有明显的、系统分布的落差，能量是通过如同自然水流中位置大体有规律的急流或小瀑布耗散的［盖布勒（Gebler），1998］。这一解决办法的主要缺点是，它在障碍物附近需要相当大的空间，而且没有特殊装置（闸门、水闸）就不能适应上游水位的显著变化。旁路水道实物见图 5-51 和图 5-52。

图 5-51　卢河上鲑鱼的自然旁路渠道

图 5-52　阿杜尔河上西鲱的自然旁路渠道

此外，有些国家的低水头过鱼设施也采用鱼闸、升鱼机、集运鱼船等，前面已经介绍，这里不再赘述。

二、鱼道选择

1. 鱼道布置原则

鱼道进口和出口不宜布置在较强漩涡、回流等区域及死水区；当鱼道出口结合闸、坝建筑物布置，宜远离各建筑物取水口和通航建筑物口门区。当出口布置在取水口附近且流速不能满足要求时，鱼道出口应设置隔流墙。

2. 鱼道布置方式

根据闸址两岸地形地质条件并结合其他水工建筑物布置，鱼道布置在拦河闸右岸阶地上，并结合临时导流明渠布置。鱼道全长1752m，共设置4个出口1个进口。1～4号出口在导流明渠内多层盘折并连接后沿着导流明渠向下游布置，跨过拦河引水枢纽西岸干渠后沿着西岸干渠左岸平行布置直至投入河道。鱼道进口距溢流堰消力池末端440m，鱼道出口距右岸引水闸进口最近距离为202m，鱼道进口有效地避开了漩涡、回流等区域，出口远离各引水闸取水口。

3. 鱼道类型选择

新疆河流多为内流河，以冰雪融水补给为主，径流量相对较小且随季节变化大，冬春季河水宜封冻，大部分冬季有断流现象。河流内鱼群种类和数量都相对较少，鱼群种类较为单一，体型相对较小，游泳能力相对较弱。

根据《布尔津河土著鱼类游泳能力测试研究》成果报告，过鱼设施最大流速宜不大于1.26m/s，鱼道出口流速范围为0.8～1.5m/s，鱼道进口流速宜为0.20～0.61m/s，鱼道主体结构流速宜为0.61～0.70m/s。

根据前期水工模型试验可以看出，如采用竖缝式鱼道，存在鱼道内水流流速偏大，不利于受保护鱼类洄游通过。因此，需对鱼道水流流速进行调整优化，即适当降低鱼道最大流速。因此，结合鱼道流速要求、地形特点、其他水工建筑物布置，本工程采用适用于低水头枢纽的多层盘折槽式鱼道。

多层盘折槽式鱼道主要由T型鱼道和槽式休息室构成。其中T型鱼道采用纵坡很缓（一般在1/500～1/1000）T型断面，断面尺寸可根据放水流量需求确定。T型鱼道采用坐浆干砌石护坡，水流流速相对较低，断面形式不仅贴近河道天然地形条件，而且在T型鱼道断面能产生明显不同水力梯度的流场，可满足不同体型的鱼类洄游。T型鱼道每隔一段距离（间距根据洄游鱼类游泳能力确定）设置一个槽式休息室，根据模型试验结果，槽式休息室进出口高差7～15cm。休息室不仅可为鱼类提供休息场所，同时还能有效消化鱼道进出口高差，缩短鱼道长度。

三、所在河段二维水动力学特征计算分析

1. 研究内容

根据枢纽工程及所在河段水动力学特点，针对鱼道进出口布置优化要求，建立鱼道所在河段的二维水动力学模型，基于上下游典型水文条件及枢纽调

度情景，模拟分析鱼道进出口邻近水域的流态及水动力学特征（流速、水深等），结合工程主要过鱼对象生态习性参数，基于多层盘折槽式鱼道进出口水域水流特征，评价鱼道设计方案进出口布置方式的生态适宜性，并提出优化建议。

2. 控制方程和数值离散方法

工程所在河段为宽浅河流，适用水深平均的二维模型，控制方程包括动量方程和连续方程

$$\frac{\partial q_x}{\partial t}+\beta\frac{\partial uq_x}{\partial x}+\beta\frac{\partial vq_x}{\partial y}=fvH-gH\frac{\partial \xi}{\partial x}+\frac{\partial}{\partial x}\left(\varepsilon\frac{\partial q_x}{\partial x}\right)+\frac{\partial}{\partial y}\left(\varepsilon\frac{\partial q_x}{\partial y}\right)-g\frac{\sqrt{(q_x)^2+(q_y)^2}(q_x)}{C^2H^2} \tag{5-17}$$

$$\frac{\partial q_y}{\partial t}+\beta\frac{\partial uq_y}{\partial x}+\beta\frac{\partial vq_y}{\partial y}=-fuH-gH\frac{\partial \xi}{\partial y}+\frac{\partial}{\partial x}\left(\varepsilon\frac{\partial q_y}{\partial x}\right)+\frac{\partial}{\partial y}\left(\varepsilon\frac{\partial q_y}{\partial y}\right)-g\frac{\sqrt{(q_x)^2+(q_y)^2}(q_y)}{C^2H^2} \tag{5-18}$$

$$\frac{\partial \xi}{\partial t}+\frac{\partial q_x}{\partial x}+\frac{\partial q_y}{\partial y}=0 \tag{5-19}$$

式中： u、v——水深平均流速分量；

$q_x=\mu H$，$q_y=vH$——X、Y 向单宽流量；

ξ——水位；

H——总水深；

β——水平向流速垂直分布非均匀分布修正系数；

g——重力加速度；

C——谢才系数；

f——柯氏力参数；

ε——水深平均涡黏系数，由混长紊流模型计算。

利用控制容积离散方法（FVM）与交替隐式方法（ADI）对控制方程进行离散。控制方程物理变量的网格布置方式与控制容积的分布如图 5-53 所示。

3. 计算区域

二维水动力学模型模拟范围以枢纽及鱼道工程为中心，上游延伸约

500m，到上游过河大桥，下游延伸 1000m，模拟河段长度约 1500m。

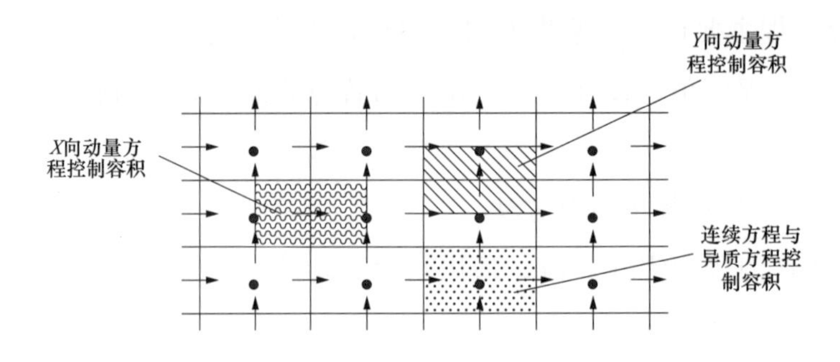

图 5-53 控制方程控制容积示意

4. 水下地形

模拟河段水下地形按照实测的 19 个大断面数据确定（自上游到下游依次为 0～18），由此 19 个大断面形成的水下三维地形示意如图 5-54 所示。

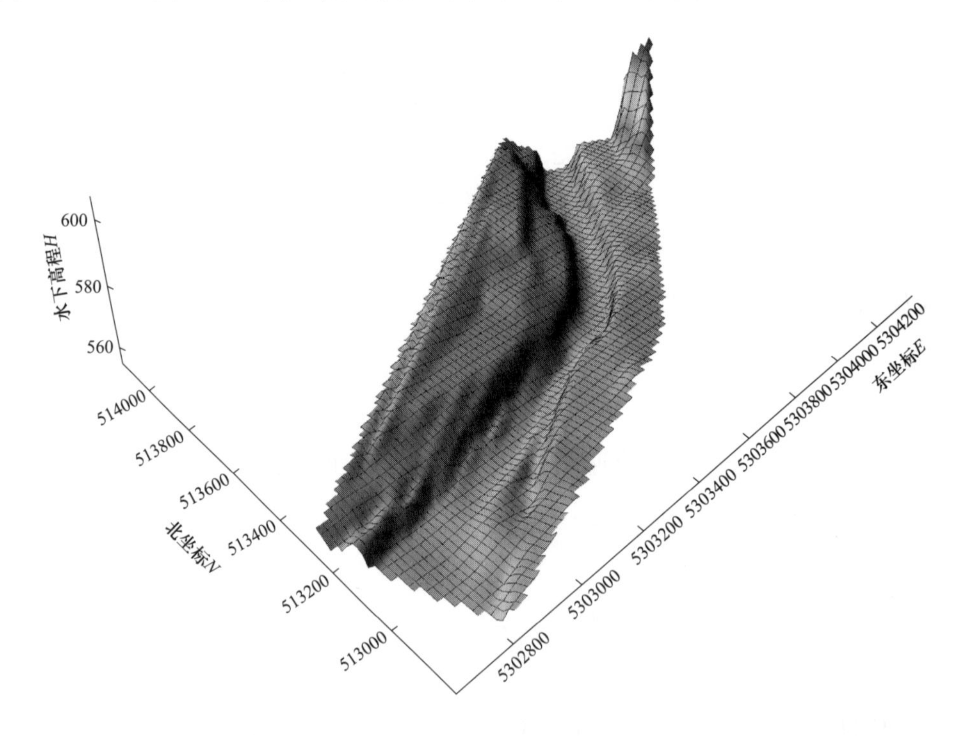

图 5-54 模拟河段三维水下地形图

5. 边界条件及计算网格

水位变幅区采用动边界。开边界上游给定流量，下游按照纽曼条件设定。

引水口及鱼道进出口按照源汇进行处理。

初始条件：按照“冷启动”方式给定初始条件：给定初始水位，流速初始条件为零。

模拟河段采用 10m×10m 计算网格，计算网格单元数为 167×97。

6. 计算工况

二维水动力学模型计算工况见表 5-18。

表 5-18　　　　二维水动力学模型计算工况表

工况	上游流量（m^3/s）	引流量（m^3/s）	说明	备　　注
工况 1	2446	0	无工程情况	*P*=1%：天然河道洪峰流量 2740m^3/s，山口水库调蓄后洪峰流量 2446m^3/s
工况 2	2276	0	无工程情况	*P*=2%：天然河道洪峰流量 2388m^3/s，山口水库调蓄后洪峰流量 2276m^3/s
工况 3	1200	0	无工程情况	
工况 4	840	0	无工程情况	
工况 5	600	0	无工程情况	
工况 6	240	0	无工程情况	
工况 7	120	0	无工程情况	
工况 8	2446	110	有工程情况	*P*=1%：天然河道洪峰流量 2740m^3/s，山口水库调蓄后洪峰流量 2446m^3/s
工况 9	2276	110	有工程情况	*P*=2%：天然河道洪峰流量 2388m^3/s，山口水库调蓄后洪峰流量 2276m^3/s
工况 10	1200	110	有工程情况	
工况 11	840	110	有工程情况	
工况 12	600	110	有工程情况	
工况 13	240	110	有工程情况	
工况 14	120	0	有工程情况	不引水

拦河引水枢纽工程修建完成后，河道地形根据工程情况进行修正，工程

与原河道衔接段，根据河道形态进行适当修正。

7. 计算结果

无工程情况各级流量下枢纽所在河段流速等值线如图 5-55～图 5-61 所示。

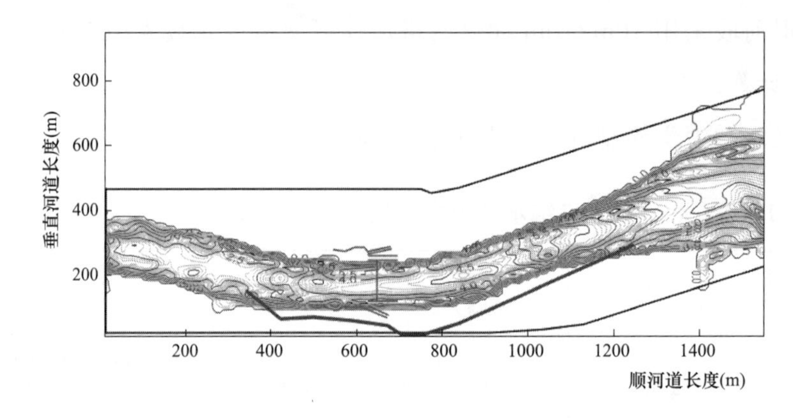

图 5-55 无工程情况［上游流量（m^3/s）=2446，引流量（m^3/s）=0］

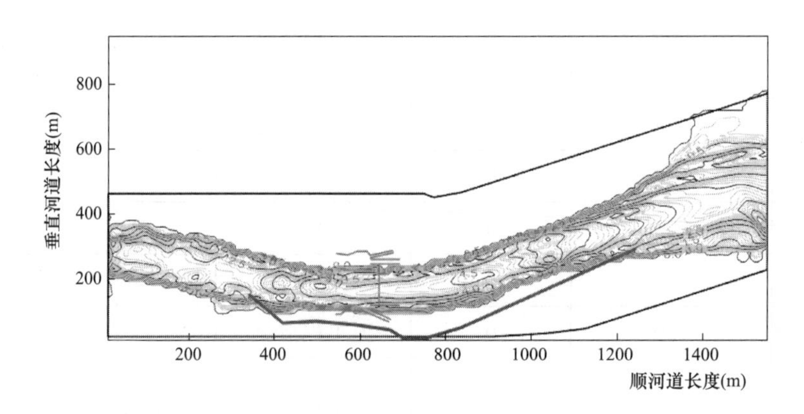

图 5-56 无工程情况［上游流量（m^3/s）=2276，引流量（m^3/s）=0］

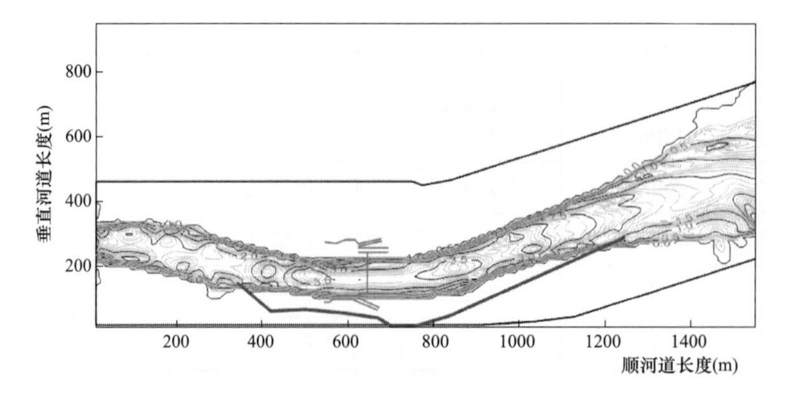

图 5-57 无工程情况［上游流量（m^3/s）=1200，引流量（m^3/s）=0］

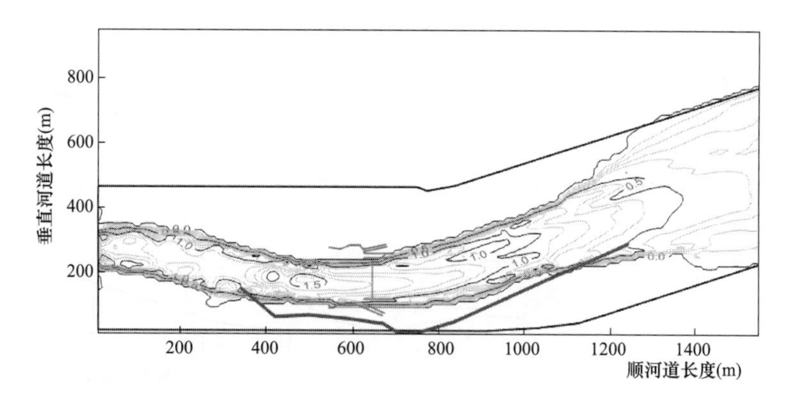

图 5-58　无工程情况［上游流量（m^3/s）=840，
引流量（m^3/s）=0］

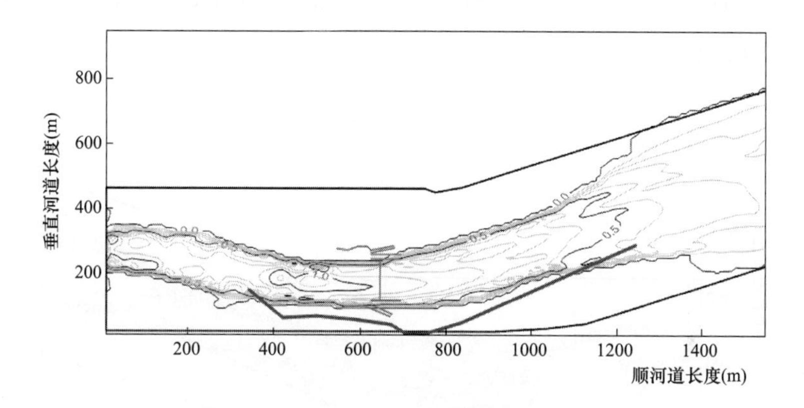

图 5-59　无工程情况［上游流量（m^3/s）=600，
引流量（m^3/s）=0］

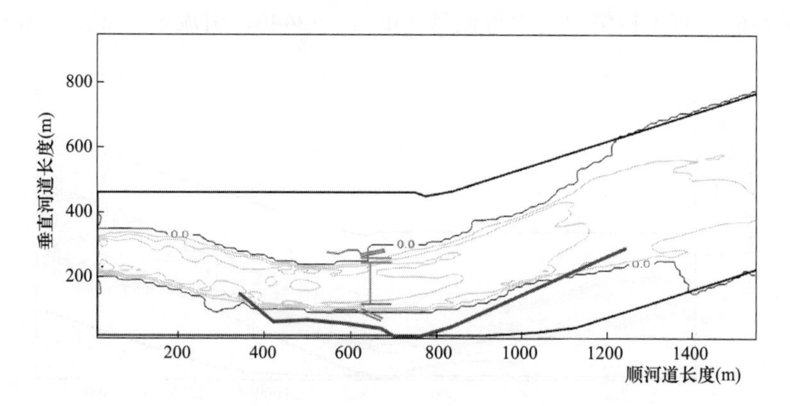

图 5-60　无工程情况［上游流量（m^3/s）=240，
引流量（m^3/s）=0］

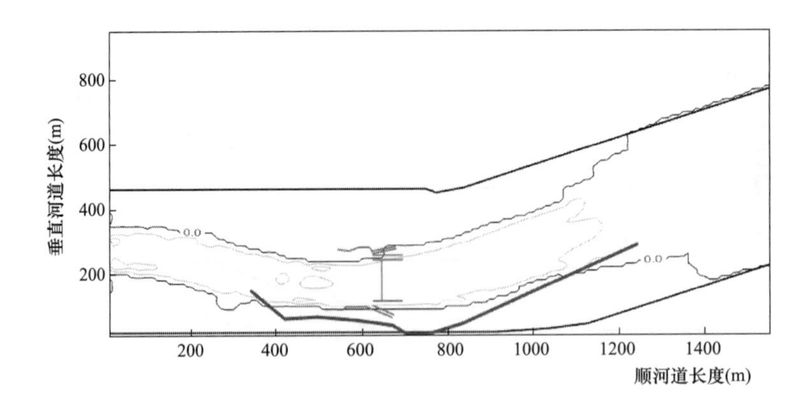

图 5-61　无工程情况［上游流量（m^3/s）=120，引流量（m^3/s）=0］

拦河引水枢纽工程建成后各级流量下枢纽所在河段流速等值线如图5-62～图5-65所示。

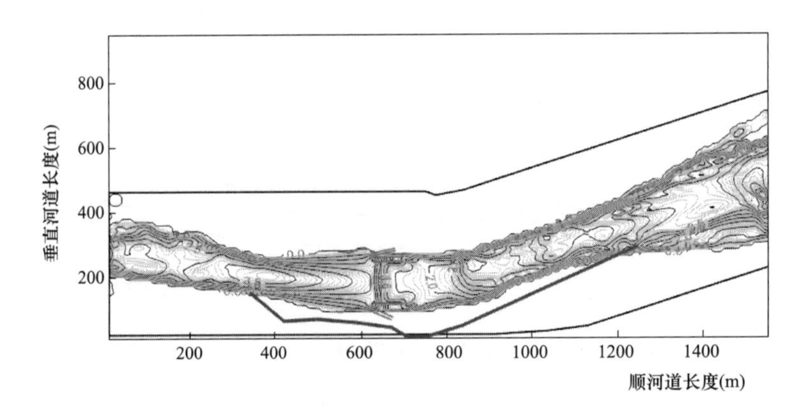

图 5-62　有工程情况［上游流量（m^3/s）=2446，引流量（m^3/s）=0］

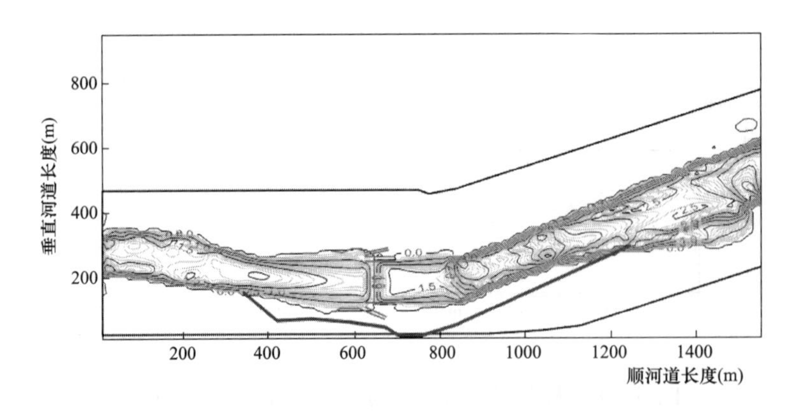

图 5-63　有工程情况［上游流量（m^3/s）=1200，引流量（m^3/s）=110］

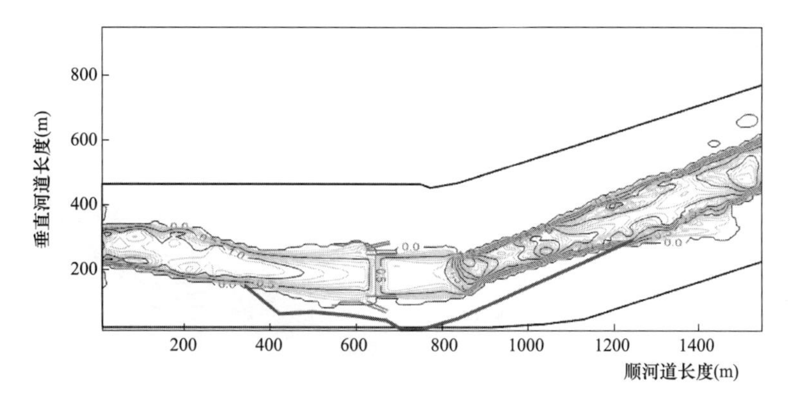

图 5-64　有工程情况［上游流量（m^3/s）=600，引流量（m^3/s）=110］

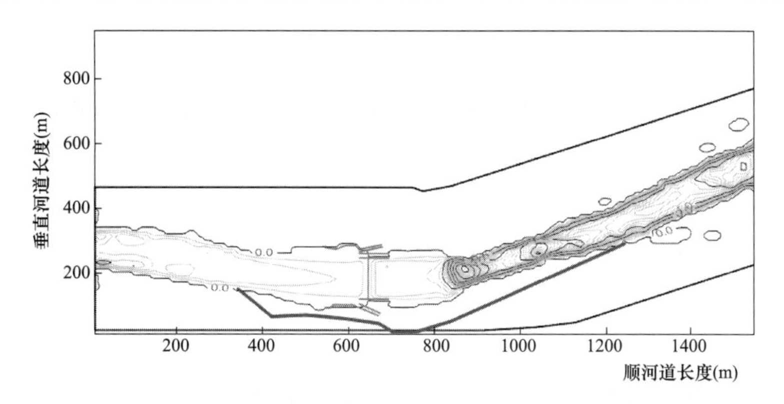

图 5-65　有工程情况［上游流量（m^3/s）=120，引流量（m^3/s）=0］

拦河引水枢纽工程建成后各级流量下枢纽所在河段流场如图 5-66～图 5-69 所示。

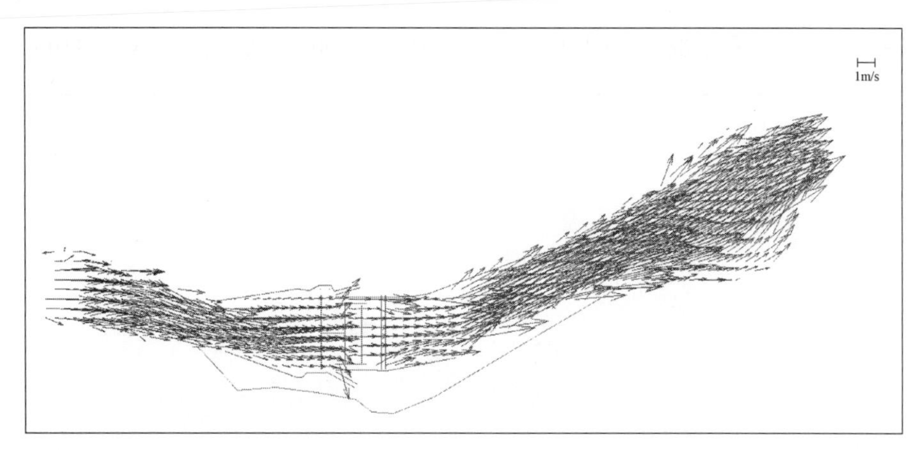

图 5-66　有工程情况 F008［上游流量（m^3/s）=2446，引流量（m^3/s）=0］

拦河引水枢纽建成后各级流量下鱼道进口所在河段流场如图 5-70～图

5-73 所示。

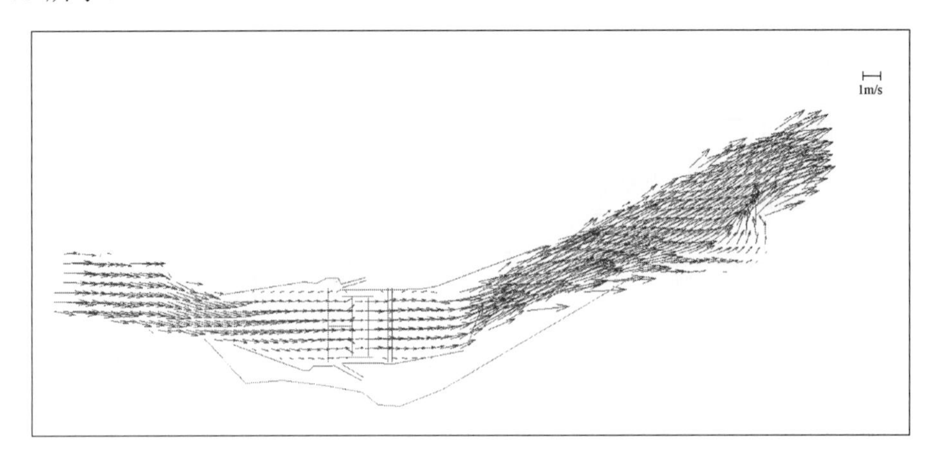

图 5-67　有工程情况 F010［上游流量（m³/s）=1200，引流量（m³/s）=110］

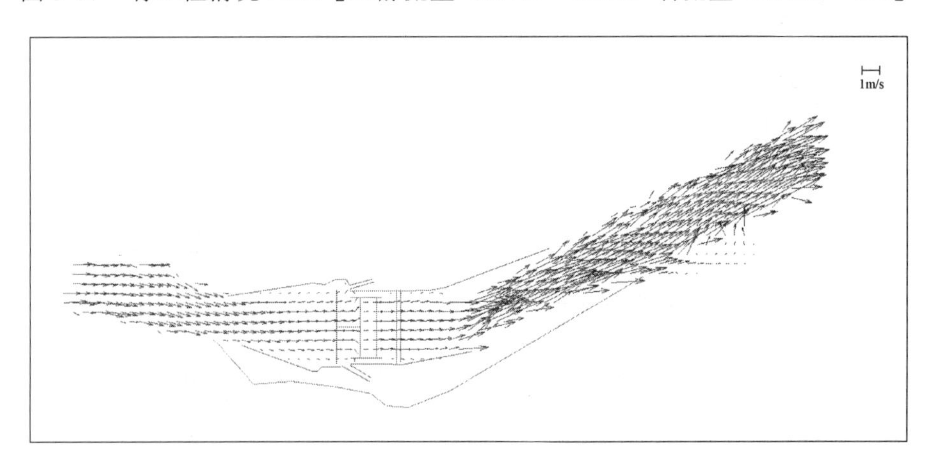

图 5-68　有工程情况 F012［上游流量（m³/s）=600，引流量（m³/s）=110］

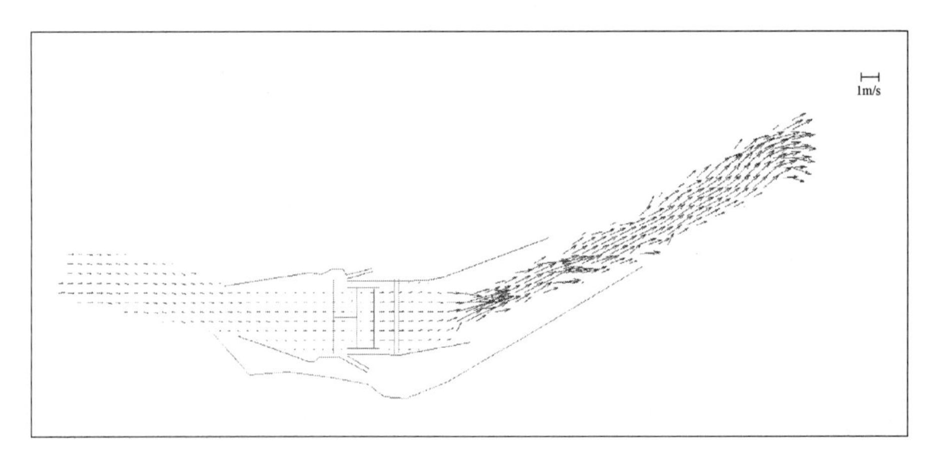

图 5-69　有工程情况 F014［上游流量（m³/s）=120，引流量（m³/s）=0］

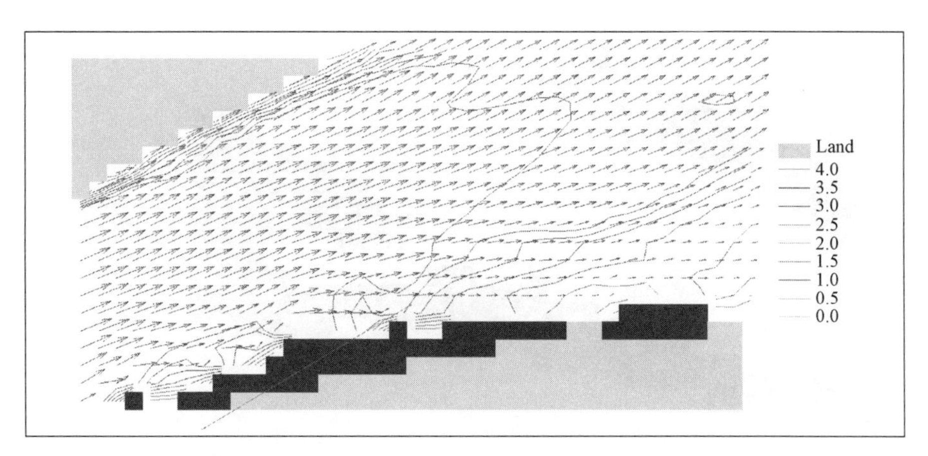

图 5-70　有工程情况 F008 鱼道进口附近流场

[上游流量（m^3/s）=2446，引流量（m^3/s）=0]

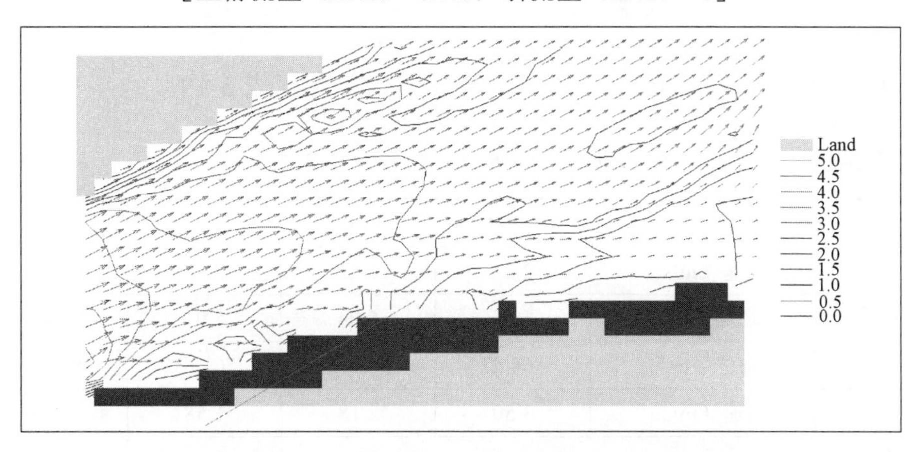

图 5-71　有工程情况 F010 鱼道进口附近流场

[上游流量（m^3/s）=1200，引流量（m^3/s）=110]

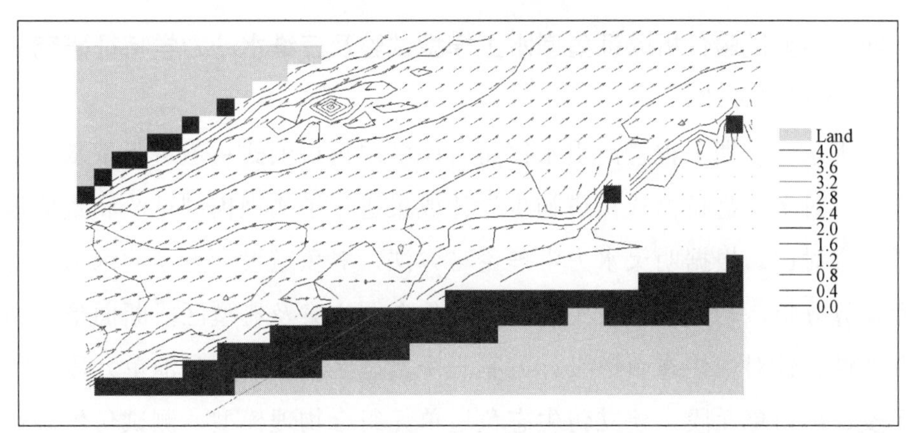

图 5-72　有工程情况 F012 鱼道进口附近流场 [上游流量（m^3/s）=600，引流量（m^3/s）=110]

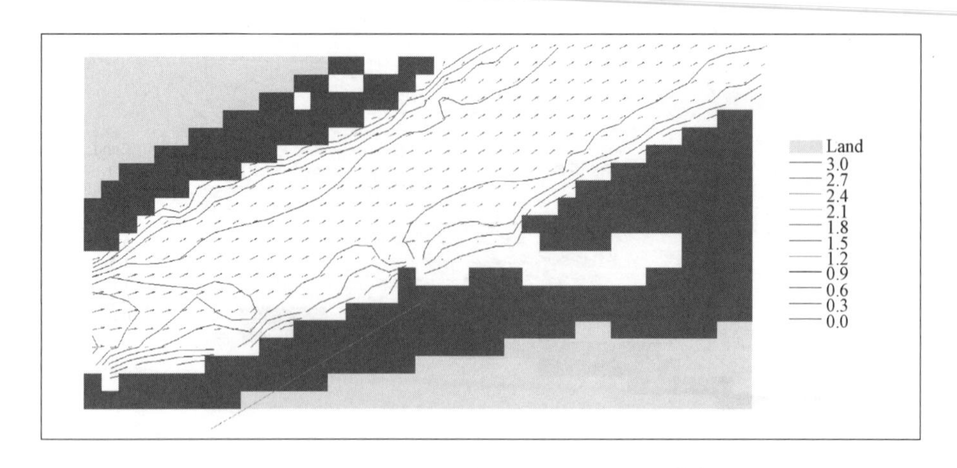

图 5-73 有工程情况 F014 鱼道进口附近流场

[上游流量（m^3/s）=120，引流量（m^3/s）=0]

典型计算工况鱼道进出口处水力参数计算结果见表 5-19。

表 5-19 鱼道进出口处水力参数计算结果表

工况		F008	F010	F012	F014
出口	流速（m/s）	2.85	1.51	0.90	0.22
	水深（m）	6.55	6.04	5.01	4.12
	水位（m）	564.23	563.73	562.69	561.80
进口	流速（m/s）	3.50	2.18	1.58	0.00
	水深（m）	2.76	1.91	1.09	0.00
	水位（m）	559.64	558.79	557.97	0.00

四、模型试验分析验证鱼道水工模型试验及三维水动力学特征研究

（一）研究目的

西水东引一期工程拦河引水枢纽右岸多层盘折槽式鱼道进行了水力学模型研究，对多层盘折槽式鱼道初步设计成果进行了物理模型试验和数值模拟分析研究对比。根据明渠水力学理论与方法，对鱼道设计方案的水力学特征进行计算分析，初步评估仿生态鱼道整体布置方案及典型区段断面形态结构的合理性。针对仿生态鱼道设计方案三个典型区段，即休息池单元段、弯道单元段、出口单元段，建立仿生态鱼道单元组合物理模型，测试仿生态鱼道的流量、流速和水深，评价典型区段内部结构及断面形态生态适宜性评价，

并提出优化建议方案。

（二）物理模型试验研究

针对多层盘折槽式鱼道整体、进出口及内部构造，采用物理模拟方法研究其水力特性及体型优化问题。建立正态实体水力模型，通过水力模拟试验，研究多层盘折槽式鱼道整体设计方案、推荐优化方案，研究优化设计参数的合理性与目标可达性，为多层盘折槽式鱼道设计提供可靠的技术支撑。

1. 鱼道模拟范围

鱼道模拟范围主要包括：

（1）概化河道段。鱼道进出口上游与下游附近一定范围内的河道，鱼道的进出口。模拟范围满足测试分析鱼道进口河段水流流场参数，优化确定鱼道进口的布置范围，优化确定鱼道出口布置范围，提出鱼道进出口布局的优化推荐方案。

（2）概化鱼道段。包括全部曲线段及渡槽、过渡段鱼道，部分直线段鱼道及典型休息室。其中曲线段及过渡段鱼道包括底坡0.2%的全部曲线段鱼道74.25m，渡槽及过渡段1.875m，渡槽后底坡0.42%的全部曲线段鱼道7.9m；其中部分直线、弯道段及典型休息室包括直线、弯道、渡槽下游的3个休息室，共13.795m。鱼道模拟总长度为97.82m。模拟范围满足测试分析在特征流量下典型鱼道段的水深及横断面流速分布的要求，满足测试检验典型鱼道休息室水流条件对当地鱼类上行影响的要求，满足测试检验符合鱼类上溯要求的鱼道构筑物布置和尺寸合理性的要求。

（3）概化测试鱼。采用本地小鱼（体长5～8cm）作为测试鱼，观察测试鱼上溯过程中的行为特征及在休息室的停留状况。

2. 水力模型设计与制作

（1）水力模型设计。按照《水电水利工程常规水工模型试验规程》（DL/T 5244）关于模型比尺设计的要求，模型为正态整体模型，满足重力相似准则，并考虑紊动阻力相似的要求。根据试验场地及研究任务，经与委托方商定，模型几何比尺选定为 $\lambda_L = \lambda_H = 12$。

目前鱼道水力模型，只能实现在一定程度上使研究主要问题保证相似性。结合鱼道所处河段特性、鱼道构筑物特点，依据满足主导力相似的原则，应按重力相似准则设计模型，并满足紊动阻力相似要求，即模型设计满足 Fr 相似准则。

水流重力相似条件

$$\lambda_V = \lambda_H^{1/2} \tag{5-20}$$

水流紊动阻力相似条件

$$\lambda_n = \frac{1}{\lambda_V}\lambda_H^{2/3}\lambda_J^{1/2} = \lambda_H^{2/3}\lambda_L^{-1/2} \tag{5-21}$$

按照弗如德准则设计模型，满足紊动阻力相似。模型几何比尺 12，流速比尺 3.464，糙率比尺 1.513。

根据模型试验的阻力相似要求，通过多次试验，确定阻力相似的加糙方法：

1）鱼道底部铺设粒径 4～7mm 的黑砾石。

2）侧壁黏结粒径 2～4mm 的有机玻璃碎屑，黏结密度为 0.216g/cm^2。这样就可以满足鱼道模型阻力（糙率）相似要求。

（2）水力模型制作。

1）模型河道部分采用沙土填筑、水泥砂浆抹面进行制作；按河道原始地形图，模型河道地形采用间隔 1m 的河道大断面板进行控制，局部地形变化较大处另加密控制。根据河床的组成情况，河床采用水泥砂浆抹面，基本可以满足天然河流阻力相似要求。鱼道模型与河道模型制作与安装见图 5-74。

图 5-74　鱼道模型制作

2）鱼道模型中所有建筑物采用有机玻璃制作，根据阻力相似要求，还需要在鱼道有机玻璃表面进行颗粒加糙，底部小砾石加糙；模型制作与试验满足《水电水利工程常规水工模型试验规程》（DL/T 5244）的相关要求。

3. 试验成果

（1）鱼道进口。根据设计流量进行鱼道放水试验，鱼道进口段与大河衔接角度适宜，过渡平缓，出流顺畅，没有回流；水流自进口段出流后，在 20～30m左右范围内逐渐扩散汇入大河。

由于水流出鱼道后，受大河水位影响，水面有所降落。出口附近水深偏低，一般为0.54～0.6m，流速一般为1.3～1.6m/s；水流自进口段出流后，逐渐扩散，受大河水流影响。由于进口边界过于人工化（形态过于简单、几何化），与天然河道形态有差异，测试鱼在进口附近游弋时，一般不喜欢进入。

针对进口段出流流速较高问题，边界形态过于简单、几何化问题，提出了基于增加进口段边界阻力、降低出流流速的优化修改方案。

在鱼道进口段设置多级三角翼控导。该方案试图通过增大进口段局部阻力，形成多级微弱壅水来提高当地水深，进而降低进口附近的流速。实测流速资料表明，多级三角翼对改善流态、降低流速有一定效果。改善后的出口附近水深一般为0.6～0.65m，流速一般为1.2～1.32m/s；进口附近设置多级三角翼，测试鱼在进入鱼道时，有掩护休憩之处，提高了进入率。

（2）鱼道出口。由于山口水利枢纽坝前水位有一定变化范围与幅度，鱼道设计方案中有四个鱼道出口（水流进口）。根据大河不同水流条件（不同流量与坝前水位），控制试验河段水位，相应进行了 1～4 号鱼道的放水试验。总体看，4个鱼道进流均比较顺畅平缓，没有明显的回流区。这表明 4 个鱼道出口与大河衔接平顺，整体平面布置是合理的；鱼道出口段与河岸衔接时需做曲线裹头防护。

4 个鱼道出口宽度均为 1.25m，矩形断面，水流进入鱼道出口时为无坎宽顶堰流，根据试验验证表明在设计水位时，4 个鱼道出口的进流能力均能满足设计过流要求，且略有超泄。

水流进入鱼道出口时均为无坎宽顶堰流，在上游的4～2 号鱼道水流进入出口矩形段后，沿程产生较大水面跌落与水流加速；出口段水流波动、湍急；水流进入梯形断面明渠时，断面突然扩大，水流进一步跌落，在刚离开出口段的扩散段内形成收缩断面，主流流速较大，对鱼类顺利通过造成不利条件。下游的 1 号鱼道出口段较长，进流比较平缓，可以满足鱼类顺利通过的要求。

在 4～2 号鱼道出口段设置群组潜没式芽墩，这种潜没式流线型群组导流装置能很好地抑制水面沿程跌落，使得水流在突扩段充分扩散，过渡平顺，且不影响鱼道过流能力。在设计条件下，水流在矩形槽波动十分微弱，水面坡度大大减缓；突扩断面收缩水深由未控导前的 0.34m 上升至 0.65m，断面平均流速由原来的 3.61m/s 减小至 1.89m/s；进入梯形段后的水面涌波十分微弱。投放测试鱼观察，发现芽墩的设置使鱼类能轻易地穿过鱼道出口进入大河。芽墩的控导效果十分明显。

（3）鱼道明渠段。该段为梯形断面明渠，曲线之字形布置、七段迴转，有微弯过渡段、急弯圆弧段、大圆弧曲线过渡段，还有与出口段衔接的交汇段。该段鱼道底坡相对较缓，水流流态比较平稳，水深与流速均满足设计要求。1～3 号鱼道出口后的过渡段与曲线鱼道交汇形成的盲肠静水区，是 4 号鱼道出口运用时，鱼类上溯休憩的理想场所。圆弧弯道段受离心惯性力形成的环流影响，主流贴靠凹岸一侧，弯道横比降较小。渡槽以下的鱼道也为梯形断面明渠，S 形曲线段与直线段交错布置，这段明渠底坡相对较陡，因此每隔 50m 设有休息室。在直线段水流流态比较平稳，水深与流速均满足设计要求。在与渡槽衔接的 S 形圆弧弯道段，受底坡变陡与离心惯性力双重影响，环流强度相对较大，主流贴靠凹岸一侧，凹岸侧流速较高，弯道横比降较小。

在大圆弧曲线弯道段受环流影响，水深为 0.69～0.89m，平均水深为 0.82m，流速为 0.72～0.92m/s；180°转弯处凸岸侧水深 0.72m，凹岸侧水深 0.78m，主流带流速为 1.2～1.4m/s；直线段水深 0.75～0.87m，流速在 0.94～1.25m/s。

渡槽以下的直线段鱼道水深一般为 0.66～0.68m，平均流速一般为 0.9～1.12m/s，满足鱼类上溯的水力条件，表面流核区流速达到 1.7m/s 左右，而边壁流速则为 0.4～0.6m/s。S 形弯道段由于紧邻渡槽，由平坡变为 0.42%的底坡，水流相对上段明显湍急；特别是弯道凹岸一侧，在环流作用下，主流贴靠边岸，坡陡流急。因此在凹岸一侧需要进一步增大边岸糙率，减缓水流强度；采用直径 6～8cm 卵砾石边岸加糙，取得明显效果。加糙后弯道段水深一般为 0.63（凸岸）～0.77m（凹岸），流速一般为 1.09～1.22m/s。

（4）渡槽。该段为矩形断面混凝土渡槽，平坡。由圆弧曲线段进入渡槽的水流比较平稳，渡槽阻力相对较小，但水深与流速均满足设计要求；渡槽出口扩散加变坡，进入下游梯形明渠时，水流加速、水位为有少量跌落。

进入渡槽段后，过水断面减小，实测水深一般在 0.74～0.85m，流速为

0.78～0.96m/s，断面流速分布均衡，渡槽流态平顺，上溯鱼通过顺畅。

（5）休息室。原设计鱼道休息室为矩形断面，平坡；为了有利鱼类的休憩，同时分担渡槽下游段渠道底坡调缓产生的落差，出口底板比进口底板低0.071m。设计流量下的放水试验表明，各休息室水流进出平缓，进出休息室的水面落差很小（0.02～0.05m），休息室下部有卵砾石，水流低缓，易于上溯鱼的休憩。

（三）数值模拟试验研究

为了更好评价及优化鱼道休息池段的布置方案，开展了相关数值模拟研。究鱼道部分采用EFDC（environmental fluid dynamics code）模型进行模拟计算。研究范围为鱼道上游顺直段，即7号休息池-鱼道进口（桩号0+559.327–0+767.032），全长207.705m。

1. EFDC模型简介

EFDC模型最早于1992年由美国弗吉尼亚海洋科学研究院约翰·哈姆里克（John Hamrick）等人开发，后由美国环境保护局（EPA）继续资助研究。模型耦合了水动力模块、泥沙模块、有毒物质模块和水质模块。其中水动力模块由水动力学、示踪剂、温度、盐度、羽流、漂浮物等6个子模块构成；泥沙模块分黏性沙和非黏性沙两类进行模拟计算；有毒物模块可模拟多源近场和远场的排放以及有毒污染物在水体和沉积物中的传输；水质模块可模拟22项水质指标在水动力条件下的迁移转化、硝化与反硝化、有机物水解与矿化、藻类新陈代谢与捕食、水体富营养化过程等物理、化学、生物过程。同时，模型还耦合了拉格朗日颗粒传输（LPT）方程，使用LPT建模能够模拟溢油轨迹、应急响应、水质应用和羽流追踪。另外，模型还能与其他水质模型进行联用，如HSPF、WASP、CE-QUAL-W2等。

2. 分析成果

根据模拟不同水深（0.55、0.6、0.65、0.7、0.75、0.8、0.85、0.9m）工况下休息室及上下游鱼道段的流场分布情况，较大流速主要分散于鱼道进口及各休息室上端。

（1）垂向流速分布。沿鱼道均匀选取4处，分析垂向流速分布情况见图5-75，可以看出，流速在垂向上呈对数曲线分布特征，符合水力学一般规律。

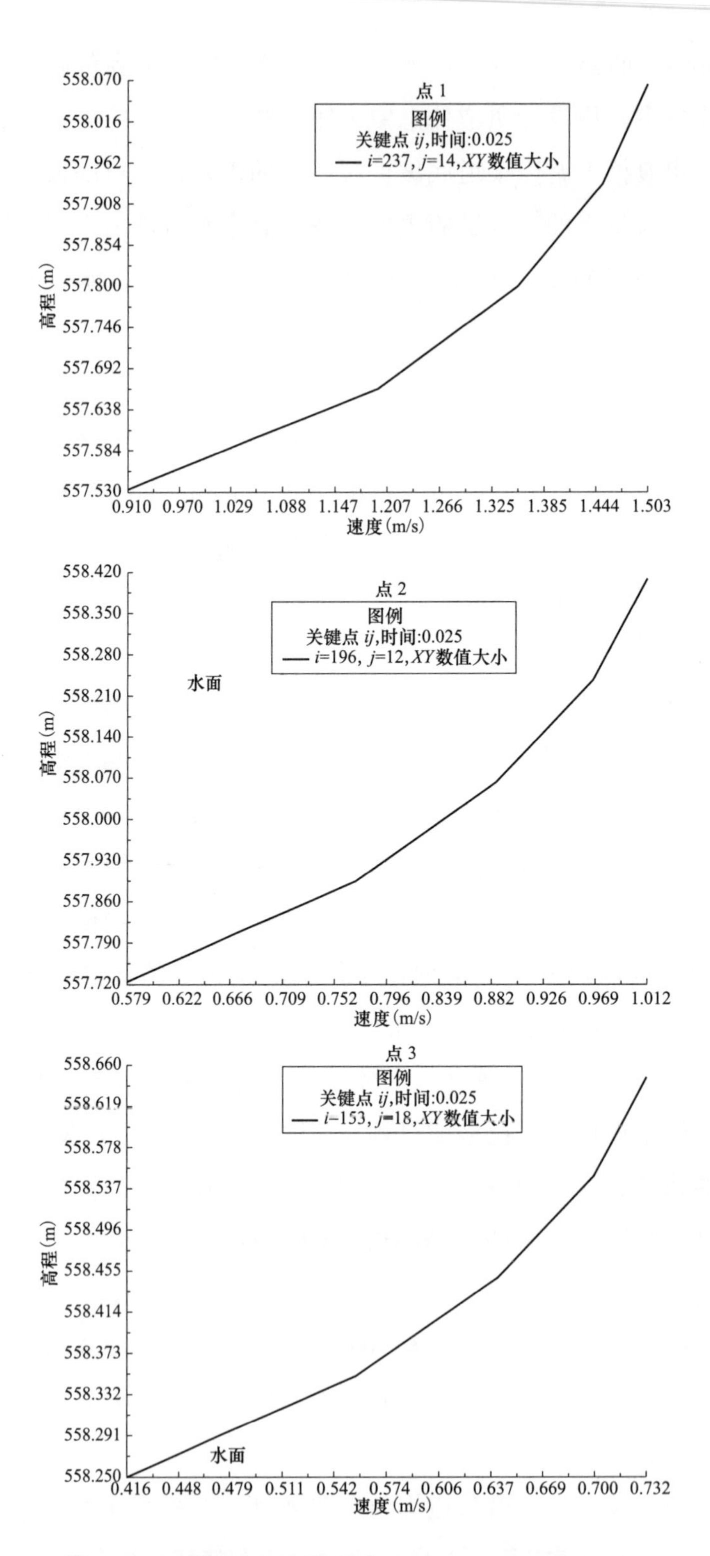

图 5-75 鱼道垂向流速分布（part1～part4）（一）

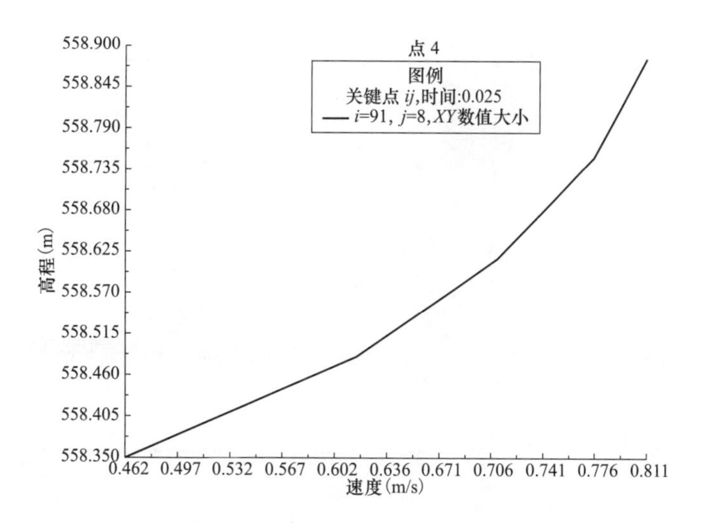

图 5-75 鱼道垂向流速分布（part1～part4）（二）

（2）表层流速平面分布。模型计算时，垂向上分 5 层。表层计算结果见图 5-76，沿休息室表层与底层流速见图 5-77，鱼道中心线纵剖面流速分布见图 5-78。通过与物理模拟结果对比可以看出，数学模拟结果与物理模拟结果吻合良好。认为模拟结果可以作为鱼道设计方案适宜性分析的依据。

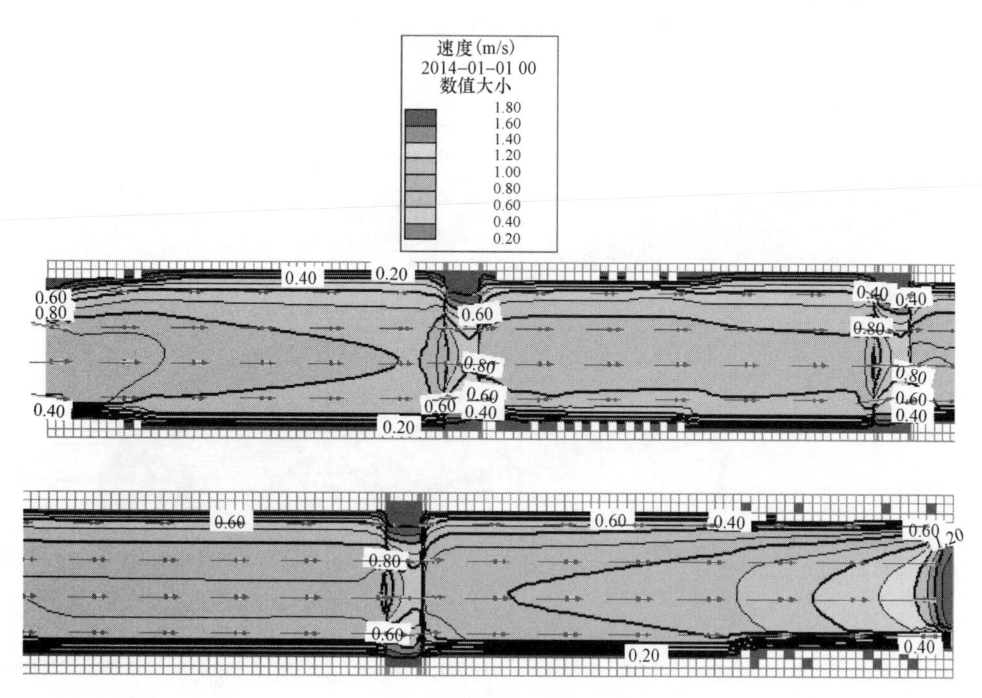

图 5-76 鱼道表层流速分布图

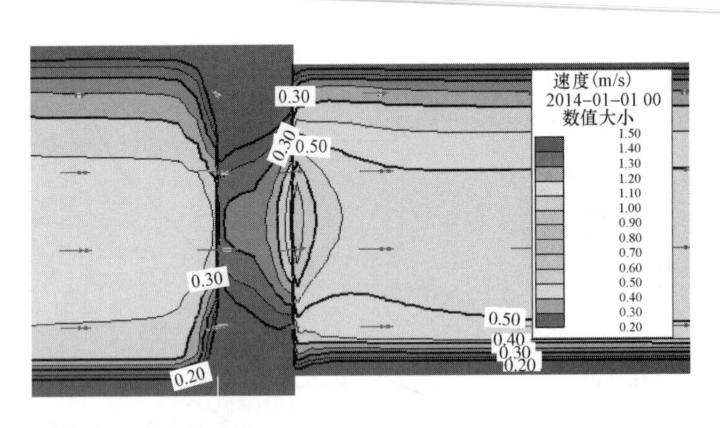

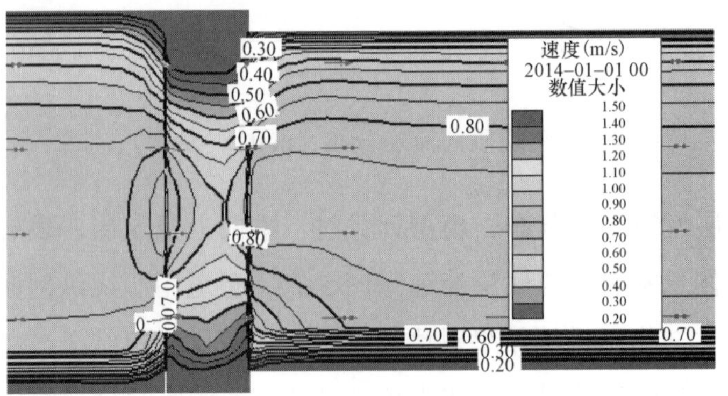

图 5-77 休息室表层与底层流速分布图

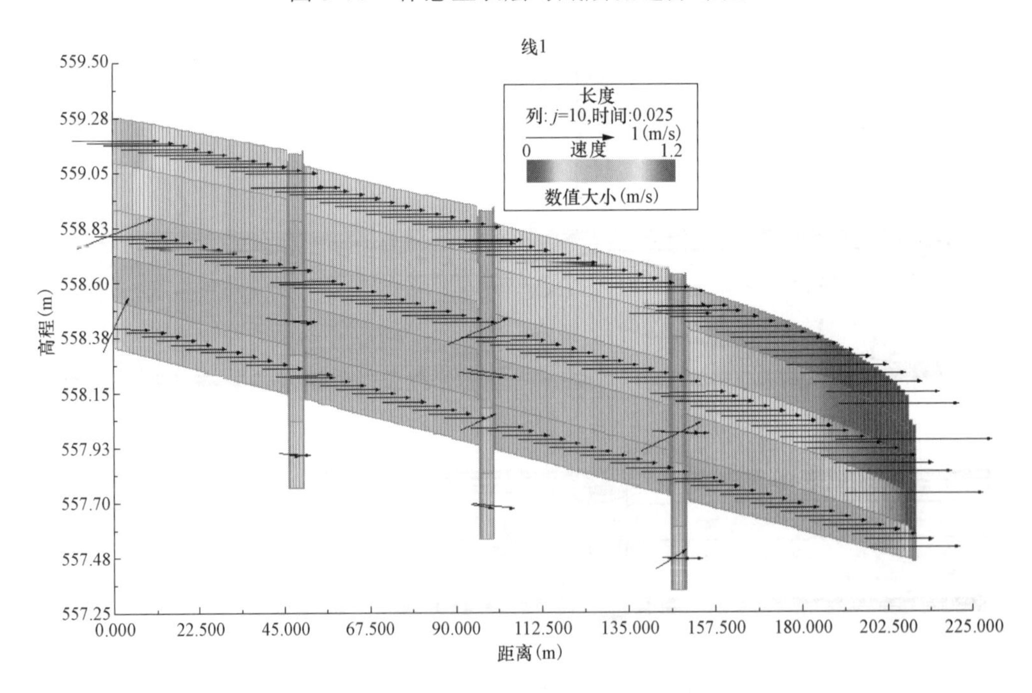

图 5-78 鱼道纵剖面流速分布图

（四）模型试验分析结论及建议

（1）鱼道模型对河道及局部鱼道段的概化满足水力模拟相似要求，采用测试鱼可以定性评价上溯鱼对鱼道的适应性。

（2）模型制作满足要求，模型验证表明边界模拟满足阻力相似要求。

（3）鱼道进口平面位置基本合理，出流顺畅，但出口水深受大河水位影响；为了吸引上溯鱼进入鱼道，需要鱼道进口附近设置适当构筑物，创造适宜的河流环境。

（4）鱼道出口平面布置合理，进流顺畅，但出口外需要设置曲线裹头，一是可保护出口防冲稳定，二则创造较好的入流条件。

（5）2～4 号鱼道出口段内水流湍急，需要通过设置多级壅水坎等措施减缓流速，改善出口流态；采用的改善措施起到了壅水、减速作用，测试鱼已经顺利通过出口段进入上游河流，修改后的出口均满足过鱼要求。

（6）鱼道明渠各段水流大都比较平顺，水深、流速均满足鱼类持续流速要求；个别弯道段边坡加糙调整流态后，也能满足鱼类通过要求。

调整后的鱼道休息室过流平缓，水面落差很小，休息室很好地起到了让鱼休憩的作用；同时 1～3 号鱼道出口过渡段在交汇区形成的盲肠区，很好地起到了临时休息室的作用。

（7）建议进一步研究采用其他非水力措施，提高鱼道进口的诱鱼作用。

五、多层盘折槽式鱼道设计

1. 鱼道设计边界条件

（1）过鱼对象。根据西水东引一期工程水生生态专题报告，布尔津河过鱼设施过鱼对象为哲罗鲑、细鳞鲑和北极茴鱼等 3 种洄游鱼类。

（2）过鱼期。根据西水东引一期工程水生生态专题报告，布尔津河鱼类每年初春解冻即顶水上溯游至流速较高的场所产卵繁殖，其产卵季节为 4～7 月，因此确定本工程的主要过鱼季节为每年的 4～7 月。

（3）鱼道流速控制指标。根据鱼类游泳能力测试成果，鱼道梯形断面流速控制在 v=0.68～0.70m/s，鱼道出口（出口闸室段）流速控制在 v=0.9～1.5m/s。

（4）鱼道水深。根据槽式鱼道设计运行经验，鱼道水深按过鱼对象体长

2 倍控制，即不小于 0.8m 控制。由于这个水深不能防止鸟类捕食，因此需在鱼道上部安装防护网。防护网网眼距 10cm×10cm。

（5）过鱼期河道水文条件。

1）径流。布尔津河 4～7 月多年平均月平均流量见图 5-20。

表 5-20　　　　布尔津河 4～7 月多年平均月平均流量

项目	4 月	5 月	6 月	7 月	备注
流量（m^3/s）	46.89	283.17	572.42	285.20	

2）拦河枢纽设计洪水及特征水位。过鱼期为 4～7 月，其中 4 月为枯水期，5、6 月为主汛期，7 月为后汛期。

拦河引水枢纽设计洪水标准为 50 年一遇（P=2%），相应洪峰流量 2276m^3/s；校核洪水标准为 100 年一遇（P=1%），相应洪峰流量 2446m^3/s。

各特征水位：正常引水位 561.220m；设计洪水位 564.200m；校核洪水位 564.400m。

2. 鱼道总体布置

结合外委鱼道模型试验成果，对鱼道进行了优化。优化后多层盘折槽式鱼道全长 1752m，共设置 4 个出口、1 个进口。1～4 号出口在导流明渠内多层盘折并连接后沿着导流明渠向下游布置，跨过拦河引水枢纽西岸干渠后沿着西岸干渠左岸平行布置直至投入河道。鱼道进口距溢流堰消力池末端 440m，鱼道出口距右岸引水闸进口最近距离为 202m，鱼道进口有效地避开了漩涡、回流等区域，出口远离各引水闸取水口。

3. 鱼道进口设计

（1）水深控制。鱼道进口水深根据最小生态基流 14m^3/s 控制，鱼道进口经过整治后与原河道连接，并沿原河道对河道右侧进行开挖整治，具体为挖一深 0.5m、宽为 3m 的梯形断面不规则渠道，向下游延伸 100m，确保最小流量时河道水深不小于 0.9m。

（2）结构设计。鱼道进口逐步伸入下游河道以满足与河道连接要求，可以适应下游河道不同水深要求。为扩大进口范围，方便鱼类进入，鱼道末端呈喇叭状布置，即鱼道末端 20m 范围内鱼道底宽由 1.0m 渐变为 12.5m。

4. 槽式鱼道设计

（1）鱼道布置。尽量利用原导流明渠盘折鱼道，以减少工程量。经比较，在设置不同高程的 4 个鱼道出口和一定的纵坡条件下，连接处高程较高时，可使鱼道长度较短。因此，最终确定鱼道在鱼道出口附近进行多层盘折。

（2）鱼道断面选择及纵坡。

1）鱼道断面选择。鱼道断面可选择为梯形断面或矩形断面，因鱼道为布置在地面上的明渠，梯形断面具有结构简单、施工方便、运行维护方面等优点，本次鱼道断面形式选择为梯形断面。

2）鱼道衬砌形式选择。适应梯形渠道的衬砌形式有现浇混凝土板、预制混凝土板、浆砌石、干砌石等。

表 5-21 可以看出，在保证鱼道内流速、水深、流量一致的条件下，采用现浇混凝土板、预制混凝土板、浆砌石、干砌石衬砌鱼道长度分别为 8022m、5458m、3158m、1752m，干砌石衬砌鱼道长度最短。根据拦河引水枢纽地形条件和施工现状，干砌石衬砌鱼道布置最为简单方便，投资较少。

表 5-21　　　　不同衬砌结构鱼道长度

项目	现浇混凝土板	预制混凝土板	浆砌石	干砌石	备注
流速（m/s）	0.68	0.68	0.68	0.68	
糙率	0.014	0.017	0.023	0.032	
水深（m）	0.92	0.92	0.92	0.92	
流量（m^3/s）	1.5	1.5	1.5	1.5	
鱼道长度（m）	8022	5458	3158	1752	

另外，干砌卵石护坡的梯形渠道，水与干砌石的接触面远大于其他衬砌形式，渠道横断面水流流速分层更加明显，在干砌石附近形成低流速区使游泳能力较差或体型较小的鱼类也能够通过。由于工程混凝土骨料采用砂砾石料筛分获得，筛分场 15～30cm 的弃料较多，鱼道干砌石料源丰富。

因此，从工程布置、鱼的适应性来看，本工程多层盘折槽式鱼道采用干砌石护坡。

3）鱼道纵坡。在选定鱼道的流速、流量和基本断面后，根据鱼道水力学计算成果，并结合水工模型试验，1 号出口至 2、3、4 号出口鱼道纵坡为 i=1/800，1 号出口至鱼道进口纵坡为 i=1/858.37。

（3）鱼道结构设计。

1）断面设计。根据《水利水电工程鱼道设计导则》（SL 609）、《水电工程过鱼设施设计规范》（NB/T 35054）和最小水深要求，参照类似工程鱼道设计经验，结合鱼道衬砌形式，最终确定鱼道断面形式为梯形断面，底宽 B=1m，边坡为 1:1.5，见图 5-79。

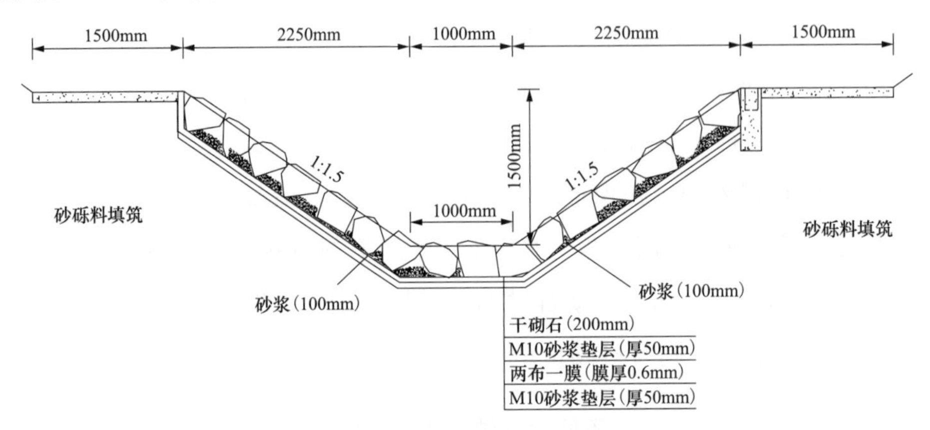

图 5-79 鱼道典型断面

2）超高确定。鱼道计算水深 0.923m，根据《水利水电工程鱼道设计导则》（SL 609）、《水电工程过鱼设施设计规范》（NB/T 35054）计算公式，超高 h=1/4H+ 0.2m（式中：H 为正常水深）。

计算得出鱼道超高为 0.43m，则鱼道深度为 1.33m。

考虑到后期鱼道存在补水的可能性，本次设计将鱼道深度进行了适当的加深，按水深 1.05m 考虑，计算得鱼道流量为 2.0m^3/s，流速为 0.73m/s，水深 1.05m。

因此本次将鱼道深度取为 1.5m，即后期可加大水量至 2.0m^3/s。

3）结构形式。渠道建于砂砾石基础上，为了保证渠床密实，先行对导流明渠进行碾压填筑，填筑至渠道顶部后再行鱼道开挖。

在开挖后的砂砾石渠床上铺设 5cm 厚 M10 砂浆保护层，然后铺设土工膜防渗，土工膜规格为 150/0.6/150，在土工膜表面铺设 5cm 厚 M10 砂浆，然后将卵石进行座浆干砌。为增大表面粗糙度，采用直径为 10～20cm 的卵石。

4）基础处理。导流明渠下游沿西干渠布置的鱼道，其渠床为基岩，强风化带，岩石非常破碎，鱼道直接置于开挖的基岩边坡上。

鱼道导流明渠段，利用导流明渠回填作为渠床。导流明渠填筑料全部采用导流明渠和西干渠开挖砂砾石料，采用分层碾压，压实后相对紧密度 $D_r \geqslant 0.85$。为保证鱼道置于密实的砂砾石层上，采用先行碾压填筑至渠道顶部后再行鱼道开挖。

5. 鱼道休息室设计

（1）休息室布置。根据《水利水电工程鱼道设计导则》（SL 609）中提出隔板式鱼道每隔 10～20 块隔板需设置一个休息室，一般隔板式鱼道隔板间距 2～5m，即 20～100m 需设置一休息室。由于本鱼道纵坡缓长度长，休息室进出口有高差，增加休息室个数可以有效较短鱼道长度，故鱼道段选择最小休息室间距，休息室间距 21m。由于鱼道出口转弯段有 6 段 180°转弯鱼道和鱼道交叉段，180°转弯段和交叉段纵坡 i=0，经模型试验结果显示该段流速缓慢，适合鱼道休息，故鱼道出口转弯段可减少休息室数量，每级出口间鱼道设置三个休息室，间距 94m。

（2）休息室结构设计。如图 5-80 和图 5-81 所示，休息室为矩形槽式结构，休息室长 4m，净高 1.8m，1～12 号休息室净宽 4.6m，13～39 号休息室净宽 5.5m。休息室底板及边墙厚 300mm。1～9 号休息室进出口高差为 7cm，10～39 号休息室进出口高差为 9cm。

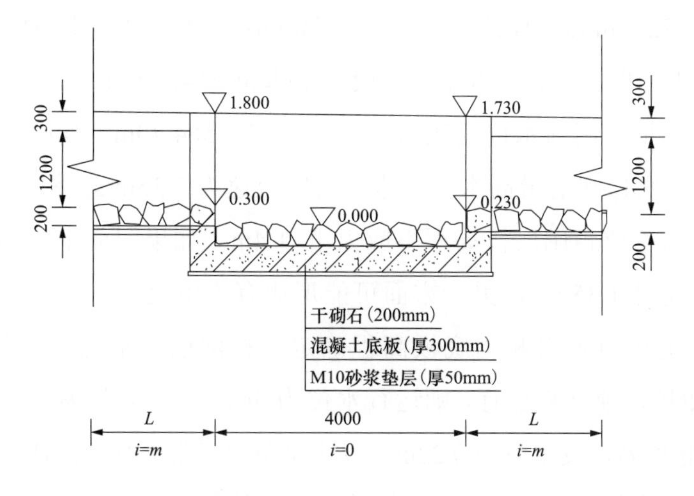

图 5-80　1～9 号休息室纵剖面图

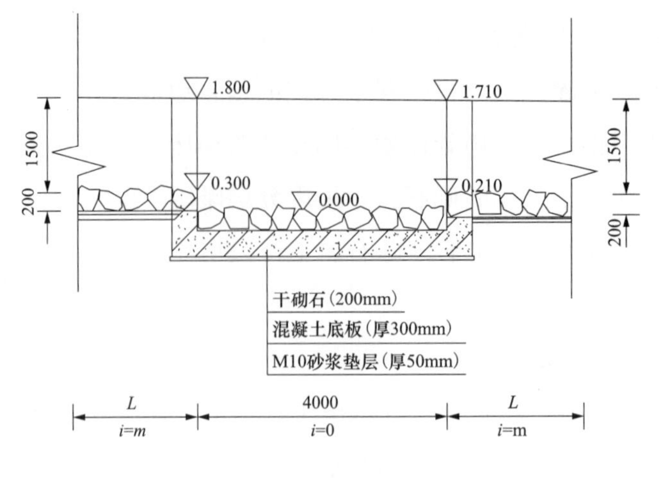

图 5-81　10～39 号休息室纵剖面图

6. 鱼道出口设计

（1）鱼道出口设置原则。

1）鱼道出口应为明流，以满足鱼类生态学要求，且最大流速不超过 1.5m/s。考虑到应适应更多种类、体型的鱼类通过，出口流速按不大于 1.35m/s 考虑（最大流速降低 15%）。

2）过鱼期为 4～7 月，涵盖整个主汛期，因此鱼道出口设置应尽量适应上游水位变化。

（2）拦河引水枢纽运行期洪水及特征水位。拦河引水枢纽溢流堰堰顶高程 561.37m，正常引水位 561.22m，设计洪水标准为 50 年一遇（P=2%），相应洪峰流量 2276m^3/s，设计洪水位 564.200m；校核洪水标准为 100 年一遇（P=1%），相应洪峰流量 2446m^3/s，校核洪水位 564.400m。

拦河引水枢纽闸前水位变化为高程 561.22～564.40m，变幅为 3.18m。

（3）鱼道出口闸前最高水头要求。出口流速为 1.35m/s，相应闸前水头为 1.4m，即闸前水位距闸底板高程不应大于 1.4m。如果闸前水头超过 1.4m，一方面流速超过 1.35m/s，另一方面可能形成有压出流。

（4）鱼道出口数量和闸底板高程确定。拦河引水枢纽正常运行水位为 561.22m，如按堰顶高程运行，则运行水位为 561.37m，在这两种运行工况下，1 号出口闸底板高程设定为 560.22m，以满足鱼道正常运行的流速和流量要求。

当闸前水位超过 561.37m 时，1 号出口闸的最大流速将超过 1.35m/s，需要另行设置出口，鱼道出口闸室水深不小于 0.5～0.6m，2 号出口底板高程应不高于 560.77m。因此，拟定 2 号出口闸底板高程为 560.77m。以此类推，3 号出口闸底板高程为 561.32m，4 号出口闸底板高程为 561.87m，5 号出口闸底板高程为 562.42m，6 号出口闸底板高程为 562.97m，7 号出口闸底板高程为 563.52m。当拦河引水枢纽校核洪水位为 564.40m 时，第 7 号闸前水头为 0.88m，可满足鱼道正常运行。

因此，鱼道出口闸如设置 7 座，相邻两座闸底板高程相差 0.55m，可满足过鱼期 4～7 月安全校核洪水位时的鱼道正常运行。

根据布尔津河多年洪水特性，洪水持续时间一般不超过 36h，因此，为简化工程布置和运行管理相对简单，可以适当减少鱼道进口数量。布尔津河洪水资料显示，近 30 年以来，超过 20 年一遇的洪水极少，因此，按照拦河枢纽校核洪水位设置鱼道出口个数必要性不大。

4 号出口闸底板高程为 561.87m，适应上游最高水位为 563.27m，此时拦河引水枢纽总下泄流量为 1748m^3/s（其中 2 孔泄洪冲沙闸下泄 840m^3/s，溢流堰下泄 798m^3/s，各引水闸下泄 110m^3/s），相当于布尔津河约 15 年一遇洪水。结合布尔津河洪水历时较短的特点，鱼道设置 4 个出口较为合适。如遇超过 20 年一遇洪水，鱼道停止运行时间一般也不超过 36h，对过鱼影响不大。

综上所述，鱼道共设置 4 个出口，即 1 号出口闸底板高程为 560.22m，2 号出口闸底板高程为 560.77m，3 号出口闸底板高程为 561.32m，4 号出口闸底板高程为 561.87m。

（5）出口闸顶高程。出口闸顶高程和拦河引水枢纽上游右岸挡土墙高程保持一致，为 565.743m（拦河引水枢纽各引水闸闸顶高程为 565.50m），满足拦河引水枢纽设计洪水和校核洪水挡水要求。

（6）鱼道出口运行方式。运行方式如下：

1）应保证每个出口闸水流流态均为无压明流。

2）出口闸为单独运行，即某个出口闸在运行时，其他出口闸为关闭状态。

3）每个出口闸闸前水深应在 0.6～1.4m 范围内，如果大于 1.4m，则开启闸底板高程高一级的出口闸；如果小于 0.6m，则开启闸底板高程低一级的出口闸。

4）鱼道正常运行后加强观测，当闸室进口即将形成淹没出流时，应立即关闭该孔闸门，开启上一级进口闸。

5）闸前水位超过高程 563.27m 时，关闭所有进口闸。

7. 鱼道出口金属结构设计

4 个鱼道出口分别设置 1 扇平板工作闸门，设计水头为 7.4m，每扇闸门各采用 1 台 QP80KN-8m 固定卷扬机启闭。鱼道闸门启闭机运行供电由拦河引水枢纽右岸动力配电柜提供。鱼道闸门可电动、手动两用。

8. 鱼道附属设施

（1）观测设备。冰岛 VAKI（华骑）公司生产的 River watcher 鱼道观测系统（包含 winari 数据处理软件）目前已在世界 300 多条鱼道应用（美国已安装运行 150 套），该鱼道观测系统观测方式先进，软件系统功能强大，设备故障率低，运行稳定可靠（已运行 25 年的纪录），完全可以满足各种类型鱼道运行监测要求。设备可以实现对过鱼的种类、大小等自动采集，采集成果包括数据文件和影像资料。因此，本工程在鱼道（桩号为鱼 0+152.100）安装 1 套该观测设备。

（2）观察室。设一座观察室（剖面见图 5-82），为钢筋混凝土结构，设在鱼道中部位于 15 号休息室下游（桩号：鱼 0+146.100），单层，在鱼道侧壁上设有 2 个玻璃观察窗，用来观察鱼类的洄游情况。

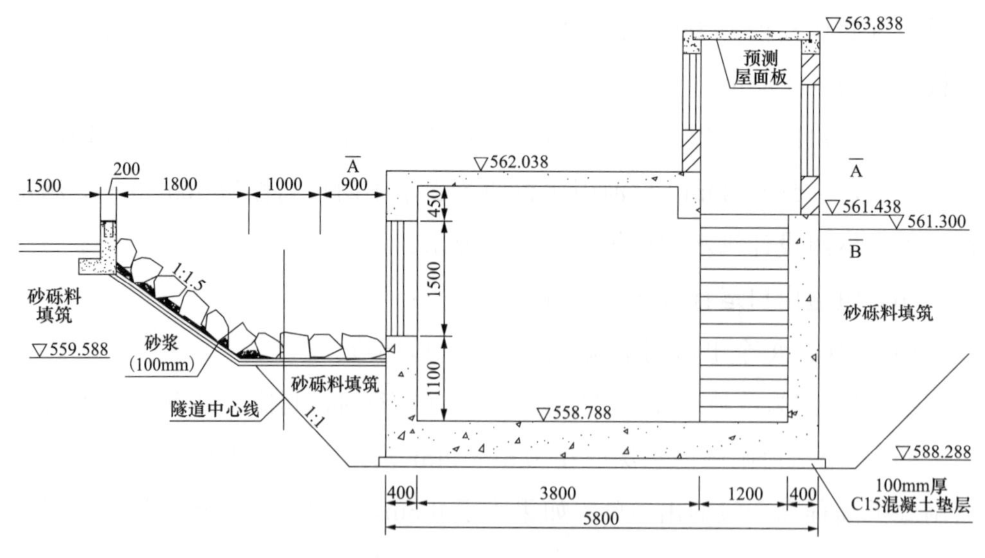

图 5-82 观察室剖面图

（3）可回收式电杆拦鱼设施。在鱼道进口上游河床设置拦河拦鱼电杆设施，提高洄游鱼类进入鱼道进口的概率。电栅设置在鱼道41号休息室处，为拦河可滑动式电杆拦鱼，电拦鱼设备主要由电拦鱼系统、电拦鱼支撑结构和水下电极三部分组成。

电拦鱼支撑结构由立柱、主索、吊索、C型钢滑轨、电极活动架、牵引绳及固定索等构成。

电拦鱼架构两端立柱分别位于河道左右岸，立柱轴线相距130m，高度8.6m。立柱两侧通过抱箍将主索固定于立柱顶部，抱箍距离立柱顶部0.5m。主索水平跨度132m，垂度1/20。吊索通过U型钢缆卡悬吊固定于主索下部。吊索采用ϕ8的套塑钢丝绳，布置间距5m，主索最低点处吊索长度0.5m。吊索下部直接掉接C型钢滑轨。C型钢滑轨顶部与吊索连接，水平布置，C型钢滑轨顶部高程578.9m，C型钢滑轨采用C型不锈钢。电极活动架由滑轮组和不锈钢钢柱等构成。牵引绳采用ϕ2的套塑钢丝绳，拉紧封闭穿绕于两端定滑轮上。牵引绳上行线固定于每个电极活动架上，下行线不固定，从而实现操作人员在拉拽牵引绳时能牵引电极活动架一同滑动。

水下电极由绝缘子、母线及电极引导线和电极组成。电极采用304 DN15不锈钢钢管，挂在绝缘子下部并与引导线连接。电极间距2m，长度根据河道深度而不同，铅直下垂时电极底部离河底0.5m。

9. 电拦鱼设备设计主要技术参数

电拦鱼设备主要由电拦鱼系统、电拦鱼支撑结构和水下电极三部分组成。

（1）电拦鱼系统。电拦鱼系统主要技术参数要求：

1）控制区域面积：680m^2。

2）使用原因：拦鱼。

3）水质：江河。

4）鱼品种类：哲罗鲑、细鳞鲑和北极茴鱼。

5）主控机：

a）输入电源：220V±10V AC；

b）系统绝缘特性：工作人员可触摸；

c）耗电功率：≤10W；

d）环境温度：–45～+50℃。

6）脉冲电源：

a）输入电源：220V±10V AC；

b）系统绝缘特性：工作人员可触摸；

c）输出频率：2～15 次/s（可调）；

d）脉冲峰值：＞300V；

e）输出脉冲宽度：＞0.4ms；

f）环境温度：–45～+50℃。

7）节点器：

a）输入电源：220V±10V AC；

b）系统绝缘特性：工作人员可触摸；

c）耗电功率：≤10W；

d）负载能力：＞0.5Ω；

e）自保护：电极短路响应时间小于等于 0.5s；

f）自恢复：＜0.1s；

g）脉冲频率控制方式：自适应。

（2）电拦鱼支撑结构。电拦鱼支撑结构由立柱、主索、吊索、C 型钢滑轨、电极活动架、牵引绳及固定索等构成。

1）立柱。电拦鱼架构两端立柱分别位于河道左右岸，立柱轴线相距 130m，高度 8.6m。立柱基础底面坐落于混凝土或基岩上。基础底面上部浇筑 0.6m 厚 C25 混凝土基座，混凝土基座预埋 8 根 0.5m 长锚钉。立柱采用ϕ400 钢管，立柱底板与预埋锚钉锚固后与立柱钢管焊接固定，立柱底部焊接 8 块肋板。焊接完成后立柱中间回填 C25 混凝土，并在混凝土基座上部浇筑 0.8m 厚 C25 混凝土。

每侧立柱采用两根拉线进行固定。拉线平面上与 C 型钢滑轨轴线呈 45°沿上下游各一根，纵剖面上与立柱呈 45°。

2）主索。立柱两侧通过抱箍将主索固定于立柱顶部，抱箍距离立柱顶部 0.5m。主索水平跨度 132m，垂度 1/20。主索采用ϕ20 的 7×19 不锈钢钢缆。主索下部直接连接吊索。

3）吊索。吊索通过U型钢缆卡悬吊固定于主索下部。吊索采用$\phi8$的套塑钢丝绳，布置间距5m，主索最低点处吊索长度0.5m。吊索下部直接掉接C型钢滑轨。

4）C型钢滑轨。C型钢滑轨顶部与吊索连接，水平布置，C型钢滑轨顶部高程578.9m。C型钢滑轨采用C型不锈钢，尺寸50mm×43mm。C型钢滑轨两端固定于两侧立柱上。

5）电极活动架。电极活动架由滑轮组和不锈钢钢柱等构成。一套滑轮组共四个轴承，轴承均采用RNU202圆柱滚子轴承，直径35mm。不锈钢钢柱高度175mm，牵引绳位于钢柱下部100mm处，与钢柱固定。钢柱底部焊圆环用于挂水下电极。

6）牵引绳。牵引绳采用$\phi2$的套塑钢丝绳，拉紧封闭穿绕于两端定滑轮上。牵引绳上行线固定于每个电极活动架上，下行线不固定，从而实现操作人员在拉拽牵引绳时能牵引电极活动架一同滑动。

7）固定索。固定索采用$\phi10$的6×19不锈钢钢缆，左右岸各两根连接C型钢滑轨，起到固定C型钢滑轨的作用。固定索一端固定于C型钢滑轨距离立柱36m处，上下游各一根，平面与C型钢滑轨呈45°，固定索另一端固定于河岸边。

（3）水下电极。水下电极由绝缘子、母线及电极引导线和电极组成。

1）绝缘子。绝缘子采用拉紧绝缘子，上部连接挂钩，下部连接电极，绝缘子上固定母线。

2）母线及电极引导线。母线与电拦鱼系统相连接，平行于C型钢滑轨布置，在每个绝缘子处固定。母线采用2×6橡套海缆，母线在每个电极处留有引导线与电极相连。引导线可通过螺母实现随时拆卸安装。

3）电极。电极采用304 DN15不锈钢钢管，挂在绝缘子下部并与引导线连接。电极间距2m，长度根据河道深度而不同，铅直下垂时电极底部离河底0.5m。

六、运行效果

鱼道工程分部工程自2016年7月10日开工，2017年7月15日完工。

布尔津河鱼类每年初春解冻即顶水上溯游至流速较高的场所产卵繁殖，

其产卵季节为 4～7 月，因此确定本工程的运行期为每年的 4～7 月。管理人员根据闸前水位及时调整变更出口闸门及闸门开度，保障鱼道水流满足运行需要。根据过鱼监测设备统计，2017 年过鱼 1694 条，2018 年过鱼 7233 条，2019 年至今 1756 条。

根据过鱼监测设备数据，自 2017 年运行至今，累计过鱼 10733 条（其中 2017 年过鱼 1694 条，2018 年过鱼 7233 条，2019 年过鱼 1806 条）（注：不完全统计，除去了设备故障、停电等时段）。

鱼道观察室检测照片见图 5-83。

图 5-83 鱼道观察室检测图片

七、小结

多层盘折槽式鱼道设计初衷即针对低水头水利枢纽工程过鱼要求而设计。

该鱼道综合了目前常用低水头过鱼建筑物各自优点和特点，具有整体水流流速较缓适用于不同体型和游泳能力的鱼类洄游、下泄流量较小节省水资源、设计断面与天然河道自然条件相似有利鱼类洄游、休息室内水流条件好且能有效消化鱼道进出口高差缩短鱼道长度、进口适应不同河道水位能力强、鱼道出口盘折设计适应不同水位变幅和运行管理简单等优点和特点而在新疆低水头水利枢纽中广泛借鉴和应用。同时，根据新疆春冬季河水宜封冻，大部分冬季有断流等特点，该鱼道配套有可收回式电杆拦鱼设施，不仅能提高拦鱼过鱼效果，而且能随时根据需要布设和收回设备，提高了设备使用寿命和维修成本。

根据多层盘折槽式鱼道运行效果可知，该鱼道运行效果较好，能够适应不同水位变幅，可满足不同鱼种、不同体型和不同游泳能力过鱼对象的洄游要求，在低水头枢纽中适应性强。多层盘折槽式鱼道为今后低水头枢纽过鱼设施的设计、建设和运行提供了可靠和可行的选择方向和成功经验。

第六章

严寒地区混凝土拱坝施工关键技术

第一节 严寒地区混凝土拱坝施工导流及堆石混凝土围堰技术

一、工程基本情况

1. 水文条件

工程所在河流洪水主要来自山区积雪的融雪水，夏季暴雨也可引起洪水，并叠加在融雪型洪水形成混合型洪水。洪水的发生时间主要集中在5～7月。5、6月份是主汛期，7、8月份为后汛期。本区域其他工程施工期近3年均遭遇过10年一遇洪水。设计洪峰计算成果见表6-1。

表6-1 设计洪峰计算成果

设计频率 P（%）	0.02	0.05	0.5	1	2	5	10	备注
洪峰流量 Q（m^3/s）	4783	4299	3096	2740	2388	1930	1594	

2. 气象条件

工程所在区域多年平均气温5℃，极端最高气温39.4℃，极端最低气温−41.2℃，最大积雪深46cm，最大冻土深127cm；多年平均降雨量153.4mm，多年平均蒸发量1619.5mm；多年平均风速3.7m/s，最大风速28m/s，风向NW，多年平均最大风速16.0m/s，风向E。气候条件恶劣，具有“冷”“热”“风”“干”的四大特点，夏季炎热、冬季严寒、日温差大，寒潮频繁。工程所在区域气象站气象特征值、各月平均气温、气象参数、冰情统计见表6-2～表6-5。

表 6-2　　　　工程所在区域气象站气象特征值统计

项目		单位	布尔津
气温	多年平均气温	℃	5
	极端最高气温	℃	39.4
	极端最低气温	℃	–41.2
降水量	多年平均降水量	mm	153.4
	最大一日降水量	mm	34
蒸发量	多年平均蒸发量	mm	1619.5
风速	多年平均风速	m/s	3.7
	最大风速	m/s	32.1
	最大风风向		NW
积雪	最大积雪深度	cm	46
冻土	最大冻土深度	cm	127

表 6-3　　　　工程所在区域各月平均气温统计

项目	月份												全年
	1	2	3	4	5	6	7	8	9	10	11	12	
多年平均气温	–16.4	–13.3	–3.5	8.4	16.2	21.3	22.5	20.5	14.3	6.2	–3.3	–13.4	5.0

表 6-4　　　　工程所在区域多年平均特征气象参数统计

项目	月份												全年
	1	2	3	4	5	6	7	8	9	10	11	12	
多年平均气温℃	–16.4	–13.3	–3.5	8.4	16.2	21.3	22.5	20.5	14.3	6.2	–3.3	–13.4	5.0
气温≥25℃日数	0	0	0	0	0.3	2.8	5	2.3	0.1	0	0	0	10.5
气温>5℃日数	0	0	1.3	17	29	30	31	28.9	13.8	0.3	0	0	151.3
气温≤5℃日数	31	28.3	29.7	13.0	2.0	0	0	0	1.1	17.2	29.7	31	182.9
气温≤0℃日数	31	28.3	25.5	4.74	0	0	0	0	0.1	7.5	26.8	31	154.8
气温≤–10℃日数	30.1	25.7	13.7	0.09	0	0	0	0	0	0	12.2	28	109.7
日降水量≥5mm 日数	0	0	0	0.4	0.7	0.9	1.1	0.7	0.5	0.4	0.2	0	4.9
日降水量≥20mm 日数	0	0	0	0.1	0.1	0.1	0.2	0.2	0.1	0.1	0	0	0.9
≥6 级大风日数	0.6	0.4	1.5	3.8	3.7	3.3	2.8	2.5	1.9	1.9	1	0.3	23.7

表 6-5　　工程所在河流水文站实测冰情统计

项目	开始结冰	全部融冰	开始封冻	开始解冰	最大（小）冰厚（m）	最长（短）封冻天数
日期	月/日	月/日	月/日	月/日		
最早	10/15	4/16	11/26	4/11	1.47（0.66）	154（71）
最晚	11/28		12/8	4/27		

3. 地形地质条件

工程为一典型的峡谷型地形，河流流向近南北向，上坝址至上游 27km 长度范围内，河谷谷底宽 50～100m，两岸基岩裸露。大坝轴线处河道较平直，枯水期水位 571.0m，河水面宽 25～40m，正常水位 646m，对应河谷宽度 217m，河谷断面呈不对称 V 形，两岸地形左陡右稍缓，左岸高程 590m 以上山体地形坡度较陡，坡度 50°～60°，部分为陡壁，基岩裸露，高程 590m 以下段坡度 24°～37°；右岸岸坡 30°～50°，局部为陡壁，两岸山地高程 850m，相对高差约 280m。相对高差 300～400m，两岸零星分布有Ⅱ～Ⅳ级阶地，阶地宽度不大，沿河两岸发育多条规模较大的冲沟，且垂直现代河床发育，常年有水补给河水。

库区内出露的地层岩性在峡谷段主要为泥盆系中统阿尔泰组黑云母石英片岩、黑云母斜长片麻岩和绢云母石英片岩等以及侵入的黑云母闪长岩，层状、块状结构，岩体坚硬、较完整。

二、施工导流建筑物

（一）工程导流度汛特点

对该工程的气象资料、地形情况及史上洪水等多种情况的的系统勘察和反复研究，发现工程所在河流易形成融雪水、雨水、上游水库泄洪等多种洪水混合叠加型洪水，给设计施工组织设计和施工安排带来许多不确定因素，造成工程防洪工作难度大、度汛方案复杂和费用花费较大等问题。

混凝土拱坝工程建设要分多年完成，为安全合理解决工程建设期间的多年防洪度汛问题，提出了组合防洪度汛方案，第一阶段，以导流洞泄洪度汛为主，如遇超标洪水时，和过水型堆石围堰联合度汛；第二阶段，在坝体达到一定高程后，如遇超标洪水，导流洞和大坝底孔联合泄洪；第三阶段，坝体按期到顶封拱灌浆完成，导流洞封堵完成可以正常工作时，由大坝表孔和底孔来泄洪度汛。

根据这种动态组合预案思路，上游围堰选用能够过水型的设计，对过水型围堰方案进行了比选，选用过水型堆石混凝土围堰后，又对方案进行了优化和施工改进，解决了有效工期短、场地小、施工速度慢的问题，提前完成施工任务，实现了按期发挥度汛挡水作用的目标。

为做好堆石混凝土围堰的施工，专门进行了课题立项研究，深入研究了严寒区该技术的施工和应用，取得较好的成果。

（二）施工导流及度汛

1. 施工导流及度汛设计

（1）导流时段。根据工程施工总进度计划，施工总工期为 4.5 年，在整个施工期内，坝体共经历三个汛期。综合考虑水文、气象条件、度汛标准、大坝混凝土浇筑强度等因素，大坝施工导流及坝体施工期临时度汛采用围堰及坝体临时断面挡水、导流洞泄洪方式。

大坝施工大流、度汛时段可划分为：初期围堰挡水时段、主体工程施工期围堰度汛和蓄水完建时段三个阶段。①初期围堰挡水时段为第三年 5 月至第四年 8 月，导流洪水标准采用 10 年一遇，施工导流由围堰挡水，导流洞泄流。②主体工程施工期坝体临时度汛阶段为第四年 8 月至第五年 10 月，当坝体浇筑高度超过围堰顶高程后，度汛洪水标准采用 20 年一遇，此时坝体度汛期坝前最高水位 602.29m，仍然由围堰断面挡水，导流洞泄流；围堰设计按施工度汛高程一次建成，即达到 604.0m 高程。③第五年 10 月至年底为蓄水完建阶段，围堰拆除，导流洞下闸封堵，由坝体挡水，深孔泄流。

（2）导流及度汛标准。工程属大（2）型Ⅱ等工程，主要建筑物为 2 级，次要建筑物为 3 级。根据《水利水电工程施工组织设计规范》（SL 303）导流建筑物级别划分相关规定，导流洞及上下游围堰为 4 级。

考虑当地气候条件施工时段主要为 4～10 月，而汛期为 5～8 月，根据坝址区气象及水文条件，经分析，一个枯水期内永久建筑物不能修筑至汛期洪水位以上，因此考虑围堰考虑全年挡水，导流建筑物（围堰）类型为土石结构。

由于本工程河段已经有了 51 年的实测资料，且进行了砾石洪水调查，施工导流期洪水标准采用下限值是可行的，因此该工程导流设计洪水标准采用 P=10%（10 年一遇）的全年洪水，相应洪峰流量为 1594m³/s。

根据施工总进度安排，本工程第四年 8 月坝体浇筑高程将超过挡水围堰 604.0m 高程，且坝前拦洪库容为 0.215 亿 m³，根据相关规定，综合分析大坝初期导流标准、施工进度、度汛期对施工的影响及大坝安全施工等各种因素，第四年 8 月以后坝体施工期临时度汛标准采用 P=5%，相应洪峰流量为 1930m³/s。由此确定围堰按 20 年一遇洪水标准修建，满足导流、度汛的要求，使大坝一直在围堰的保护下正常施工。

导流封堵时段确定为第五年汛末，下闸封堵设计流量采用 9 月下旬 10 年一遇月平均流量，相应流量 141.7m³/s。封堵时段设计标采用 9 月至次年 4 月期间 10 年一遇，相应洪峰流量为 474m³/s。导流度汛特性表见表 6-6。

表 6-6　　导 流 度 汛 特 性

施工时段	导流标准（%）	洪峰流量（m³/s）	挡水建筑物				泄水建筑物		
			类型	水位（m）	拦蓄库容（×10⁸m³）	堰顶高程（m）	类型	孔口尺寸（宽×高）m	下泄流量（m³/s）
第三年～第四年汛期	10（汛）	1594	上游围堰	595.82	0.1286	597.5	导流洞	9.5×10	1445
第四年枯水期	10（枯）	474	上游围堰	579.88	0.0128	597.5	导流洞	9.5×10	453.7
第五年汛期	5（汛）	1930	坝体断面	602.29	0.2145	604.0	导流洞	9.5×10	1690

（3）导流方式。上坝址主河道呈 V 形河谷，主河床比较狭窄，河道呈转弯状，便于布置导流洞，所以推荐方案施工导流采用河床一次断流，上下游围堰挡水，左岸导流隧洞全年导流的方式。导流洞后期封堵。

2009 年工程开工建设，2010 年 7 月导流洞全部贯通，按计划 2010 年 8～9 月择机实现截留，2011 年 5 月进入度汛期，2013 年 10 月主体工程完工，机组具备发电条件。

2. 施工期围堰型式的选择

2009 年底～2010 年初导流洞工程建设期间，当地遭受 60 年不遇的大雪，

5～6 月汛期，该河上游各支流水文站点实测最大洪峰流量为 1950m^3/s，达到 P=5%（20 年一遇，1930m^3/s），更是超过原设计洪水标准 P=10%（10 年一遇）的洪峰流量。根据当年汛期水文资料统计结合有关部门对 2011 年洪水的预测分析，2011 年围堰第一个挡水年份可能会遭遇超标准洪水，若遇强降雨及气温回升过早，围堰可能会面临更大的洪水，需要认真研究度汛方案。选择合适的围堰型式，将确保工程的顺利实施。

（1）围堰型式分析。工程的保护对象是施工期的拱坝，由于受封拱灌浆的影响，一般不希望施工由拱坝临时断面挡水度汛，同时工程区施工有效时段均为每年的 5～10 月，冬季停工期长达 6 个月，坝体施工施工段非常短，年上升一般在 30～35m 左右。考虑水文资料的变化规律及度汛问题，采用了土石围堰一次建成达到抵挡 20 年一遇洪水标准的高度，从而使拱坝施工期在围堰保护下顺利建设，封拱后再由坝体挡水。

国内外经验表明，影响围堰选择的几项主要技术指标为：

a）洪枯流量比：当洪枯比小于 20 时，多用不过水围堰法导流，当洪枯比大于 50 以后，多用过水围堰的导流方式。

b）洪枯水位变幅：当变化幅度小于 6 时，多采用不过水围堰的型式；当变化幅度大于 12 以后，多采用过水围堰导流法。

c）导流设计流量：当导流设计流量 Q＜2000m^3/s 时，多用不过水围堰法导流；当 Q＞10000m^3/s 时，多用过水围堰法。

本工程洪枯比大于 20，水位变幅小于 6，导流流量 P=5%时接近 2000m^3/s。因此根据大多数工程的实践经验初设阶段采用不过水围堰。

结合工程特性、施工时段及 2011 年度汛的要求，考虑以下几种可能的方案。

1）方案一：土石围堰，按 10 年标准建设。

该方案堰顶高程 597.5m，围堰最大高度 27.7m，堰长 154m，同时考虑度汛风险，围堰右侧设置非常溢洪道；改方案建设标准低，围堰不过水，超标准洪水通过非常溢洪道下泄，40m 底宽可承担泄量 159.6m^3/s，消能设施复杂，需要修建至大坝基坑，施工期过水时大坝停工，淹没基坑，且冲毁下游围堰需要二次修建。由于模型试验周期较长，采用土石过水围堰或非常溢洪道均比较复杂，缺少设计及试验周期。国内外已建土石过水围堰均较低，且需要采用大量的防护措施。乌江东风水电站大坝围堰设计堰高 17.5m，堰顶长度73m，过堰流量 3785m^3/s，最大单宽流量 52.6m^3/（s·m），模型试验效果良好，工程实际过流 8 次，历时 220h，最大过堰流量 4250m^3/s，最大单宽 57m^3/（s·m），最大过堰流速 11.6m/s，堰顶最大水深 10.3m，运行后发现下游平台和下游坡交接处产生局部破坏。本工程围堰堰顶 27.7m，实施难度较大，不予以考虑。

2）方案二：土石围堰，按 20 年标准建设。

该方案即初设阶段设计方案，堰顶高程 604.0，围堰最大高度 33.7m，堰长 193m，该方案建设标准较高，围堰不过水，可满足导流期 10 年一遇洪水标准及度汛期 20 年一遇洪水工况。施工简单，速度快、投资省，可充分利用开挖石渣料筑坝，坝面采用土工膜防渗，现浇混凝土板护坡。若遭遇超标准洪水，只能通过加高 1～2m 高子堰抵御洪水，按照 2011 年预测的度汛洪水特性，仍然存在较大的漫坝及度汛风险。阿勒泰某水电站施工时，上游强降雨造成洪水来势迅猛，土石围堰遭遇超标准洪水，围堰漫顶突然溃决，造成施工中断，损失达数百万元。

3）方案三：混凝土过水围堰，按 10 年标准建设。

该方案堰顶高程 597.5m，围堰最大高度 27.7m，堰长 154m。同时考虑度汛风险，为降低施工难度及投资，坝后为台阶式消能工型式，施工期过水时基坑停止施工，该方案正常情况可以抵御 10 年一遇洪水，同时可利用重力坝断面特性，解决了遭遇超过 10 年以上超标准洪水时堰顶溢流下泄洪水的问题，避免围堰溃决时对河道下游和工程本身形成大的安全隐患。常态混凝土型式施工速度慢、温控复杂；碾压混凝土断面较小，不适合机械化施工；自密实混凝土成本较高；胶凝砂砾石筑坝速度较快，但坡面为满足防冲要求，增加混凝土防护，投资较高；而堆石混凝土可充分利用石渣料，施工工艺简单，综合单价较低，施工效率高，工期短。山西晋城围滩水电站工程，坝高59.0m；山西临汾清峪水库，坝高 42.5m；恒山水库除险加固，坝高 69m；均采用了堆石混凝土围堰型式，使用效果良好。经综合比选考虑，采用堆石混凝土作为混凝土围堰的代表参与进一步比选。

通过上述分析，对土石不过水围堰（方案二）与混凝土过水围堰（方案三）进行了进一步技术经济比选，成果见表 6-7。

表 6-7　　围堰堰体型式对比表

方案		方案二：土石围堰	方案三：混凝土围堰
设计标准		P=5%（Q=1930m^3/s）	P=10%（Q=1594m^3/s）
结构断面		堰顶宽度 10m，迎水边坡取 1:2.25，背水边坡为 1:1.5。土工膜斜墙防渗，膜上铺设现浇混凝土板防护，膜下设砂浆和过渡层，基础帷幕灌浆防渗	堰顶宽度为 6m，围堰上游面直立，围堰下游起坡点高程为堰顶高程 597.00m，1:0.70，围堰基础帷幕灌浆防渗
对材料的要求		导流洞进出口、洞身及坝肩开挖石渣料均可以筑坝	堆石混凝土中 35%为一级配自密实混凝土，65%为 300～1200mm 的爆破块石，其中自密实混凝土需要专用的外加剂以增加其流淌性
施工工艺要求		（1）坝体填筑属于极常规的施工工艺，振动碾分层压实； （2）土工膜铺设时注意需先铺设砂浆垫层、避免损害塑膜； （3）坝面混凝土现浇	（1）立模采用钢模； （2）堆石料应新鲜、完整、质地坚硬，筛选后可采用汽车运输，入仓厚度在 1.0～1.5m 范围； （3）混凝土可采用汽车、泵送、溜槽及吊罐等方式
施工进度		填筑高度日均可达 1.0m 以上	堆石混凝土日升程 0.6m 左右
防渗形式		土工膜防渗，混凝土护面	经过施工缝的处理后，岩体自身具备防渗
主要工程量	土石方开挖	0.28 万 m^3	0.73 万 m^3
	土石方填筑	27.79 万 m^3	2.35 万 m^3（堆石体）
	混凝土	0.17m^3	1.97 万 m^3（自密实）
	土工膜	0.91 万 m^2	—
	帷幕灌浆	0.23 万 m	0.17 万 m
投资		1124.64 万元	1295.95 万元
优点		结构简单，可就地取材，充分利用开挖弃料，便于快速施工，且易于拆除	抗冲能力大，防渗性能好，断面尺寸小，低于超标准洪水能力强，坝身可以溢流
缺点		断面尺寸较大，填筑工程量较大，抗冲能力差，抵御超标准洪水能力不足	施工稍显复杂、受季节因素施工干扰较大，冬季需对围堰临时断面进行保温。施工期若过水则大坝基坑受影响

经技术经济综合分析，土石围堰设计方案导流 P=10%、度汛 P=5%，均为《水利水电工程施工组织设计规范》（SL 303）规定的4级建筑物洪水标准下限；本次提出的混凝土围堰设计方案导流 P=10%、度汛 P=5%，均为SL 303规定的4级建筑物洪水标准上限；从洪水重现期角度分析，洪水标准提高了。采用混凝土围堰，尽管投资较土石围堰高出了171.31万元，但具有结构简单、施工快速，抵御超标准洪水能力强的优势，作为施工期选定方案。

（2）围堰过流风险分析。按选定方案，遇洪水标准10年一遇，围堰正常挡水度汛。遇洪水标准20年一遇，涞水1930m^3/s，导流洞和围堰联合泄流，分别承担1513.4m^3/s、210.7m^3/s，围堰堰上水头1.16m，流速1.37m/s，经坝后台阶式断面下泄，流速低，不会对下游造成冲刷危害。

采用《混凝土重力坝设计规范》（SL 319）进行围堰挡水及过水工况的稳定分析，抗滑、抗倾稳定系数均符合规范要求。围堰基础应力计算结果表明，正常水位工况及过水坝踵的垂直应力大于零，坝址的垂直应力均小于坝基的容许压应力，完建工况围堰基础最大竖直向压应力为–0.026MPa，小于容许拉应力值–0.1MPa。

采用过水围堰方案时，由于大坝基坑无法保护，只能采用临时防护措施，初步估算，大坝基坑在上下游围堰之间形成水塘，估算水量为13万m^3，汛后采取抽排或采用堰下埋管的方式导至围堰下游。下游围堰采用堰面设置防渗塑膜及混凝土护面、钢筋笼进行保护。

综合分析，结合上游水文预报，当混凝土围堰遭遇超标准洪水时坝顶溢流，洪水下泄至基坑，影响大坝施工，采取坝体临时防护、下游围堰保护等一系列防护措施后可确保施工安全。基坑过水淹没后的处理工作量不大，对工期影响也较小。

（三）导流隧洞布置

1. 导流建筑物布置

导流洞布置在河道左岸，由进口引渠段、闸井段、洞身段和出口明渠段组成。导流洞进口处地面高程596m，洞底板高程570m，埋深26m。进口引渠为梯形断面，底宽 13.5m。进口闸井采用岸塔式，进口闸井设封堵钢闸门一道，孔口尺寸9.5m×10.0m，闸井底板高程570m，闸井平台高程604m，闸井段长 13m。

导流洞洞身长 574.0m，城门洞形，设计洞径 11.5m×13.5m，中心角 120°，纵坡 1/125，为明满流交替隧洞。洞身段一般埋深为 41m。导流洞出口明渠座落在岩基上，长 40m。导流洞设计洪水标准为 10 年一遇，相应洪峰流量为 $1594m^3/s$，相应导流洞泄流为 $1423m^3/s$。

2. 导流隧洞地质条件

进口明渠及闸井段：进口边坡坡高约 200m，坡度 40°～50°，发育有Ⅱ级阶地，砾石层厚 2～5m，结构较密实，上覆 3～9m 的崩坡积碎块石土层，结构松散，后缘岸坡陡立，高程 590～610m 以上基岩裸露，岩性为二长、花岗片麻岩（D_2^{a-1}），片理产状 310°～330°NE∠40°～50°。右岸边坡基岩强风化水平深度 3～4m，纵波速度 V_p=2000～2800m/s；弱风化层水平深度 13～15m，V_p=3000～3800m/s；微风化至新鲜基岩，纵波速度 V_p≥4000m/s，片理走向与洞脸边坡交角约 60°。该段无断层通过，裂隙除层面片理发育外，主要发育有 NE、NNW 向两组裂隙，对洞脸边坡不利，须采取锚固措施。

洞身段：该段洞顶上覆岩体厚 17～130m，基岩岩性为厚层－巨厚层状灰白色二长、花岗片麻岩（$D2_a^{-1}$），片理产状 330°～340°NE∠40°～50°，走向与洞线交角约 70°～80°，该段发育有 F_{101} 断层，与轴线夹角 45°～80°，对洞身稳定影响不大。洞身段处于新鲜岩体内，纵波速度 V_p≥4000m/s，岩体完整性较好，成洞条件较好，以Ⅱ、Ⅲ类围岩为主，K_0=4000～5000N/cm^3，f_k=4–5。洞身段局部有基岩裂隙水，但水量较小，对施工影响不大。

出口段：位于河床左岸坡脚下，阶地砂卵砾石层，厚 3～8m，阶地上覆 5～12m 的崩坡积碎块石土层，结构松散。下伏基岩为二长、花岗片麻岩（D_2^{a-1}），片理产状 310°～320°NE∠40°～50°，岸坡基岩强风化水平深度 3～4m，弱风化层水平深度 16～20m，V_p=3000～3800m/s；微风化至新鲜基岩，纵波速度 V_p≥4000m/s。

（四）导流隧洞设计

1. 导流隧洞水力设计

导流洞进口引渠段：长度 52.223m，为梯形断面，底宽 13.5m，岩石开挖边坡 1:0.3，表层覆盖层开挖边坡 1:1.5，每 10m 高设一层马道。

闸井段：采用岸塔式，闸井设封堵钢闸门一道，孔口尺寸 9.5m×10m，综合导流洞进出口河床高程和截流难度要求等因素，闸井底板高程 570m，闸井平台顶高程 604m。闸井段长 13m。

进水口顶部为椭圆曲线，长半轴取 6m，短半轴为长半轴的 1/2。侧曲线采用四分之一椭圆，短半轴取 2.0m，长半轴为短半轴的 2 倍。相应的曲线方程如下：顶部椭圆方程为 $X^2/6^2+Y^2/3^2=1$；侧墙曲线方程为 $X^2/4^2+Y^2/2^2=1$。

洞身段：洞身段为城门洞形，底宽 11.5m，直墙高 10.180m，拱高为 3.320m，圆心角 120°，洞身长 574.0m，纵坡为 8‰。

出口明渠段：全长 60m，底宽 13.5m，采用现浇混凝土矩形槽断面。岩石开挖边坡 1:0.3，表层覆盖层开挖边坡 1:1.5，每 10m 高设一层马道。

导流洞按进口段设置有压短管的无压泄流隧洞设计，其泄流能力计算公式为

$$Q=\mu Be\sqrt{2g(H-\varepsilon e)} \tag{6-1}$$

式中 H——由有压短洞出口的闸孔底板高程起算的上游库水深；

ε——有压短洞出口的工作闸门垂直收缩系数；

e、B——闸孔开启高度、水流收缩断面处的底宽；

μ——短管的有压段的流量系数；

$$\mu=\frac{1}{\sqrt{1+\sum\xi_i\left(\frac{\omega}{\omega_i}\right)^2+\sum\frac{2gl_i}{C_i^2R_i}\left(\frac{\omega}{\omega_i}\right)^2}} \tag{6-2}$$

式中 ω——隧洞出口断面面积；

ξ_i、ω_i——某一局部能量损失系数；

ω_i——相应的断面面积；

l_i——隧洞某段长度；

R_i——水力半径；

C_i——谢才系数。

根据美国陆军工程兵团水利设计准则中尼古拉兹试验的相关资料，糙率可采用简化公式计算，即与粗糙度$\varDelta$相关的糙率估算公式 n。

$$n = R^{\frac{1}{6}} \times \frac{0.112881}{2\log\left(\frac{d}{\Delta}\right)+1.14} \tag{6-3}$$

其中

$$\Delta = \sqrt{\frac{4}{\pi}} \times (\sqrt{A} - \sqrt{A_0})$$

$$A_0 = \frac{\pi d_0^2}{4}$$

$$A = \frac{\pi d^2}{4}$$

式中　A_0 ——设计面积；

A ——开挖后的实际平均断面积；

d_0、d ——化引后圆形断面直径。

导流洞断面尺寸为 11.5m×13.5m（宽×高），城门洞型，断面面积为 144.148m^2，折算为圆形隧洞时的直径为 d_0=13.55，设超挖平均值为 0.15m，开挖后折算 $d = 13.85$m，则 $A_0 = 144.20\text{m}^2$，$A = 150.66m^2$，$\Delta = \sqrt{\frac{4}{\pi}} \times (\sqrt{A} - \sqrt{A_0}) = 0.3\text{m}$。

根据式(6-3)，经过计算不衬砌导流洞糙率为 n_1=0.031，底板糙率为 n_2 = 0.014，经过加权平均，喷锚段糙率为 n'=0.027，综合衬砌段与非衬砌段按长度加权后综合糙率 n=0.024。国内外喷锚混凝土隧洞糙率系数一般都在 0.038 以下，如《水电站调压室设计规范》（NB/T 35021）根据不同的施工方法，给出糙率系数 n=0.022～0.03（光面爆破）、n=0.028～0.037（钻爆法）；加拿大 n=0.020～0.025，苏联 n=0.020～0.025。因此，本工程选择 n=0.031 较为合适。

2. 导流隧洞结构设计

导流洞设计为明满流交替隧洞，洞身段为城门洞形，底宽 11.5m，直墙高 10.18m，拱高为 3.320m，圆心角 120°。依据导流洞的地质条件和施工总进度计划，采用不衬砌型式，隧洞顶拱及边墙采用锚杆+挂网喷 15cm 厚 C25 混凝土，底板采用厚 30cm C25 素混凝土衬砌。其余特殊部位如进口渐变段、锁口段、堵头段及破碎带采用全断面 C25 钢筋混凝土衬砌，衬砌厚度为 0.8m。出口明渠座落在岩基上，出口明渠长 60m，设有消力消能辅助建筑物，设计为矩形槽断面，底宽 13.5m，底板及边墙采用厚 1m 钢筋混凝土。导流洞标准断面见图 6-1。

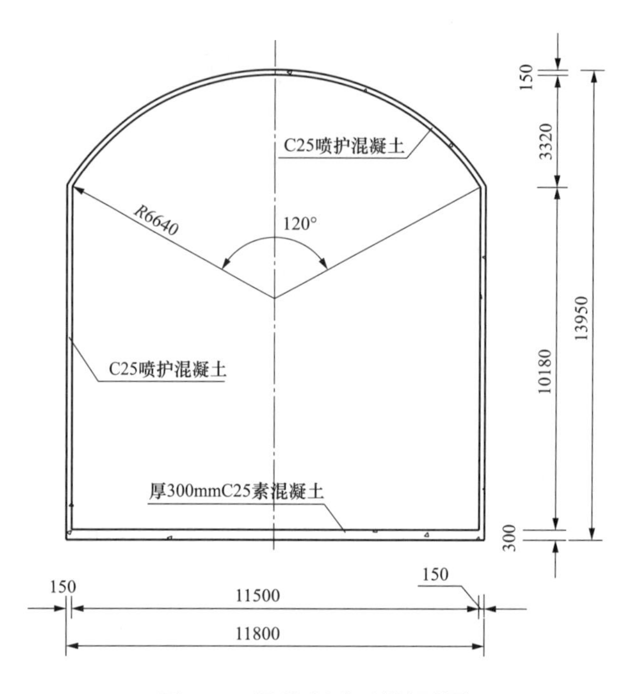

图 6-1　导流洞典型断面图

（五）导流洞施工

导流洞开挖断面为城门洞形，开挖断面（宽×高）为 12.3m×14.64m，开挖面积约 165m²，属Ⅱ、Ⅲ类围岩。采用流水作业施工方式台阶法施工。上台阶开挖断面（面积约 100m²）为城门洞形，由三臂凿岩台车凿孔，光面爆破，侧卸式装载机装自卸汽车运至利用料堆放场和弃碴场；下台阶开挖断面（面积约 65m²）为矩形断面，由潜孔钻或手风钻钻孔爆破，侧卸式装载机装自卸汽车运输。喷护混凝土采用强制式搅拌机拌料，混凝土喷射机喷护。锚杆采用锚杆台车钻孔，自动注浆器压浆。全断面混凝土衬砌采用钢模台车支模，30m³/h 型混凝土泵入仓浇筑；底板混凝土采用混凝土搅拌车运输，皮带机入仓浇筑，机械振捣，人工洒水养护。

根据围岩类别情况，桩号 0+000.0m～0+020.0m 与 0+554.0m～0+574.0m 段为进出口锁口段，全断面钢筋混凝土衬砌，衬砌厚度为 80cm；桩号 0+020.0m～0+072.32m 与 0+190.0m～0+220.0m 段穿越断层，岩体破碎，采用全断面钢筋混凝土衬砌，衬砌厚度为50cm，衬砌段长度为124.32m。其余段底板采用混凝土衬砌、边顶拱采用喷锚支护，采用工程类比法进行设计，基本设计参数为：边墙及顶拱ϕ25砂浆锚杆，挂ϕ8@200钢筋网，喷护C25混凝土8～10cm。

导流洞工程施工历时两年，洞身段施工完成后，经检查，喷锚支护及混凝土衬砌段均满足设计要求，但洞身综合断面过流能力如何，还需要进一步分析验证。

（六）导流洞施工质量检测与过流能力复核

1. 洞壁平整度检测

导流洞施工过程中及完工后验收时对全洞喷锚支护段、混凝土衬砌段进行了全面检查，检测结果为：①隧洞无欠挖，最大平均径向超挖值230mm，最小平均径向超挖值130mm，平均径向超挖值190mm，相当于隧洞径向尺寸扩大了190m；②隧洞开挖壁面平整度偏差值，开挖面平整度2～39cm，平均5.9cm，大于10cm所占比例为14.3%，满足合格等级；③喷射混凝土厚度有2种，分别为150mm和100mm，共检测948个点，其中150mm平均喷护厚度164mm，小于设计厚度的占8.15%；100mm平均喷护厚度125mm，小于设计厚度的占6.14%；④衬砌施工后对外形轮廓尺寸进行了检测，每5m一个检测断面，边顶拱轮廓线尺寸误差范围，均为本区段内的极值。边顶拱衬砌轮廓线尺寸误差0～+62mm，均值+35mm；底板衬砌高程误差–12～+39mm，结构缝部位误差范围–10～+69mm；以上验收结果说明导流洞开挖、喷护、混凝土衬砌施工质量良好。

2. 糙率系数复核

根据实施以后的导流洞分析，衬砌段长124.32m，其余段长449.68m，超挖平均值0.19m，则$A_0=143.99\text{m}^2$，$A=152.40\text{m}^2$，粗糙度$\Delta=\sqrt{\frac{4}{\pi}}\times(\sqrt{A}-\sqrt{A_0})=0.38\text{m}$，根据阻力系数公式，即式（6-3），对本工程导流洞的糙率进行了实际开挖后的计算复核分析，经过计算不衬砌导流洞糙率为n=0.033，由于本工程导流洞底板衬砌，因此底板糙率为n=0.014，经过加权平均，喷锚段糙率为n=0.028。导流洞综合糙率选取n=0.024。通过工程类比法和经验公式的计算，经过复核布尔津山口导流洞喷锚段糙率为 n'=0.028，导流洞综合糙率为 n=0.024。

3. 导流洞过流能力复核

若按无压隧洞洞身段的过流能力，按明渠均匀流公式计算

$$Q=\omega C\sqrt{Ri} \tag{6-4}$$

$$C=R^{1/6}/n$$

$$R=\omega/\chi$$

式中 Q——流量；

ω——过水断面面积；

C——谢才系数；

R——断面水力半径；

i——水道底面坡降。

隧洞底坡 i=0.008，断面宽度 b=11.5m，满足无压净空面积界限（15%）时的水深 h_0=6.5m，综合糙率 n=0.024。$Q=\omega C\sqrt{Ri}$=1596m³/s＞Q_{sj}=1445m³/s，因此洞身过流能力满足要求。

导流洞 L/D_0=574/13.54=42.4，洞长与洞径之比在 100 以下是大直径导流洞常见的，如二滩 51.8、建溪 30.4、龙滩 98.8、刘家峡 77.7 等。

导流洞已于2009年9月底完工，该导流洞为局部衬砌，设计泄流能力为 10 年一遇，相应的泄流流量为 1445m³/s，最大流速为 18.034m/s，此时对导流洞的冲刷影响不大。当洪水频率为 20 年一遇、50 年一遇时此时的相应泄流流量为 1690m³/s、2006m³/s，相应的最大流速为 22.012m/s、26.605m/。综上所述，当洪水频率大于 10 年一遇时，原设计混凝土围堰过水，此时水流流速较高，含砂水流对导流洞底板可能会有一定磨蚀。

4. 实测值与计算值对比分析

根据 2012 年在导流洞进出口的实际观测，测得了部分导流洞进出口的水流数据，根据实测数据的分析计算后，计算出相应的糙率，详见表 6-8。

根据表 6-8 的实测数据反算糙率可以看出，随着流量的增大糙率值逐渐减小，符合水力学规律，但和计算数据存在差异，分析原因如下：

表 6-8　　　　糙率 *n* 量测及计算结果

流量（m^3/s）	流速（m/s）	水深（m）	水力半径（m）	糙率 n	平均糙率 n
291	4.99	5.07	2.694	0.035	0.03
313	5.33	5.11	2.706	0.033	
350	5.89	5.17	2.722	0.03	
377	6.22	5.27	2.75	0.028	
392	6.35	5.37	2.777	0.028	
405	6.46	5.45	2.798	0.027	

（1）在导流洞出口明渠设计中均有 1.5m 高的消力墩，当流量较小时，消力效果明显从而使导流洞出口形成淹没出流，导致导流洞出口实际测量的数据与计算数据偏差较大。

（2）在 2009 年导流洞出口施工完毕后，在施工导流洞时的预留岩坎未完全爆破，因此导致小流量时的导流洞出口形成回水，致使实际测量数据与计算数据偏差较大。

（3）由于现场地形条件及仪器限制，现场未能对导流洞内多个典型断面进行量测，从导致实测糙率存在一定的误差。

（七）导流隧洞的运行情况

导流过洪运行效果满足要求。导流洞从 2009 年 9 月底开始过流，到 2014 年 9 月 29 日，下闸停止运行。过流 5 年时间里，据水文局测量数值，最大洪水流量超过 P=5%一遇，最大下泄流量达到 1950m^3/s，泄洪过流能力达到设计要求。

导流洞的衬护模式简单可靠经济。以三类围岩为主的地址情况，洞身为城门洞形，宽和高为 11.5m、13.5m，隧洞顶拱及边墙采用锚杆+挂网喷 15cm 厚 C25 混凝土，底板采用厚 30cm C25 素混凝土衬砌。该洞衬护型式结构可靠，施工简单速度快，造价相对低。过洪 5 年后封堵施工进洞查看，喷锚混凝土没有被冲蚀破坏，结构状态良好。该方案的实用性强，性价比较高。

导流洞设计方案借鉴意义大。该设计方案在大型工程的临时工程导流洞上合理采用素混凝土洞底衬、边顶拱采用挂网锚喷的形式，经 5 年运行验证该方案可靠效果好，为以后类似工程的导流洞护衬方案取得了借鉴实例。

三、堆石混凝土围堰技术

（一）研究的意义和内容

经过方案论证分析研究，工程上游围堰在遇到超标洪水时堰顶能够过水，设计选择方案为堆石混凝土围堰，防洪标准为全年10年一遇，围堰断面为三角形，最大堰高30.77m，堆石混凝土围堰长154m，围堰顶宽度为6m。围堰上游面1:0.1，围堰下游起坡点高程为堰顶高程597.00，坡度为1:0.65。考虑到施工及堰顶溢流，下游坡为台阶式，台阶尺寸为1.8m×1.17m（高×宽）。主要工程量为C15堆石混凝土4.97万m^3。

堆石混凝土围堰的施工时间短，从当年9月初开始到次年5月底，中间有采取措施也不能施工的寒冷封冻期5个月，在此时间段内要完成围堰基础开挖工作、堆石围堰施工和基础帷幕灌浆等施工任务，实现来年挡水度汛的目标。

1. 研究的意义

随着国家“一带一路”倡议的深入推进，新疆的水利、交通、市政、能源等基础设施的建设正在飞速发展，混凝土筑坝技术的应用需求与日俱增，由于气候干燥、冬季严寒漫长、温差悬殊等特点，对混凝土筑坝技术的应用带来了以下问题：

（1）每年的施工期短暂。由于新疆地区本身的气候特点，决定了混凝土正常施工期只有每年的4～10月。其他月份施工时，需要增加冬施措施。

（2）混凝土坝表面需要设置永久保温层。由于日温差及年温差较大，混凝土内外温差所产生的温度应力足以破坏混凝土坝的自身结构，所以混凝土坝表面都设有较为考究的永久保温层。

（3）混凝土温控措施复杂、费用较高。由于冻融破坏现象严重，对混凝土强度要求较高，所以混凝土中水泥参量较大，但这导致了混凝土水化热高、大坝温控措施复杂等问题。

堆石混凝土由清华大学首创，国内在宝泉水库、向家坝水库、清峪水库等工程得到应用，但在新疆这种严寒干燥的恶劣气候条件下进行施工，国内外目前还没有深入的研究。通过研究，可解决特殊气候条件下堆石混凝土施工工艺，为今后类似气候条件下的堆石混凝土施工积累经验。

与常规混凝土相比使用堆石混凝土筑坝技术具有以下优点：

1）在大体积混凝土浇筑中能够显著降低水泥用量和降低水化热，可以减少，甚至取消温控措施。

2）能够在困难断面或密集钢筋结构中完成混凝土的浇筑，保证工程量，减少混凝土缺陷，也就是减少今后修复工程和修复费用。

3）不需要震动捣实，简化了混凝土浇筑过程，节省劳动力。

4）施工速度快，施工周期短，有利于工期安排。

5）较高的混凝土质量，混凝土匀质好，混凝土构件外观好，边角质量好，不透水性好。

6）堆石材料的选用，选用的块石全部是工程石方开挖的弃碴料，也可以采用废弃混凝土等固体建筑垃圾，通过对建筑施工垃圾循环再利用，可以大幅减少弃碴场占用土地的面积，还可以减少垃圾处理费用，是一举多得的技术措施。

7）堆石混凝土水泥用量少，在堆石混凝土中，混凝土填充量最大占到总体的一半，填充的混凝土中还要掺入粉煤灰，粉煤灰占水泥胶材的65%，在一立方堆石混凝土中水泥用量很少，是一项能耗少的、环保的、低碳型的施工技术，绿色节能优势突显。

2. 研究内容

为确保布尔津山口水利枢纽堆石混凝土围堰施工质量及进度，现场进行了大量的试验、施工组织等研究，具体研究内容如下：

（1）自密实配合比研究。因堆石混凝土在施工中需添加专用外加剂，以增加混凝土的流动性，课题组在对配合比原材料进行检验检测，以及天然砂砾料和加工石料与不同品种外加剂和水泥、粉煤灰对配合比的相融性试验，研究探索不同情况对自密实混凝土的影响。

（2）坝体结构和施工工艺。围堰原设计为20m一道永久横缝，因防洪度汛的压力，在保证施工质量，并考虑到进度的同时，课题组经与设计单位多次商讨，征求意见后，将原设计为20m一道的永久横缝，优化为诱导缝，将永久横缝由20m一道优化为60m一道。

通过合理布置入仓道路、动态调配机械设备等措施，使整个石料在选料，冲洗、入仓等方面实现大型机械化施工，加快施工进度。

坝址区严寒、干燥，气候恶劣，极端最低气温达到–41.2℃，为防止混凝土层面越冬时出现深层裂缝，课题组在研究了混凝土内部温度，并借鉴了当地类似保温工程的成功经验，防止水平深层裂缝的出现。

（3）混凝土扩散度及层间结合研究。通过日常对原材料的检验检测，动态调整自密实混凝土专用外加剂的用量，及时测量混凝土的坍落度（扩散度），保证混凝土的可灌性，加强层间抗剪能力。

（二）自密实混凝土配合比

1. 原材料

（1）水泥。采用新疆屯河布尔津水泥分公司生产的 P·O42.5 普通硅酸盐水泥。水泥的物理力学性能检验结果见表 6-9。检验结果表明，水泥物理力学性能的各项指标均符合《通用硅酸盐水泥》（GB 175—2007）的有关规定。

表 6-9　　　　水泥物理力学性能检验结果

执行标准			GB 175—2007			
序号	检测项目		单位	技术指标 P·O42.5	检测结果	评定
1	细度	80μm 筛筛余	%	≤10	1.0	合格
		比表面积	m^2/kg	≥300	370	合格
2	标准稠度用水量		%	—	27.4	—
3	安定性	试饼法	外观	无裂纹 不变形	—	—
		雷氏夹法	mm	≤5	1.0	合格
4	凝结时间	初凝	min	≤45	123min	合格
		终凝	h	≤10	3h 11min	合格
5	抗压强度	3d	MPa	≥17	25.4	合格
		28d	MPa	≥42.5	46.3	合格
6	抗折强度	3d	MPa	≥3.5	4.9	合格
		28d	MPa	≥6.5	8.0	合格

（2）粉煤灰。采用新疆玛纳斯电厂生产的 I 级粉煤灰。粉煤灰的物理力

学性能检验结果见表6-10。检测结果表明，粉煤灰各项指标全部符合《水工混凝土掺用粉煤灰技术规范》（DL/T 5055—2007）、《水泥标准稠度用水量、凝结时间安定性检验方法》（GB/T 1346—2011）、《用于水泥和混凝土中的粉煤灰》（GB/T 1596—2017）的指标要求。

表6-10　　粉煤灰检验结果

执行标准		DL/T 5055—2007、GB/T 1346—2011、GB/T 1596—2017					
序号	检测项目	单位	技术指标			检测结果	评定
			I	II	III		
1	细度	%	≤12.0	≤25.0	≤45.0	5.4	合格
2	需水量比	%	≤95	≤105	≤115	94	合格
3	烧失量	%	≤5.0	≤8.0	≤15.0	1.32	合格
4	含水量	%	≤1.0			0.1	合格
5	28d抗压强度比	%	≥60			87	合格
6	三氧化硫	%	≤3.0			1.8	合格
7	密度	g/cm^3	—			2.34	合格
8	安定性		C-A≤5			1.3	合格

注　需水量比试验采用屯河布尔津P·O42.5普通硅酸盐水泥。

（3）砂。堆石混凝土用砂全部采用河床采集的天然细砂。砂的各项检测指标见表6-11和图6-2。

表6-11　　混凝土用砂检验结果

组1	取样质量		500		组2	取样质量（g）		500
筛孔孔径（mm）	筛余量（g）	筛余百分比	累积筛余量（g）	累积筛余百分比	筛余量（g）	筛余百分比	累积筛余量（g）	累积筛余百分比
10	0	0.00%	0	0.00%	0	0.00%	0	0.00%
5	14.8	2.96%	14.8	2.96%	15	3.00%	15.0	3.00%
2.5	22.7	4.54%	37.5	7.50%	20.6	4.12%	35.6	7.12%
1.25	7	1.40%	44.5	8.90%	7.2	1.44%	42.8	8.56%
0.63	7.2	1.44%	51.7	10.34%	7.8	1.56%	50.6	10.12%
0.315	182.4	36.48%	234.1	46.82%	180.2	36.04%	230.8	46.16%
0.16	192.6	38.52%	426.7	85.34%	195.1	39.02%	425.9	85.18%

续表

组 1	取样质量		500		组 2	取样质量（g）		500
筛孔孔径（mm）	筛余量（g）	筛余百分比	累积筛余量（g）	累积筛余百分比	筛余量（g）	筛余百分比	累积筛余量（g）	累积筛余百分比
0.08	60.5	12.10%	487.2	97.44%	61.2	12.24%	487.1	97.42%
0	12.4	2.48%	499.6	99.92%	12.5	2.50%	499.6	99.92%
合计	499.6				499.6			
细度模数	1.48				1.47			
平均值	**1.48**							

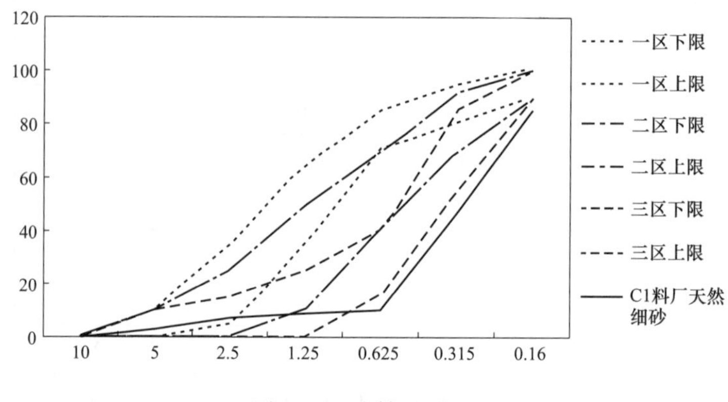

图 6-2 砂筛分曲线

（4）骨料。骨料采用河床采集的天然骨料，粒径 5～20mm。骨料的各项检测指标见表 6-12 和表 6-13。

表 6-12 粗骨料物理性能检验结果

粒径（mm）	表观密度（kg/m^3）	饱和面干密度（g/cm^3）	饱和面干吸水率（%）
5～20	2740	2.73	0.2
DL/T 5144—2015	≥2550	—	≤2.5

表 6-13 粗骨料物理性能成果

试验项目		统计组数	平均值	最大值	最小值	标准差	DL/T 5144—2015
5～20mm	超径（%）	1	3	3	3	—	＜5.0
	逊径（%）	1	1	1	1	—	＜10.0
	含水量（%）	3	0.8	1.2	0.6	—	—
	裹粉量（%）	1	0.4	0.4	0.4	—	≤1.0
	针片状（%）	1	7	7	7	—	≤15.0

2. 自密实施工配合比

采用强制式单卧轴混凝土搅拌机，首先用水把搅拌机润湿，然后依次把称量好的石子、砂、水泥、粉煤灰放入搅拌机中，搅拌 15s 停机。重新启动搅拌机，把称量好的水及外加剂混合后均匀倒入搅拌机中，搅拌 80s 后出机，立即测扩展度、坍落度、V 漏时间、含气量和抗压强度等。各项性能检测指标见表 6-14 和表 6-15。

表 6-14　　自密实混凝土配合比（室内）

编号	标号	水泥	粉煤灰	水	砂	石子	专用外加剂
1（推荐）	C15	171	286	164	890	792	3.90
2（优化）	C15	160	294	164	890	792	3.95

表 6-15　　混凝土保持状态

编号	名称	0min	30min	60min
1（推荐）	扩散度（mm）	670×710	660×700	640×690
	坍落度（mm）	265	265	255
	V 漏时间（s）	9"62	11"97	16"62
	含气量（%）	1.1%	1.4%	2.1%
2（优化）	扩散度（mm）	700×710	700×720	640×660
	坍落度（mm）	265	255	260
	V 漏时间（s）	9"60	11"79	15"97
	含气量（%）	1.1%	1.3%	2.1%

两种配合比各成型抗压试件 3 组，分别为 3d、7d 和 28d，试件成果见表 6-16。

表 6-16　　混凝土抗压强度成果

编号	3 天	7 天	28 天
1（推荐）	9.741	14.377	26.99
2（优化）	11.090	16.441	28.88

室内试验完成后，以优化后的配合比在现场对专用外加剂性能进行了复

核，复核后的状态与室内配合比保持一致，同时，根据现场测量的含气量和容重，确定最终配合比。最终配合比见表6-17。

表 6-17 自密实混凝土最终配合比

项目	标号	水泥	粉煤灰	水	砂	石子	专用外加剂
自密实混凝土（C15）	C15	168	309	172	935	832	4.15

注 类似工程应用中，如对混凝土有抗冻、抗渗性能要求，需通过试验进行复核和验证。

（三）堆石混凝土施工

1. 自密实混凝土运输及入仓方式

由上述试验可知，在使用优化后的配合比拌制自密实混凝土时，在出机30min时，不仅各项性能指标均能满足要求，且其扩散度为最大值，因此，在混凝土入仓环节，要求其出机到入仓时间保持在30min内完成。

为缩短混凝土入仓时间，课题组在初期考虑总体布局时，就将拌和站设置在围堰上游，并在拌和机出料漏斗下方布置一台混凝土输送泵，混凝土出机后直接将混凝土泵至浇筑仓面。

实际施工过程中，气温、出机口混凝土温度、坍落度、扩展度、V漏时间和混凝土强度等参数统计见表6-18。

表 6-18 自密实混凝土实际施工参数统计

强度等级	检测项目	统计数	平均值	最大值	最小值	标准偏差	离差系数
C15	气温（℃）	224	12.3	29.5	0.0	6.63	0.54
	混凝土温（℃）	224	11.6	25.5	4.1	4.46	0.38
	坍落度（cm）	224	26.6	27.9	24.2	0.56	0.02
	扩散度（cm）	224	66.9	78.0	56.0	3.59	0.05
	V漏时间（s）	224	6.1	12.6	2.6	1.30	0.21
	抗压（MPa）	84	21.3	33.2	17.1	2.80	0.13
	抗拉（MPa）	21	1.88	2.10	1.79	0.08	0.04

2. 堆石料选取与施工

堆石料选取新鲜完整、质地坚硬且无剥落层和裂纹的块石，选取过程中人工配合冲洗石料表面附着的泥土，冲洗干净的块石料堆存备用。

入仓口临施工道路布置，以交通便利，机械设备能方便出入为首要条件，根据实际施工条件，入仓口均布置在围堰下游侧，施工道路随混凝土浇筑升层而上升，入仓口随道路上升而上升。

堆石料采用挖掘机装车，自卸汽车运输至仓内，仓面配置挖掘机进行堆石料的码放、整平。堆石混凝土单仓高度 1.8m。

堆石混凝土施工工艺详见图 6-3。

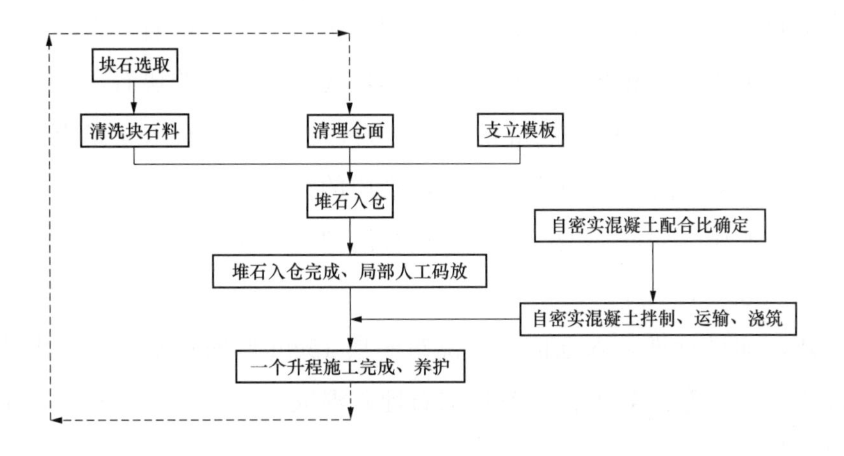

图 6-3　堆石混凝土施工工艺图

（1）基础面及施工缝处理。基础面包括基岩面、砂砾石、土质及混凝土基础等。

撬挖基岩上的松动岩石，并将浮石虚渣清除，冲洗干净，仓内积水要排净，如有地下涌水要制定引排措施和方法。

砂砾石及土质基础要在开挖完成后进行碾压或夯实，经实验取样合格后，再浇筑混凝土垫层，待混凝土达到 5MPa 以上且表面凿毛后再堆石。

由于浇筑顶面留有块石棱角，其高出堆石混凝土顶面 5～20cm，因此堆石混凝土施工缝一般不需要凿毛，只需清除表面积水及浮渣即可，但对表面积大于 0.5m^2 的混凝土平整面应进行凿毛，揭去乳皮。

（2）模板安装。堆石混凝土模板采用钢模板和木模板，钢模板用于大面积尺寸规则部位，木模板用于各边角部位补缝。钢模板采用 P6015 标准钢模板，为减少现场拼装工作量，将 P6015 标准钢模板利用方木及钢管拼接成 1.8m×4.5m 的组合模板。模板安装前先进行测量放线，按照测量放线所提供的位置进行模板安装。

（3）堆石入仓。块石进仓前，首先对该批进仓块石进行全面检查，块石材质要新鲜完整，质地坚硬无剥落层和裂纹，对少量粒径小于 30cm 的块石要分开运输、分散堆放。对粒径过大的块石要将其破裂成符合规定的块石或放置仓面中部。对石料表面附着的泥土必须清洗干净。对于检查合格的块石批，使用自卸汽车或装载机直接入仓，块石随机堆放，但对于基础混凝土接触面大的堆石应进行调整，以保证新旧混凝土的黏结。堆石入仓时带进的泥土必须及时清除。在模板附近堆石时，尽量选用粒径小的块石，上游堆石体与模板之间应保留不小于 10cm 的空隙作为保护层。块石入仓完成后用挖掘机进行平仓，边角部位辅以人工平仓，仓内的块石体应遵循“下大上小、中大外小”的原则。对仓内的不合格料进行清理，经质检员检查、监理工程师验收后，完成堆石工序。

在建基面进行堆石入仓前，须浇筑一层 15cm 厚的自密实混凝土或其他常规混凝土，并在混凝土初凝前将堆石埋入混凝土中，确保堆石混凝土与基础结合良好。

（4）自密实混凝土拌和。自密实混凝土拌和是堆石混凝土的关键程序，拌和质量的好坏直接影响堆石混凝土质量，因此，必须把好自密实混凝土拌和关口。自密实混凝土拌和的依据是配合比，使用现场材料通过实验室试配得到的配合比为自密实混凝土理论配合比，还应根据施工现场生产系统的实际情况进行调整修正，得到最终配合比，但水胶比变化不得超过 –0.02～0.01。

自密实混凝土拌和前，首先要对场内原材料进行全面检测，根据骨料含水率的变化情况随时调节用水量。若自密实混凝土生产过程中天气变化较大或取料部位发生变化时，应及时对骨料含水率进行重新测定，调整实际用水量。原材料检测完成后，用水清洗搅拌机并清除内部积水。所用拌和设备应满足高峰期浇筑强度要求，所有的称量、指示、记录及控制设备都应有防尘措施，称量设备要确保精度，每仓自密实混凝土浇筑前要认真核对称量设备的精度。根据最终施工配合比出具配料单，配料单是自密实混凝土拌和的唯一依据。自密实混凝土拌和时要按顺序上料，首先将称量好的骨料和胶凝材料分别投入搅拌机干拌，加入水和外加剂后继续搅拌 80s，待自密实混凝土工作性能达到要求时方可出机。在搅拌机出口进行自密实混凝土流动度和扩散度测试，符合要求方可运输。

（5）自密实混凝土的浇筑。自密实混凝土的浇筑采用泵送方式入仓。泵送前应检查泵管和各节泵管接头处密封圈连接是否紧密，保证整个管路不漏气、不漏浆。连接前，泵管内不得有杂物及未清理的混凝土，以保证泵管管壁光滑。泵送自密实混凝土应按照以下顺序操作：首先向内输送 0.2～0.3m^{3}清水润湿和清洁泵管；然后在灌注自密实混凝土之前，使用同配比水泥砂浆润泵；最后再泵送自密实混凝土。

不合格的自密实混凝土严禁入仓，已入仓的不合格自密实混凝土必须清理出浇筑仓，并按监理工程师指定的地点弃置。

浇筑自密实混凝土时严禁在仓内加水。如发现混凝土和易性较差，应采取如添加外加剂、重新拌和等措施来保证质量。浇筑仓面较大时，应采取多点浇筑法，采用 Z 型或 N 型浇筑方式，4m^2 布置一个浇筑点，浇筑点间距不大于 2m，在每个浇筑点必须使自密实混凝土灌满后方可移至相邻的浇筑点，且浇筑点应连续布置，以保证堆石混凝土密实。浇筑顺序应做到单向顺序，不可在仓面上往返浇筑。在堆石下方密实后，混凝土到达仓面时，应控制浇筑高度，一般情况下混凝土面低于堆石面 5～20cm，以便于下个仓面的黏结。整个浇筑完成后，待自密实混凝土达到 5MPa 以上时，即可进行下层浇筑。

（6）堆石混凝土的养护。堆石混凝土在浇筑完 6～18h 开始洒水养护，养护前避免太阳暴晒。混凝土应连续养护，养护期内应保证混凝土表面保持湿润。养护时间不宜少于 28d，有特殊要求的部位宜适当延长养护时间。

（四）施工工艺完善措施

（1）减少小块石和扁平石料入仓措施。解决办法：石料运输至仓面时，先将石料卸在入仓口，然后用挖掘机将石料转入仓内，然后用机械或人工，将入仓口的小块石清除出仓外，可有效防止小石料入仓；挖掘机在料场挖料时进行质控，控制扁平石料装车，另外，石料入仓时，先将石料卸在入仓口，挖掘机在仓内转运石料入仓时，对扁平石料进行第二次筛选，这样，可有效控制扁平石料入仓。实际施工中，仓内如仍有扁平石料，可将石料立放，或清出仓外。

（2）自密实混凝土迅速入仓措施。根据自密实混凝土配合比的研究发现，自密实混凝土在出机后，30min 内，其扩散度最大，流动性最好，30min 后，混凝土扩散度开始衰减。

解决办法：拌和站尽量靠近浇筑仓面，缩短运输距离。如拌和站确实布置较远，混凝土无法在规定时间内入仓，则可通过调整自密实混凝土专用外加剂用量，延长时间。

（3）坝体结构措施。山口水利枢纽汛期为每年 5～9 月，围堰开始施工后，进度较慢。为确保堆石混凝土围堰工程达到度汛要求，课题组成员在勘察现场，经过研究后发现，由于原设计设置了永久横缝，导致堆石混凝土必须跳仓浇筑施工，不能连续浇筑，是制约围堰施工进度的一个主要方面。

解决办法：建议设计单位修改设计图纸，将原设计 20m 一道的永久横缝调整为 60m 一道，每 20m 设一道诱导缝。由于部分永久横缝变更为诱导缝，使永久横缝数量减少，相应的堆石混凝土仓面扩大，缩短了备仓时间，加快了施工进度。

（4）越冬层面保温措施。工程区极端最低气温–41.2℃，自密实混凝土单位体积内的水泥用量较大，相应水化热也较大，而山口枢纽极端最低气温达到–41.2℃，较大水化热和极端低温极有可能让新浇筑混凝土越冬时产生温差裂缝。

解决办法：对新浇筑的混凝土进行保温覆盖。具体覆盖方式为 1 层 0.3mm 厚聚乙烯塑料薄膜→2 层 2cm 聚乙烯保温被→13 层 2cm 棉被→1 层三防布。三防布错缝搭接，搭接处用沙袋压实，上下游临边用木条压实或配重压实，左右岸横缝错台部分用 10cm 厚保温板固定，并用三防布包裹密实。

（5）确保自密实混凝土可灌性和提高层间抗剪能力措施。堆石混凝土主要是靠自密实混凝土的良好流动性填充石料之间的空隙而形成结构。在扩散度良好的情况下，自密实混凝土水平扩散距离可达到2.5m，垂直渗透距离可达到3m。但原材料的不同和外加剂掺量的不同，都会对可灌性造成影响，从而降低了层间抗剪能力。

解决办法：通过试验研究，了解和掌握原材料的各项指标并进行试配试验，实际施工中，及时对原材料检验检测，加强实时监控。

（五）自密实混凝土施工检测

施工期，共进行砂全检9次，成果见表6-19；共进行骨料全检9次，全检成果见表6-20；进行水泥检验检测检测43个批次，检测结果见表6-21；进行粉煤灰检验检测79个批次，检测指标见表6-22。以上检验检测的原材料指标全部符合规范要求。

施工期，堆石混凝土围堰自密实C15混凝土成型105组，其中抗压84组，抗拉21组，抗压试件中强度最大值33.2MPa，最小值17.1MPa，均值21.3MPa，标准差2.67，离差系数0.13；抗拉试件中最大值2.1，最小1.8，均值1.9，标准差0.08，离差系数0.04。检测成果全部符合设计和相关标准要求。混凝土性能检测指标见表6-23。

（六）堆石混凝土围堰温度监测

堆石混凝土围堰在施工期共安装温度计35只，分别为568.93m高程9只、573.93m高程8只、578.93m高程7只、583.93m高程6只、588.93m高程5只。详细数据见表6-24～表6-28。

温度监测成果表明，在冬季期间，采用上述保温方式，能有效地将围堰混凝土温度控制在正温以上，防止了混凝土温差裂缝的产生。

（七）混凝土围堰取芯及压水试验

1. 堆石混凝土取芯

堆石混凝土钻孔取芯工作共完成钻孔105.4m，其中ϕ146取芯钻孔54.4m，ϕ91压水钻孔51m，完成工程量详见表6-29。

表 6-19　　砂检测成果统计

项目 品种	检测 时间	饱和面干表观密度（kg/m^3）	饱和面干吸水率（%）	有机物含量	云母含量（%）	硫化物硫酸盐含量（%）	轻物质含量（%）	坚固性（%）	含泥量（%）	泥块含量（%）	含水率（%）	F·M
天然砂	2011 年 5 月 8 日	2730	0.40	浅于标液	0.2	0.27	0.1	5.2	1.2	0	3.2	1.87
天然砂	2011 年 6 月 7 日	2740	0.32	浅于标液	0.3	0.25	0.1	5.7	1.4	0	4.1	1.85
天然砂	2011 年 7 月 5 日	2730	0.26	浅于标液	0.2	0.24	0.4	5.6	0.8	0	4.0	1.82
天然砂	2011 年 8 月 7 日	2740	0.55	浅于标液	0.1	0.15	0.2	4.5	0.7	0	4.1	1.78
天然砂	2011 年 9 月 8 日	2710	0.40	浅于标液	0.3	0.32	0.1	6.2	1.1	0	3.9	1.75
天然砂	2011 年 10 月 11 日	2720	0.35	浅于标液	0.2	0.25	0.2	4.7	1.5	0	4.2	1.81
天然砂	2012 年 4 月 4 日	2730	0.41	浅于标液	0.1	0.28	0.2	4.6	0.9	0	4.2	1.84
天然砂	2012 年 5 月 15 日	2710	0.37	浅于标液	0.3	0.10	0.3	5.3	1.1	0	4.5	1.83
天然砂	2012 年 6 月 6 日	2740	0.42	浅于标液	0.2	0.21	0.2	4.5	1.3	0	4.7	1.75
天然砂 0～5 （mm）	检测次数	9	9	9	9	9	9	9	9	9	9	9
	最大值	2740	0.55	—	0.3	0.32	0.4	6.2	1.5	—	7.3	1.87
	最小值	2710	0.26	—	0.1	0.1	0.1	4.5	0.7	—	3.2	1.75
	平均值	2728	0.39	—	0.21	0.23	0.2	5.14	1.1	—	4.1	1.81
	合格率（%）	100	100	100	100	100	100	100	100	100	100	100
DL/T 5144—2015		—	—	—	≤2.0	≤1.0	天然砂≤1.0	≤8	≤3	不允许	≤6.0	—

表 6-20　　**骨料（5～20mm）检测成果统计**

序号	检测时间	粒径（mm）	表观密度（g）	有机质含量	硫化物硫酸盐含量（%）	吸水率（%）	含泥量（%）	泥块含量（%）	含水率（%）	针片状（%）	超逊径（%）		压碎指标（%）
											超径	逊径	
1	2011 年 5 月 6 日	5～20	2740	浅于标准色	0.2	0.40	0.2	0	0.3	5	4	1	7.5
2	2011 年 6 月 5 日	5～20	2750	浅于标准色	0.3	0.30	0.2	0	0.6	7	4	1	7.5
3	2011 年 7 月 5 日	5～20	2750	浅于标准色	0.3	0.60	0.6	0	0.8	8	3	4	7.5
4	2011 年 8 月 7 日	5～20	2760	浅于标准色	0.2	0.50	0.5	0	0.6	7	2	5	6.8
5	2011 年 9 月 8 日	5～20	2770	浅于标准色	0.2	0.40	0.5	0	0.9	9	3	2	7.3
6	2011 年 10 月 11 日	5～20	2740	浅于标准色	0.3	0.40	0.4	0	1.0	8	2	4	6.9
7	2011 年 11 月 2 日	5～20	2740	浅于标准色	0.2	0.30	0.5	0	0.7	7	1	5	7.2
8	2012 年 4 月 10 日	5～20	2750	浅于标准色	0.3	0.20	0.7	0	0.6	6	1	3	5.6
9	2012 年 5 月 22 日	5～20	2760	浅于标准色	0.4	0.30	0.5	0	0.5	6	2	4	5.4
汇总统计		检测次数	9	9	9	9	9	9	9	9	9	9	9
		最大值	2770	—	0.4	0.60	0.7	0	1.0	9	4	5	7.5
		最小值	2740	—	0.2	0.20	0.2	0	0.3	5	1	0	5.4
		平均值	2751	—	0.27	0.38	0.46	0	0.67	7	2.4	3.2	6.8
		合格率（%）	100.0	100.0	100.0	100.0	100.0	100.0	0.0	100.0	100.0	100.0	100.0
DL/T 5144—2015		D20	≥2550	浅于标准色	≤0.5	≤2.5	≤1.0	不允许	—	≤15	≤5	≤10	≤16

表 6-21　　水泥检测成果统计

水泥品种	统计参数	细度（%）	标准稠度（%）	安定性	凝结时间（h:min）		比表面积（m^2/kg）	抗压强度（MPa）		抗折强度（MPa）		密度（g/cm^3）
					初凝	终凝		3d	28d	3d	28d	
屯河 P・O42.5	组数	43	102	102	102	102	100	102	102	102	102	7
	平均值	1	27.5	—	2:22	3:24	404	24.2	46.4	4.9	7.8	3.09
	最大值	3	28.8	—	3:05	4:10	468	29.7	54.3	5.8	9.7	3.16
	最小值	0	23.6	—	1:46	2:45	310	19.2	43.2	3.8	7.1	2.97
	标准差	0.63	0.81	—	0.01	0.01	33.45	1.94	2.24	0.46	0.50	0.07
	离差系数	0.56	0.03	—	0.12	0.08	0.08	0.08	0.05	0.09	0.06	0.02
GB 175—2007	P・O42.5	≤10%	—	合格	≥0:45min	≤10h	≥300	≥17.0	≥42.5	≥3.5	≥6.5	—

表 6-22　　粉煤灰检测成果统计

粉煤灰	统计参数	含水量（%）	细度（%）	需水量比（%）	烧失量（%）	密度（g/cm^3）	28d 抗压强度比（%）	三氧化硫（%）	安定性
玛纳斯 I 级灰	组数	79	79	79	79	4	16	7	32
	平均值	0.1	7.6	91	2.36	2.35	82	1.83	—
	最大值	0.2	11.2	95	3.78	2.40	90	2.06	—
	最小值	0.0	3.2	87	1.32	2.31	75	1.66	—
	标准差	0.06	1.90	2.04	0.55	0.04	4.60	0.15	—
	离差系数	0.85	0.25	0.02	0.23	0.02	0.06	0.08	—

表 6-23　　自密实混凝土性能检测指标统计

混凝土种类	混凝土标号	试验类型	龄期（天）	统计组数 n	抗压强度（MPa）			标准差	离差系数	合格率（%）	保证率（%）
					平均值	最大值	最小值				
泵送一级配	C15	抗压	28	84	21.3	33.2	17.1	2.67	0.13	—	98.8%
		劈拉	28	21	1.88	2.10	1.79	0.08	0.04	—	

表 6-24　　上游围堰 568.93m 高程温度计观测数据一览

观测日期	568.93m 高程								
	距离围堰上游面距离（m）								
	0.05	3.05	7.05	7.05	13.05	20.487	20.487	24.487	27.487
	T1	T2	T3	T3-1	T4	T5	T5-1	T6	T7
2011-9-6	30	30.7	27.9	27.9	30.45	30.3	30.75	26.9	27.75
2011-9-7	19.2	19.6	19.8	20.95	14.85	16.45	16.95	15.5	15.95
2011-9-8	25.45	24.75	26.1	27.55	20.6	18.05	17.7	19.7	18.25
2011-9-8	23.1	25.05	26.8	27.8	22.55	22.05	19	20.85	21.75
2011-9-9	18.85	25.3	27.4	28.05	25.5	21.45	21.3	20.2	20.25
2011-9-9	19.45	25	27.3	28.05	25.8	23	22.85	21.55	21.15
2011-9-10	18.1	24.65	27.05	27.7	26.1	26.9	26.75	24.65	24.8
2011-9-10	20.15	24.35	26.85	27.55	26.05	26.8	27.1	24.85	24.35
2011-9-11	18.6	24.15	26.4	27.1	25.75	27.15	27.65	25.25	24
2011-9-11	19.25	24.05	26.25	26.9	25.65	27	27.7	25.35	23.85
2011-9-12	16.55	23.7	25.8	26.45	25.25	26.65	27.5	25.55	23.65
2011-9-12	17.2	23.6	25.65	26.45	25.1	26.6	27.45	25.6	23.45
2011-9-13	15.3	23.15	25.2	25.85	24.7	26.4	27.25	25.6	23.2
2011-9-14	15.1	22.95	24.5	25.15	24.15	26.1	27	25.4	22.4
2011-9-15	13.4	23.25	24.4	24.8	23.85	26.05	26.85	25.25	22.15
2011-9-17	14.05	23.6	24.2	24.35	23.9	27.55	27.65	24.8	20.95
2011-9-20	14	23.4	24.25	24.1	24.5	28.95	28.9	24.85	20.75
2011-9-21	14.15	23.25	24.25	24.05	24.65	29.15	29.1	24.9	20.7
2011-9-23	13.3	22.95	24.15	23.95	24.85	29.3	29.3	25	20.45
2011-9-25	13.15	22.65	24.1	23.8	25.05	29.4	29.35	25.05	20
2011-9-26		22.5	24.05	23.8	25.15	29.05	29.4	25.05	19.7

续表

观测日期	568.93m 高程								
	距离围堰上游面距离（m）								
	0.05	3.05	7.05	7.05	13.05	20.487	20.487	24.487	27.487
	T1	T2	T3	T3-1	T4	T5	T5-1	T6	T7
2011-9-27		22.5	24.1	23.8	25.25	29.6	29.5	25.05	19.35
2011-9-28		22.25	24.05	23.7	25.3	29.6	29.5	25	19.1
2011-9-29		22.1	24.05	23.75	25.45	29.7	29.6	24.95	18.9
2011-9-30		21.85	24.05	23.75	25.5	29.75	29.6	24.85	18.7
2011-10-1		21.7	24.05	23.7	25.55	29.8	29.65	24.8	18.6
2011-10-2		21.45	24.05	23.65	25.6	29.8	29.65	24.65	18.35
2011-10-4		21.1	24.05	23.65	25.7	29.85	29.7	24.4	18.15
2011-10-6		20.85	24.25	23.65	26.2	29.85	29.75	24.2	18
2011-10-7		20.7		23.6	26.75	29.85	29.7	24.1	17.9
2011-10-8		20.55		23.6	27.2	29.85	29.7	23.95	17.75
2011-10-11		20.05		23.6	28.2	29.75	29.65	23.55	17.6
2011-10-12		19.9		23.55	28.55	29.75	29.6	23.4	17.55
2011-10-13		19.7		23.5	28.55	29.7	29.6	23.35	17.5
2011-10-14		19.55		23.5	28.55	29.7	29.55	23.2	17.45
2011-10-15		19.35		23.45	28.5	29.65	29.5	23.05	17.4
2011-10-16		19.15		23.4	28.45	29.6	29.45	22.95	17.35
2011-10-17		19		23.4	28.4	29.55	29.4	22.85	17.3
2011-10-18		18.85		23.35	28.35	29.5	29.4	22.75	17.25
2011-10-19		18.65		23.3	28.3	29.45	29.35	22.65	17.2
2011-10-20		18.6		23.25	28.25	29.4	29.35	22.55	17.15
2011-10-21		18.55		23.2	28.2	29.35	29.3	22.45	17.1
2011-10-22		18.5		23.15	28.15	29.3	29.25	22.35	17.05
2011-10-23		18.45		23.15	28.1	29.2	29.25	22.25	17
2011-10-24		18.4		23.1	28.05	29.15	29.2	22.15	16.95
2011-10-25		17.7		23.05	28	29.1	29.05	22.1	16.7
2011-10-26		17.45		23	27.95	29.05	28.95	22	16.55
2012-3-23		6		14.15		23.15	20	11.15	5.45
2012-4-16		6.4		13.2		18.85	18.8	10.7	5.75

表 6-25　　上游围堰 573.93m 高程温度计观测数据一览

观测日期	573.93m 高程							
	距离围堰上游面距离（m）							
	0.05	3.05	7.05	11.713	11.713	16.376	20.376	23.376
	T8	T9	T10	T11	T11-1	T12	T13	T14
2011-9-25	18.75	17.3	15.4	14.2	14.65	14.05	14.45	13.6
2011-9-25	20	19.15	14.8	14.65	15.65	16.55	14.85	16.7
2011-9-26	18.35	23.55	19.35	17.4	19.95	21.3	19.5	22.3
2011-9-26	23.6	23.95	19.65	17.9	20.7	22.55	21.6	23.5
2011-9-27	24.15	24.6	20.2	18.5	21.65	23.5	23.5	25.25
2011-9-27	24.3	24.8	19.95	18.1	21.9	26.1	23.7	25.7
2011-9-28	28.6	25.05	20.15	18.6	22	24.1	23.65	26.25
2011-9-28	24.05	25.15	20.2	18.6	22	24.15	23.55	26.3
2011-9-29	23.7	25.25	20.15	18.6	17	24.25	23.2	26.3
2011-9-30	23.1	25.25	20.05	18.6	21.85	24.15	22.95	26.05
2011-10-1	22.6	25.15	20.6	19.4	21.85	24.1	23.05	25.75
2011-10-1	22.5	25.2	20.9	19.75	22	24.15	23.25	25.75
2011-10-2	22.45	25.25	21.65	20.75	22.3	24.35	23.8	25.65
2011-10-4	22.55	25.8	23.25	22.65	23.5	25.3	25.5	25.6
2011-10-6	22.55	26.15	24.25	23.65	24.5	26.05	26.7	25.65
2011-10-7	22.55	26.55	24.45	24.45	25	26.9	26.75	25.6
2011-10-8	22.65	26.9	24.7	25.05	25.3	27.55	26.95	25.55
2011-10-11	22.85	27.3	25.85	25.9	26.35	28.4	27.9	25.45
2011-10-12	21.8	27.55	26.1	26.3	26.6	28.55	28.1	25.4
2011-10-13	21.55	27.6	26.45	26.6	26.9	28.75	28.4	25.35
2011-10-14	21.55	27.7	26.75	26.9	27.2	28.85	28.6	25.3
2011-10-15	21.45	27.7	26.95	27.15	27.4	28.95	28.8	25.25
2011-10-16	21.35	27.65	27.2	27.4	27.65	29.05	28.95	25.2
2011-10-17	21.3	27.65	27.45	27.55	27.85	29.15	29.15	25.15
2011-10-18	21.25	27.65	27.65	27.75	27.95	29.15	29.35	25.15
2011-10-19	21.2	27.6	27.85	27.8	27.9	29.15	29.4	25.1
2011-10-20	21.15	27.6	27.9	27.95	28.1	29.2	29.5	25.1
2011-10-21	21.1	27.6	27.95	28.15	28.35	29.2	29.65	25.05
2011-10-22	21.05	27.55	28	28.3	28.55	29.2	29.8	25.05

续表

观测日期	573.93m 高程							
	距离围堰上游面距离（m）							
	0.05	3.05	7.05	11.713	11.713	16.376	20.376	23.376
	T8	T9	T10	T11	T11-1	T12	T13	T14
2011-10-23	21	27.5	28	28.5	28.75	29.25	29.95	25.05
2011-10-24	20.95	27.5	28.05	28.55	28.8	29.25	30	25
2011-10-25	20.65	26.9	28.65	28.65	28.9	29.25	30.1	24.65
2011-10-26	20.55	26.75	28.75	28.8	29.05	29.2	30.2	24.6
2012-3-23	20.4	7.15	25.1	26.1	25.55	17.9	24.25	10.35
2012-4-16	20.3	8.45	23.55	24.1	21.4	16.7	22.8	10.4

表 6-26　　上游围堰 578.93m 高程温度计观测数据一览

观测日期	578.93m 高程						
	距离围堰上游面距离（m）						
	0.05	3.05	7.05	7.05	11.097	15.097	18.097
	T15	T16	T17	T17-1	T18	T19	T20
2011-10-3	23.3	16.85	18.3	17.15	16.45	16.8	18.35
2011-10-4	21.35	16.3	17	16.3	14.8	16.3	17.35
2011-10-6	27.5	20.35	22.25	21.2	21.25	23.15	22.75
2011-10-7	27.45	20.05	22.3	20.85	21.3	23.4	23.85
2011-10-8	26.85	19.45	22	20.4	21.05	23.1	23.65
2011-10-11	24.9	21.95	22.55	21.45	22.05	24.25	22.85
2011-10-12	24.2	23.15	23.05	22.75	23.25	24.65	22.65
2011-10-13	23.75	23.8	23.5	23.2	23.75	25.05	22.7
2011-10-14	23.3	24.3	23.9	23.55	23.8	25.3	22.85
2011-10-15	22.75	24.55	24.15	23.7	23.95	25.45	23
2011-10-16	22.4	24.9	24.4	23.9	24.1	25.6	23.15
2011-10-17	22.3	25.1	24.65	24.1	24.25	25.7	23.3
2011-10-18	22.05	25.35	24.85	24.35	24.35	25.75	23.45
2011-10-19	21.8	25.45	25	24.55	24.55	25.8	23.55
2011-10-20	21.3	25.55	25.15	24.75	24.75	25.85	23.6
2011-10-21	20.8	25.6	25.35	24.9	24.95	25.9	23.65
2011-10-22	20.3	25.7	25.65	25.05	25.15	25.95	23.7

续表

观测日期	578.93m 高程						
	距离围堰上游面距离（m）						
	0.05	3.05	7.05	7.05	11.097	15.097	18.097
	T15	T16	T17	T17-1	T18	T19	T20
2011-10-23	20.1	25.85	25.85	25.15	25.3	26	23.75
2011-10-24	19.8	25.95	26	25.25	25.45	26.05	23.8
2011-10-25	19.3	26.3	26.15	25.5	25.55	26.55	24.15
2011-10-26	18.95	26.85	26.35	25.7	25.75	26.75	24.25
2012-3-23	–0.2	13.05	20.4	22.4	23.65	20.6	15.65
2012-4-16	7.45	12.2	18.4	20.45	21.95	19.1	15.1

表 6-27　　上游围堰 583.93m 高程温度计观测数据一览

观测日期	583.93m 高程					
	距离围堰上游面距离（m）					
	0.05	3.05	7.05	7.05	10.987	13.987
	T21	T22	T23	T23-1	T24	T25
2011-10-19	23.3	16.85	18.3	17.15	16.45	16.8
2011-10-20	21.6	16.35	18.1	16.6	15.6	16.735
2011-10-21	19.9	15.85	17.9	16.05	14.75	16.67
2011-10-22	18.2	15.35	17.7	15.5	13.9	16.605
2011-10-23	16.15	14.9	17.5	14.9	13.05	16.55
2011-10-24	14.85	15	17.05	14.6	13.2	16.95
2011-10-25	14.45	15.1	16.9	14.6	13.35	17.35
2011-10-26	13.95	15.25	16.8	14.7	13.6	17
2012-3-23	–1.65	7.8	14.65	13.75	13.75	5
2012-4-16	5.65	13.5	12.8	12	7.3	8.5

表 6-28　　上游围堰 588.93m 高程温度计观测数据一览

观测日期	588.93m 高程				
	距离围堰上游面距离（m）				
	0.05	3.05	3.05	6.877	9.877
	T26	T27	T27-1	T28	T29
2012-4-9	21.85	23.6	24.45	25.65	21.95
2012-4-12	21.35	23.95	24.75	25.75	21.9

续表

观测日期	588.93m 高程				
	距离围堰上游面距离（m）				
	0.05	3.05	3.05	6.877	9.877
	T26	T27	T27-1	T28	T29
2012-4-16	20.9	24.2	24.95	25.95	21.7
2012-4-20	20.55	24.7	25.3	26	21.55
2012-4-23	20.25	25.3	25.55	26.65	21.4
2012-4-25	19.65	26.35	26.05	26.9	20.4
2012-4-27	19.25	26.7	26.4	27.15	20

表 6-29　　钻孔取芯完成工程量一览表

钻孔编号	钻孔直径（mm）	钻孔深度（m）	孔口高程（m）	桩号
取芯 1 号	ϕ146	28.8	597	0+050
取芯 2 号	ϕ146	25.6	597	0+094
压水 1 号	ϕ91	29	597	0+070
压水 2 号	ϕ91	22	597	0+105
合计（m）		105.4		

钻孔取芯工作包括钻进刻取混凝土芯样、芯样卡取吊放、芯样退出岩芯管、芯样描述 4 个流程。

采用 XY-Ⅱ地质钻机和 3S 水泵进行本次堆石混凝土的钻孔取芯工作。钻机机座固定于坝体混凝土，保证设备安装的稳定性和钻进能力；设计加工专用钻杆单动扶正器，防斜、减振，有效传递扭矩，减少钻进过程对芯样的破坏；采用特制取芯钻头和薄壁岩芯管，避免芯样上行时被岩芯管碰击致断；用清水作为钻进过程的冲洗液，冷却钻头、悬浮携带岩粉，保证芯样的纯洁性；小规程施钻，防止芯样的人为破坏；专用卡簧并辅以千斤顶卡拨混凝土芯；采用专用退芯机具退芯，避免芯样显现过程的破坏。

2. 芯样外观评价及压水结果

（1）取芯成果。钻孔取芯共获得芯样 54.4m，芯样获得率 100%。获得芯样表面光滑、致密，骨料分布均匀，芯样完整性较好；堆石混凝土与建基面胶结良好；芯样外观描述见表 6-30。

表 6-30　　　　堆石混凝土芯样外观质量统计表

孔号	表面光滑程度	芯样致密程度	骨料分布均匀性	芯样完整程度	层面完好率	建基面结合程度	芯样获得率
1	光滑	致密，未见明显缺陷	均匀，未见明显缺陷	芯样完整性好，芯样呈柱状、少量短柱状	结合面共19个，均未分离，完好率100%	混凝土与建基面结合部芯样完整未分离，胶结良好	100%
2	光滑	致密，未见明显缺陷	均匀，未见明显缺陷	芯样完整性好，芯样呈柱状、少量短柱状	结合面共21个，均未分离，完好率100%	混凝土与建基面结合部芯样完整未分离，胶结良好	100%

（2）钻孔压水成果。钻孔压水共钻进 51m，压水试验共做 10 段。压水试验成果见表 6-31。

表 6-31　　　　堆石混凝土压水试验统计表

孔号	段号	段长（m）	透水率（lu）
1	1	5	0.556
	2	5	1.23
	3	5	1.79
	4	5	1.63
	5	5	1.7
	6	4	1.65
2	1	5	3.28
	2	5	4.1
	3	5	2.88
	4	7	1.12

检测成果表明，在确保扩散度和堆石质量的条件下，自密实混凝土有很好的流动性，能够较好地填充块石之间的空隙，保证了堆石混凝土成品的密实度；通过压水试验表明，堆石混凝土层间透水率小，结合良好。

（八）堆石混凝土施工应用体会

（1）选取石料优质和丰富的地区应用该技术。堆石混凝土技术在本工程应用时，其石料和自密实混凝土的比例约为 1:1，因此，堆石混凝土在实际施工时，需要大量优质石料，应选取石料优质和丰富的地区应用该技术。

（2）就近布置混凝土拌和系统。该技术在本工程应用时，自密实混凝土在出机后 30min 内其扩散度最佳，30min 后开始衰减。因此，混凝土出机后，应尽快入仓，才能保证其在最佳扩散度状态，所以混凝土生产系统应就近布置。

（3）粗、细骨料尽量采用天然料。天然料较人工料相比，其表面光滑，摩擦力小，配置成混凝土后，其流动性相对较好，同等混凝土指标条件下，更适合拌制自密实混凝土。

（4）实际应用时应根据原材料和混凝土性能指标确定施工层厚。堆石混凝土主要是靠自密实混凝土的良好流动性填充石料之间的空隙而形成的结构。因此，自密实混凝土流动性的差异是确保堆石混凝土密实度的主要因素。实际应用时，不同原材料和不同混凝土的性能指标对自密实混凝土的流动性会有所影响，因此，实际应用时，应根据原材料和混凝土的性能指标确定施工层厚。

（5）改进模板工艺。自密实混凝土良好的流动性和填充性，虽然开辟了类似工程施工的新思路，但也给施工过程中的建筑物外观质量控制带来了新的课题。

由于自密实混凝土良好的流动性和填充性，实际施工时，对有外观质量要求的模板安装提出了更高的要求。根据课题在山口工地实际应用，建议技术在实际应用时，应采用预制模板，并在预制模板安装好以后用砂浆填充所有缝隙，确保不漏浆；或者采用“金包银”的方式，在结构体外围先行浇筑混凝土或浆砌石，对结构体予以封闭后，再在中间进行堆石混凝土施工。

工程堆石混凝土施工的创新：

1）通过配合比的研究，解决了自密实混凝土专用外加剂与混凝土原材料的匹配问题，较好的控制了混凝土的水灰比、扩散度和密实度，保证了浇筑质量；

2）将原设计 20m 一个坝段分块浇筑，调整为 60m 一个坝段，中间采用诱导缝，加快了施工进度；

3）通过对块石的选料、冲洗、卸料、堆料等工序进行研究，改进堆石入仓方式的工艺；

4）通过对混凝土内部温度观测，借鉴当地类似混凝土越冬保温的成功经验，解决堆石混凝土越冬保温问题，防止了越冬层表面水平深层大裂缝的出现；

5）通过研究不同的坍落度（扩散度）对堆石混凝土可灌性影响，加强层间抗剪能力。

根据堆石混凝土的研究成果，在工程中的下游水电站工程永久建筑物混凝土重力坝、溢流堰坝段和消力池采用了堆石混凝土技术，用量 1.3 万 m^3。

堆石混凝土具有施工工艺简单、综合单价低、水化热温升小、易于现场控制、施工效率高、施工速度快等特点。课题组依托本工程，通过近 2 年时间的研究，了解和掌握了一些特殊气候条件下堆石混凝土施工控制工艺，解决了特殊气候条件下堆石混凝土的施工技术难题，积累了系统的工程经验。堆石混凝土技术应用在大体积混凝土上的温升低、结构好、无（少）裂缝等优点突出，值得在工程建设中推广和应用。

第二节　严寒地区混凝土拱坝主坝施工关键技术

我国于 20 世纪 50 年代开始修建混凝土拱坝，目前国内绝大部分混凝土拱坝修建在低纬度地区，技术相对已较成熟。本工程坝址多年平均气温为 5℃，其特征是；气候干燥，春秋季短，冬季较长。夏季炎热，冬季严寒，气温年相差悬殊，日相差明显，有效混凝土施工日数为 184 天。在“冷、热、风、干”的严酷气候条件下进行常态混凝土拱坝施工，目前尚无较成熟的经验可以借鉴，对坝工界来说仍是一个挑战，有众多技术难题需要进一步研究和解决。

施工过程中主要技术问题有高蒸发引起的混凝土表面失水影响层间结合质量问题、极端气候条件引发的混凝土温控问题、长间歇混凝土越冬层面可能存在发生水平裂缝的问题、坝基有盖重固结灌浆对工期的制约问题等，工程建设过程中各参建方做了大量的工作。

经过建设者科学管理，大胆创新，提前规划，精心组织，工程于 2014

年9月实现下闸蓄水目标，2015年10月底大坝水位达到正常蓄水位，目前主坝施工已顺利完工。从2011～2015年度浇筑的混凝土温控监测和钻孔取芯成果来看，各项指标均在设计和理论计算的范围内，在快速施工的同时保证了较高的质量水平。

一、混凝土拱坝工程施工布置

1. 基本概况

大坝为常态混凝土双曲中厚拱坝，最大坝高94m，坝顶厚10m，坝底厚27m，厚高比为0.287。水平拱圈线型采用抛物线变厚变曲率拱圈，顶拱中心角96.964°，左拱中心线曲率半径101.673m，右拱中心线曲率半径129.564m，坝顶弧长319.646m，弧高比为3.400，顶拱到底拱中心角变化范围96.964°～38.463°，左拱中心线曲率半径变化范围101.673～56.635m，右拱中心线曲率半径变化范围129.564～53.874m。拱冠梁上、下游面曲线均由拟合三次方程曲线组成。

坝体每隔15m设置一道横缝，将大坝分为22个坝段，共设置21道横缝，横缝采用径向或近乎径向布置，缝面内设置球面键槽并埋设重复灌浆系统。

拱坝泄水建筑物为泄水深孔及溢流表孔。泄水深孔底板高程585m，断面尺寸由进口6m×8m渐变至出口6m×6m，出口采用宽尾墩窄缝式跌流水垫塘消能。溢流表孔堰顶高程635m，共布置3孔，每孔堰宽10m，1、2号表孔采用宽尾墩窄缝式跌流水垫塘消能，3号表孔采用跌流水垫塘消能。

坝内分别在560m、595m、620m高程设置3层廊道，廊道断面型式均为城门洞型，基础灌浆廊道断面尺寸均为3.0m×4.0m，中部和顶部廊道断面尺寸为2.5m×3.0m，两岸各高程灌浆平洞的断面类型与基础灌浆廊道断面类型相同，各高程灌浆平洞与基础灌浆廊道相连，利用电梯井解决各层廊道的垂直交通，使坝内各层廊道相互连通。

拱坝混凝土主要工程量为坝体混凝土25.75万m^3、泄水深孔1.51万m^3、泄水表孔1.51万m^3。

2. 砂石系统布置

砂石加工系统按混凝土高峰强度4.47万m^3/月的需要进行设备配置。

砂石加工系统采用天然砂砾料作原料，毛料处理能力330t/h，成品料产出能力 281.5t/h。各级成品骨料、天然砂、人工砂产出能力分别为特大石（80～150mm）17.1t/h、大石（40～80mm）51.5t/h、中石（20～40mm）67.4t/h、小石（5～20mm）63.1t/h、人工砂 41.2t/h、天然砂 41.2t/h。

砂石加工系统主要由汽车进料平台、受料坑、颚式破碎机、超径筛、筛分楼、反击式破碎机、立式冲击破碎机、圆锥式破碎机、洗砂机、皮带机和成品料仓等组成，成品料通过皮带机输送至 2×3m^3 拌和楼。

砂石系统主要设备见表 6-32。

表 6-32　　　　砂石加工系统主要设备表

序号	设备名称	型号规格	数量（台）	功率（kW）	铭牌产量［t/（h・台）］	备注
1	振动给料机	GZG1003	2	2.2×2	380	
2	颚式破碎机	PE900×1200	1	110	300	
3	棒条给料机	GTZ1560	1	26	300	
4	圆锥破碎机	GP100SC	1	90	40-120	
5	反击式破碎机	S200TC	1	200	95-380	
6	反击式破碎机	S150	1	200	160	
7	立轴式破碎机	PL8500	1	250	150	
8	圆振动筛	2YKR2460	2	37×2	500	
9	圆振动筛	2YKR2060	1	30	500	
10	圆振动筛	2YKR1852	1	30	500	
11	圆振动筛	2YK1445	1	18.5	150	
12	圆振动筛	2YKR1852	1	30	500	
13	洗砂机	FG-12	3	7.5×3	75	
14	皮带机	B1000	2	67		ΣL=109.4m
15	皮带机	B800	6	103.5		ΣL=362.5m
16	皮带机	B650	9	98.5		ΣL=322.4m
17	皮带机	B500	2	6		ΣL=77.4m
18	皮带机	B800	1	15		ΣL=60m
19	除铁器	RCDB-8	1	3		
合计			38	1378.4		

3. 拌和、制冷系统布置

拌和、制冷系统进行施工设计时，拱坝坝体设计图纸尚未出全，按原招标工程量进行拌和、制冷系统配置，本标段工程混凝土合同总量约为 43.54 万 m^3，其中拱坝坝体混凝土为 39.4 万 m^3（需进行温控），其他混凝土为 4.14 万 m^3，混凝土最大级配为四级配，最大骨料粒径为 150mm。根据浇筑高峰月强度 3.61 万 m^3/月及有关温控要求配置拌和及制冷系统。

混凝土拌和系统布置一座 2×3m^3 拌和楼。为了确保混凝土出机口温度，满足温控要求，拌和系统配置一座容量为 260 万 kcal（1kcal=4.184kJ）和一座容量为 33.4 万 kcal 的制冷车间分别为骨料风冷和制冰提供冷源。骨料采取二次风冷，混凝土加冷水及片冰拌和，保证出机口温度控制在 7～9℃。

拌和楼型号为 HL240-2S3000L，常温混凝土生产能力 240m^3/h，预冷混凝土生产能力 150m^3/h（7℃），可以满足月浇筑常温混凝土 3.61 万 m^3 和制冷混凝土 3.08 万 m^3 的要求。

大坝混凝土高温期通水所用冷水均由移动式制冷机组生产。拱坝三期通水在冬季进行，冷水机组配置主要考虑中期通水需要，根据施工进度安排，坝体中期通水冷却用水量最大为 284m^3/h，根据通水强度并考虑一定的损耗和富余，选定制冷容量 110 万 kcal，制冷水量为 200m^3/h 的 CW200 型移动式冷水机组 2 台。在供冷期间，可根据需要设定冷水的出口温度。

拌和、制冷系统主要设备见表 6-33 和表 6-34。

表 6-33　　　　拌和系统主要设备

序号	设备名称	型号规格	数量（台）	功率（kW）	备注
1	拌和楼	HL240-2S3000L	1	430	
2	皮带机	B1000	3	195	ΣL=343m
3	皮带机	B800	2	60	ΣL=272m
4	振动给料机	GZG1003	42	92.4	
5	回转给料器	H83C.13	1	3	
6	一次风冷料仓	4×200m^3	1		
7	水泥罐	1200t	2	2	
8	粉煤灰罐	1000t	1	1	

续表

序号	设备名称	型号规格	数量（台）	功率（kW）	备注
9	仓式泵	LTR5000	3		
10	流态化仓泵	$5m^3$	2		
11	地磅	80t	1		
12	空气压缩机	LW22/7	3	396	
13	冷却水循环泵	Q=100m^3/h，H=32m	1	15	
14	储气罐	$5m^3$	3		
15	外加剂搅拌装置		6	46.2	
合计			72	1240.6	

表 6-34　　　　制冷系统主要设备

序号	设备名称	型号规格	数量（台）	功率（kW）	备注
一	风冷冷源				
1	氨压缩机组	130 万 kcal	2	630×2	
2	卧式冷凝器	冷凝面积 550m^2	2		
3	高压储液器	$8m^3$	2		
4	低压循环储液器	$15m^3$	2		
5	氨泵	Q=15m^3/h，H=30m	6	5×6	
6	氨液分离器	ϕ1000	1		
7	立式螺旋管式蒸发器	蒸发面积 180m^2	1		
8	冷冻水水泵	Q=30m^3/h，H=40m	1	7.5	
9	冷却塔	循环水 1200m^3	2	18.5×2	
10	冷却水水泵	Q=600m^3/h，H=25m	2	55×2	
11	集油器	800mm	1		
12	空气分离器	$96m^2$	1		
13	紧急泄氨器	159mm	2		
14	排气扇		2	1×2	
15	高效空气冷却器		8	448	
	小计		35	1894.5	

续表

序号	设备名称	型号规格	数量（台）	功率（kW）	备注
二	制冰系统及冷源				
1	制冰厂	FIP60+AIS50+ID12	1	21	成套设备
2	压缩机组	LG20ⅢDA	1	180	
3	卧式冷凝器	WN150	1		
4	蒸发器	WZ250	1		
5	储液器	ZA1.5	1		
6	桶泵机组	DX2.5L	1	3	
7	集油器	JY300	1		
8	氨液分离器	AF1200	1		
9	空气分离器	KF046	1		
10	紧急泄氨器	JX159	1		
11	冷却塔	$90m^3/h$	1		
12	冷却水泵	$Q=105m^3/h$，$H=30m$	2	15×2	
	小计		13	234	
三	现场冷水机组				
1	移动式冷水机组	CW200	2	325.6×2	
	小计		2	651.2	
	合计		50	2779.7	

4. 施工道路布置

主坝混凝土工程施工主干线为 2 号道路、下游下基坑道路、3 号道路及右岸上坝交通洞等。混凝土及材料水平运输施工道路主要有以下两条：

（1）坝体 560m 高程以下材料运输施工道路：辅助工厂→右岸 2 号施工道路→下游围堰→L6 号便道→大坝基坑，长度 3km。

（2）坝体 560m 高程以上材料及大坝混凝土运输施工道路：辅助工厂或混凝土生产系统→右岸 2 号施工道路→右岸 3 号施工道路→右岸 1 号交通洞→右坝头平台→右坝 649m 高程供料平台，长度 3.3km。

5. 施工用水布置

主坝混凝土施工用水主要为仓面清理、养护、喷雾保湿及冷却用水等，主坝混凝土施工用水由布置在右岸649m高程的500t生产水池及布置在左岸EL678高程的200t生产水池接管供水。

（1）大坝冲洗、养护用水量。大坝冲洗、养护用水量按定额及经验取值，每立方米大体积常态混凝土用水量约为 $0.45m^3$，混凝土浇筑月高峰强度为3.61万 m^3/月，养护时间为28天，据此计算大坝冲洗、养护高峰用水强度约为 $36100m^3/月\times0.45t/m^3/28d/月/24h/d\approx24t/h$。

（2）大坝通水冷却用水量。根据混凝土施工进度安排，坝体同时进行一期通水冷却的水管根数为68根，单根通水流量 $1.2m^3/h$，用水量最大为 $82m^3/h$；坝体同时进行中期通水冷却的水管根数为236根，单根通水流量 $1.2m^3/h$，用水量最大为 $284m^3/h$；坝体同时进行后期通水冷却的水管根数为354根，单根通水流量 $1.2m^3/h$，用水量最大为 $425m^3/h$。

（3）供水管路配置。混凝土现场施工用水由左右岸生产水池供应。供水管路在冬季为防止冻裂，采用缠绕发热带+聚乙烯保温被进行保温。

6. 施工用风布置

混凝土施工用风主要为风镐凿毛、手风钻钻孔、仓号冲洗清理等；混凝土施工用风量较少，且随坝体不同施工期需要就近集中摆放灵活布置，为此根据现场条件主坝选用两台 $3m^3/min$ 的移动式空气压缩机就近供风。

7. 施工用电布置

混凝土施工主要用电设备包括缆机、布料机、喷雾机、冲毛机、电焊机、仓内其他电动振捣设备、施工照明及基础处理施工用电，施工用电从临近的供电点接取。

坝体混凝土施工用电主要布置6台变压器：左岸678m高程平台布置两台1250kVA变压器，供应两台20t缆机主机、左岸供水系统、左岸岸坡坝段混凝土施工用电；左岸导流洞出口附近布置一台800kVA变压器，供应坝后水垫塘等部位混凝土施工及大坝左岸岸坡坝段基础处理施工用电；右岸14号坝段下游布置一台800kVA变压器，供应JL150塔式起重机、右岸供水系统、主河床坝段混凝土、主河床坝段基础处理施工用电；右岸649m高程坝头布置一台500kVA变压器，供应冷水机组、右岸岸坡坝段混凝土、右岸制浆站施工用电。右岸700m高程平台布置一台100kVA变压器，供应两台20t

缆机副车用电。

8. 混凝土运输设备布置

大坝混凝土水平运输设备采用20t自卸汽车（砂浆采用6m^{3}搅拌车），垂直运输设备有20t缆机、长臂挖机。大坝主要采用自卸汽车+缆机吊卧罐入仓；右岸22号坝段（缆机覆盖范围以外）采用自卸汽车+长臂挖机入仓；左岸1～3号坝段（缆机覆盖范围以外）采用自卸汽车+缆机吊卧罐+皮带机入仓。

根据施工总进度计划，拱坝坝体混凝土高峰月浇筑强度为3.08万m^3/月，月平均强度在2.3万m^3/月左右，选用2台20t辐射式缆机作为主要入仓设施。

缆机采用左岸固定、右岸活动的布置方案，2台缆机同固定端、同轨布置，缆机固定端及主机房在左岸，主塔锚固洞长度10m，承载索支点高程为695.00m，右岸为移动端，承载索支点高程为703.00m，右岸副塔采用等径布置移动轨道，副塔轨道长171.85m，辐射角25.3°，设计跨度为383m，缆机总起升高度140m。

缆机供料平台布置在右岸649m高程、大坝与发电洞进水口之间，供料平台宽度15m，长度根据缆机上下游极限位置确定，长度为143m。

浇筑基坑部位混凝土时，运输距离较远，单台缆机运输混凝土采用6m^{3}的吊罐，缆机吊运混凝土最远点的单循环时间按7.5min计算，小时运输混凝土最大强度为48m^3/h，单台缆机月施工强度达到24000m^3/月。在该段时间最大仓面面积为476m^2，浇筑层厚按0.5m时要求缆机小时最大浇筑强度为95.2m^3，浇筑层厚按0.4m时要求缆机小时最大浇筑强度最大为76.2m^3；因此在该段采用2台缆机入仓，入仓强度为96m^3/h，可以满足入仓要求。

浇筑上部仓块时，运输距离较近，单台缆机运输混凝土采用6m^{3}的吊罐，缆机吊运混凝土最远点的单循环时间按5min计算，小时运输混凝土最大强度为72m^3/h，单台缆机月施工强度达到36000m^3/月。在该段时间最大仓面面积为297m^2，浇筑层厚按0.5m时要求缆机小时最大浇筑强度最大为59.4m^3，因此单台缆机可以满足仓面浇筑需要。

自卸汽车单趟运输混凝土量与吊罐配套，取6m^3，拌和系统至供料平台运距3km，单趟接料、运输、卸料循环所需时间约20min，根据小时最大浇筑强度95.2m^3，自卸汽车需要配置95.2/（60/20×6）=5.3台，按6用2备配置。

二、混凝土施工流程

1. 施工工艺流程

混凝土施工工艺流程详见图 6-4。

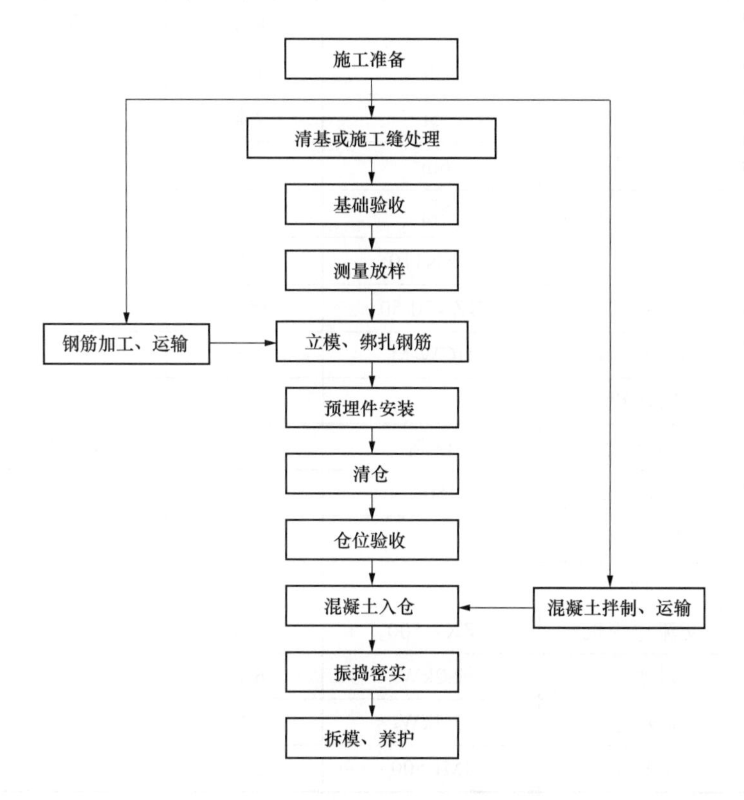

图 6-4 混凝土施工工艺流程

2. 大坝混凝土施工设备配置

大坝混凝土主要施工设备配置见表 6-35。

表 6-35 大坝混凝土主要施工设备配置

序号	设备名称	规格或型号	数量	备注
1	拌和楼	$2\times3m^3$	1 座	含制冷、制冰系统
2	缆机	无塔辐射式、20t	2 台	20t/383m
3	长臂挖机	PC360	1 台	
4	汽车吊	25t	1 台	
5	汽车吊	8t	2 台	仓面模板安装
6	输送泵	HBT60	1 台	

续表

序号	设备名称	规格或型号	数量	备注
7	搅拌运输车	$6m^3$	3 辆	混凝土运输
8	自卸汽车	20t	8 辆	混凝土运输
9	自卸汽车	8t	1 辆	材料运输
10	自卸汽车	5t	2 辆	材料运输
11	卧式混凝土吊罐	$6m^3$	2	
12	卧式混凝土吊罐	$3m^3$	1	
13	高频振捣器	DZN110	4	
14	振捣器	DZN70/50	35/20	
15	高压冲毛机	HCW-M	2 台	
16	吸泥机		1 台	
17	喷雾机	自制	2 套	仓面保湿和降温
18	拖车	50t	1	
19	木工设备		1 套	
20	钢筋设备		1 套	
21	交流电焊机	ZX7-500	20	
22	潜水泵	2.2kW	6 台	
23	离心泵	5.4kW	2	
24	搅拌机	JML500	2 台	

3. 混凝土拌和

拌和楼称量设备精度检验由拌和工区负责实施，质量检查部和机电物资部负责联合检查验收。称量混凝土组成材料的计量装置应在作业开始之前对其精度进行检验，称量设备精度应符合有关规定，确认正常后方可开机。

每班开机前（包括更换配料单），按试验中心签发的配料单定称，经试验中心质控员校核无误后方可开机拌和。用水量调整权属试验中心质控员，未经当班质控员同意，任何人不得擅自改变用水量。

评定标准材料称量误差不应超过下述范围（按质量计）：

（1）水、水泥、粉煤灰、外加剂为±1%；粗细骨料为±2%。

（2）当频繁发生较大范围波动，质量无保证时，操作人员应及时汇报试验中心质控员并查找原因，必要时应临时停机，立即检查、排除故障再经校核后开机。

混凝土应充分搅拌均匀，满足施工的工作度要求，其投料顺序为砂+水泥+粉煤灰+（水+外加剂）→小石→中石→大石→特大石。拌和时间：不加冰混凝土为75s，加冰混凝土为90s。

在混凝土拌和过程中，试验中心拌和楼质控人员对出机口混凝土质量情况加强巡视、检查，发现异常情况时应查找原因及时处理，严禁不合格的混凝土入仓。构成下列情况之一者作为废料处理：

（1）错用配料单已无法补救，不能满足质量要求。

（2）混凝土配料时，任意一种材料计量失控或漏配，不符合质量要求。

（3）拌和不均匀或夹带生料。

（4）出机口混凝土坍落度超过设计允许值范围。

拌和过程中拌和楼值班人员应经常观察灰浆在拌和机叶片上的黏结情况，若黏结严重应及时清理。交接班之前，必须将拌和机内黏结物清除干净。

配料、拌和过程中出现漏水、漏液、漏灰和电子秤飘移现象后应及时检修，严重影响混凝土质量时应临时停机处理。

拌和楼生产人员和质控人员必须在现场岗位上面对面交接班，不得因交接班中断生产。

拌和楼的混凝土出机口坍落度控制，应在配合比设计范围内，根据气候变化情况和施工过程损失值进行动态控制，如若超出配合比设计调整值范围，应尽量保持W/C+F不变情况下调整用水量或外加剂掺量。

4. 混凝土运输

拱坝工程混凝土的水平运输采用20t自卸汽车，垂直运输主要采用缆机吊卧罐。

（1）自卸汽车运输（运输汽车应挂设混凝土标识牌，联络员与仓面保持联系，在混凝土级配改变时通知仓面）。

1）由驾驶员负责自卸汽车运输过程中的相关工作，每一仓块浇筑前后应冲洗车箱并排除积水使之保持干燥、洁净，高温季节运输混凝土应按要求加盖遮阳棚，质检人员、仓面指挥长负责检查执行情况。

2）采用自卸汽车运输混凝土时，车辆行走的道路必须平整。

3）在仓块开仓前由浇筑队负责混凝土运输道路路况的检查，发现问题及时安排整改。

4）汽车装运混凝土时，司机应服从放料人员指挥。由拌和楼集料斗向汽车放料时，自卸汽车驾驶员必须坚持两点或多点接料，否则由该车驾驶员负责溢出料的清理和赔偿。砂浆运输完毕，应将车厢清洗干净后方可进行混凝土运输装车。

5）混凝土运输车在拌和楼必须服从试验中心质控人员取样要求。

（2）缆机。

1）缆机是特种设备，运行管理人员在上岗前必须进行严格的上岗培训。在整个缆机运行中，按照理论和实际相结合的原则，严格培训计划的实施，由考核领导小组进行考核，使其具备较高的理论素质和熟练的操作技能，不合格的不准上岗。

2）缆机的通信方式。缆机使用对讲机作为通信工具，每台缆机的运行使用独立的通信系统，为避免干扰，每台缆机的通信系统使用专用的频道。每台缆机在仓面与装料平台上设佩带明显标志的信号员，这些信号员与缆机操作员保持通信畅通、紧密联系，并随时给出恰当而准确的指示，以保证缆机安全而准确的运行。

3）缆机调度管理。生产指挥部每班设一名缆机值班调度员，负责缆机的统一协调指挥，并及时传达上级的指令，保证缆机紧张有序而安全的运行。

5. 混凝土仓面浇筑

混凝土施工入仓主要采用缆机、皮带机、长臂挖机入仓，水平运输采用20t自卸汽车及6m^{3}搅拌车运输。根据混凝土仓面大小采用1台缆机或2台缆机入仓。每个混凝土浇筑仓块在浇筑前，由工程技术部门根据仓块的面积、入仓手段、施工设备编制仓块浇筑要领图或仓块浇筑技术交底单，明确浇筑仓块采用的浇筑方法、浇筑方向、厚度、设备及人员的配置等信息。

（1）混凝土浇筑方式。

1）混凝土必须连续浇筑。根据仓块大小平层浇筑或台阶式浇筑，分层捣实，不致形成冷缝。

2）浇筑方案根据整体性要求、结构大小、钢筋疏密、混凝土供应等具体情况，选用如下两种方式：

a）全面分层（平层法）：在整个仓面内全面分层浇筑混凝土，做到第一层全面浇筑完毕回来浇筑第二层时，第一层浇筑的混凝土还未初凝，如此逐层进行，直至浇筑完成。这种方案适用于结构的平面尺寸不太大，施工时从短边开始，沿长边方向进行。必要时也可以分为两段，从中间向两端或从两端向中间同时进行。

b）台阶式分段分层（台阶法）：适用于厚度不太大而面积或长度较大的结构。混凝土从底层开始浇筑，进行一定距离后回来浇筑第二层，如此依次向前浇筑以上各分层。

分层的厚度决定于振动器的棒长和振动力的大小，也要考虑混凝土的供应量大小和可能浇筑量的多少，一般为30～50cm。

（2）混凝土的振捣。浇筑的混凝土主要采用高频振捣器振动捣固，辅以ϕ70、ϕ50 插入式振动器振捣。振捣时间以取得良好捣固效果并不发生分离为度。对一层混凝土的振捣，振捣应保持近垂直，振捣头应利用自身重量及振动下沉。在大体积混凝土中，层面突出或浮在层面上的大骨料在初次振捣时应埋入混凝土中。在前一批混凝土尚未捣实之前，不能在上层摊铺新的混凝土。对某些特殊部位，如岩基上，水平及垂直施工缝、模板附近的混凝土的振捣应仔细谨慎。在浇筑止水或止浆片和观测仪器周围的混凝土时，应特别仔细地进行捣固，以保证埋设件不受损坏，且与混凝土之间不出现任何孔隙。在这些区域混凝土骨料应用人工予以剔除，以免产生任何渗水通道。

6. 混凝土、材料入仓方案

本工程投标阶段拱坝混凝土入仓方案为2台20t辐射式缆机+1台布料机+1台塔机方案，工程开工后，由于技施图较原招标图有一定的修改，技术人员重新进行了大量的入仓方式分析对比工作，最终选定2台20t辐射式缆机+1台塔机+皮带机+长臂挖掘机方案，对原投标阶段的缆机、塔机布置位置进行了适当调整。

原投标阶段大坝为21个坝段，缆机覆盖1号坝段上游部分、2～20号全坝段、21号坝段上游部分，实施阶段大坝修改为22个坝段，且拱坝体型有较大变化，因此缆机需重新布置。由于受两岸地形限制，最优布置方案只能覆盖3号坝段上游部分、4～19号全坝段、20号坝段上游部分，左岸1、2号坝段及右岸22号坝段在缆机覆盖范围以外。由于左岸没有道路至左坝头，1、2号坝段混凝土入仓方式采用缆机吊卧罐+皮带机入仓；右岸交通较便利，22号坝段采用长臂挖掘机入仓。

泄水深孔、表孔、电梯井钢筋、模板等备仓工作量较大，布置一台塔机用于上述部位的备仓工作，可以使缆机腾出更多的时间用于混凝土浇筑。根据结构布置及进度安排，泄水深孔最先施工，因此将塔机布置在泄水深孔出口闸墩旁，用于该部位备仓工作。泄水深孔出口闸墩浇筑到顶后塔机移位至深孔出口闸墩上，此时坝体刚好上升至表孔部位，电梯井也已开始施工，塔机此时用于表孔、电梯井备仓工作。

三、高温期混凝土温控措施

高温期混凝土温度控制的主要环节在配合比选择、出机口温度控制、混凝土运输温度控制、仓面温度控制和后期混凝土温度控制五个方面。

1. 出机口温度计算

为了保证大坝混凝土满足温控标准，对不同季节浇筑浇筑土温度进行控制。依据招标文件提供相关气象资料及施工总进度计划安排，大坝混凝土浇筑施工时段为每年4～10月，冬季不进行施工。根据技术要求，各季节混凝土浇筑温度控制标准详见表6-36。

表6-36　　不同季节混凝土浇筑温度控制　　单位：℃

项目		春季	夏季	秋季
浇筑温度	基础约束区	8～10	＜10	10～12
	非约束区	10～12	≤12	12～14

结合混凝土入仓手段以及对混凝土拌和系统出机口温度控制，使不同季节混凝土浇筑温度达到要求。通过已知浇筑温度范围先反推计算出混凝土入仓温度，再结合混凝土入仓手段及入仓时间，反推计算出出机口温度。

（1）入仓温度反推计算。混凝土浇筑温度由混凝土的入仓温度、浇筑过程中温度增减两部分组成，采用《水利水电工程施工手册　混凝土工程》的公式反推计算混凝土入仓温度

$$T_P = T_{Bp} + \theta_p \times \tau \times (T_a - T_{Bp}) \tag{6-5}$$

反推公式：

$$T_{Bp} = (T_P - \theta_p \times \tau \times T_a)/(1 - \theta_p \times \tau) \tag{6-6}$$

式中　T_P——混凝土浇筑温度，℃；

T_{Bp}——混凝土入仓混度，℃；

T_a——混凝土运输时气温，采用各月平均气温；

θ_p——混凝土浇筑过程中温度倒灌系数，一般可根据现场实测资料确定，缺乏资料时可取0.002～0.003/min；

τ——铺料平仓振捣至上层混凝土覆盖前的时间。

对于以上参数，混凝土入仓温度T_p采用表6-36规定的范围；运输温度T_a采用月平均气温；浇筑过程中的温度倒灌系数θ_p取 0.002；铺料间歇时间取90min。大坝混凝土各月入仓温度根据反推公式计算结果见表6-37。

表6-37　　入仓温度反推计算成果　　单位：℃

季节	春季		夏季			秋季	
项目	4月	5月	6月	7月	8月	9月	10月
月平均气温	8.4	16.2	21.3	22.5	20.5	14.3	6.2
入仓温度（约束区）	7.9～10.2	6.9～9.2	＜8.5	＜8.3	＜8.6	9.4～11.7	10.5～12.8
入仓温度（非约束区）	10.2～12.5	9.2～11.4	≤10.7	≤10.6	≤10.8	11.7～14.0	12.8～15.1

（2）出机口温度反推计算。混凝土入仓温度取决于混凝土出机口温度、运输工具类型、运输时间和转运次数。入仓温度按式（6-7）计算

$$T_{Bp} = T_0 + (T_a - T_0) \times (\theta_1 + \theta_2 + \theta_3 + \cdots + \theta_n) \tag{6-7}$$

反推公式：

$$T_0 = (T_{Bp} - E_\theta \times T_a)/(1 - E_\theta) \tag{6-8}$$

其中　$$E_\theta = \theta_1 + \theta_2 + \theta_3 + \cdots + \theta_n$$

式中　T_{Bp}——混凝土入仓混度，℃；

T_0——混凝土出机口温度，℃；

T_a——混凝土运输时气温，采用月平均气温；

$\theta_i\,(i=1, 2, 3\cdots, n)$——温度回升系数，混凝土装、卸和转运时取 0.032，混凝土运输时，$\theta=At$；

A——混凝土运输过程中温度回升系数；

t——运输时间，按《水工混凝土施工规范》（DL/T 5144）和招标文件的有关规定确定，min。

对以上参数，T_{Bp} 采用表 6-37 的计算值；混凝土运输时的外界气温 T_a 采用月平均气温；正常情况下，混凝土装料、转运、卸料各一次，因此根据《水利水电工程施工手册混凝土工程》的有关说明，取 $\theta_1=\theta_2=\theta_3=0.032$。混凝土水平运输为自卸运输车，温度回升系数 A_1 取 0.0014，运输时间 9min；垂直运输为缆机吊罐，温度回升系数 A_2 取 0.0005，运输时间 5min。大坝混凝土各月出机口温度计算结果见表 6-38。

表 6-38　出机口温度反推计算成果表　单位：℃

季节	春季		夏季			秋季	
项目	4 月	5 月	6 月	7 月	8 月	9 月	10 月
出机口温度（约束区）	7.9～10.5	5.6～8.0	＜7.7	＜7.4	＜8	8.4～11.0	11.1～13.7
出机口温度（非约束区）	10.5～13.0	8.0～10.8	≤9.3	≤9.0	≤9.6	11.0～13.9	13.7～16.2

2. 配合比选择

由于坝址区的不利气候条件，加之大坝主体为常态混凝土，单位体积水泥用量较高，在保证坝体混凝土达到设计要求的前提下，优化配合比，减小混凝土水化热温升就成为混凝土温控的首要任务。

工程大量采用三级配和四级配混凝土来减少水化热温升。选择 90d 龄期的参数作为判定标准。同时，选用发热量较低的中热水泥和掺粉煤灰的方式来降低混凝土水化热。优化后的施工配合比见表 6-39。

3. 出机口温度控制

混凝土出机口温度控制主要采取骨料风冷、添加制冷水拌和、加片冰拌和的综合措施。

表 6-39　　　　拱坝混凝土施工配合比表

试件编号	强度等级	级配	材料用量（kg/m³）						
			用水量	总胶材	水泥	粉煤灰	砂	天然砂	人工砂
								50%	50%
A（Ⅰ）	C_{90}30W10F400	三	92	214	139	75	595	298	297
A（Ⅳ） A（Ⅵ） A（Ⅶ）	C_{90}25W8F200 C_{90}25W8F300 C_{90}25W6F300	三	92	214	128	86	593	297	296
A（Ⅲ） A（Ⅷ）	C_{90}25W8F400 C_{90}25W6F300	四	82	191	114	76	536	268	268
A（Ⅱ）	C_{90}30W10F400	四	82	216	129	86	508	254	254
A（Ⅴ）	C_{28}40W8F300	三	96	343	274	69	540	270	270

试件编号	强度等级	级配	材料用量（kg/m³）					
			粗骨料				减水剂	引气剂
			小石	中石	大石	特大石		
A（Ⅰ）	C_{90}30W10F400	三	308	461	768	—	1.819	0.060
A（Ⅳ） A（Ⅵ） A（Ⅶ）	C_{90}25W8F200 C_{90}25W8F300 C_{90}25W6F300	三	308	460	767	—	1.712	0.053
A（Ⅲ） A（Ⅷ）	C_{90}25W8F400 C_{90}25W6F300	四	324	323	485	485	1.526	0.053
A（Ⅱ）	C_{90}30W10F400	四	325	324	485	485	1.511	0.065
A（Ⅴ）	C_{28}40W8F300	三	295	441	734	—	3.086	0.058

（1）骨料风冷。

1）制冷系统配置。制冷系统配置两台套总制冷量 260 万 kcal 的高压螺杆制冷压缩机组，7～9℃预冷混凝土生产能力 150m³/h，大坝实际最大浇筑仓面面积约为 500m²，按 2.5h 覆盖一层，控制入仓强度只需达到 60m³/h 即可满足强度需要，因此，制冷系统配置可以满足高温季节最高强度时预冷混凝土的生产要求。

2）一次风冷设置。骨料采用二次风冷。一次风冷设置混凝土风冷料仓一座，料仓内设总容积 400m³ 的料仓 4 个，分别为 4 种粗骨料进行风冷。按照 60m³/h 的最大需求计算，料仓容量可满足约 7h 的混凝土浇筑用量，骨料在料仓内可充分冷却。实践表明，混凝土浇筑前 2h 开启骨料风冷，骨料平均温度可降至 4℃左右，混凝土拌制温度得到有效保障。

3）二次风冷设置。二次风冷设在拌和楼顶层的储备料仓，采用壁挂式冷风机随楼安装，储备料仓共 6 个，实际生产时对其中 4 个粗骨料仓进行风冷，天然砂和人工砂料仓因风冷后容易结块，不宜风冷。

筛分系统骨料成品料堆下部设置地弄，成品骨料通过皮带输送至风冷料仓。由于采用了地弄供料，料堆底部的骨料温度受环境温度影响小，提高了粗骨料在一次风冷料仓的降温保证率。骨料风冷过程中，专人监控制冷管路的吸气和排气压力，以此控制骨料温度，使骨料降温得到充分保障。

（2）制冷水拌和。由于气候和季节的变化，坝址区仅 4 月和 10 月的河水温度较低可直接用于混凝土拌制外，5～9 月份河水温度为 7～14℃，对控制混凝土出机口温度不利。

为控制混凝土拌制温度，设置一座冷却水池。冷却水池临近制冷车间，从制冷车间分支一条制冷管路，并在水池中布设百叶片，较高温度的河水进入水池后，通过制冷叶片得到冷却。为提高河水冷却效果，拌和楼设置中转水池，冷却水池的水泵入中转水池后先用于混凝土拌和，中转水池的设置为冷却水池冷却河水赢得了时间，制冷水的温度得到有效保证。通过采取上述措施，高温季节制冷水可持续保持在 1℃左右。

（3）添加片冰拌和。由于冷却水拌制的温度控制作用有限，高温季节施工时，仅用制冷水拌和难以达到混凝土浇筑温度控制要求，因此设置独立的片冰系统用于控制高温季节混凝土出机温度。

由 FIP60SA 型单体片冰机 1 台套、制冷量 33.4 万 kcal 的制冷压缩机 1 台套、50t 箱式自动储冰库一座组成片冰系统，片冰系统的理论生产量为 60t/d。需要加冰拌和时，片冰通过冰库下部的旋转刮刀将片冰刮至出冰口，出冰口的片冰通过螺旋机输送到拌和楼称量后加入拌和机。

实际生产时，根据日气温变化和出机口混凝土温度检测情况，动态调整加冰量。实践证明，高温季节加冰控制在 5～30kg/m^3 时，可满足浇筑温度控制要求。

实测拱坝混凝土出机口温度见表 6-40。

表 6-40　　拱坝混凝土出机口温度统计汇总表　　单位：℃

坝段	浇筑开始时间	浇筑结束时间	机口温度（最低）	机口温度（最高）	机口温度（平均）
1	2014.11.3	2015.4.30	2	8.4	6.8
2	2014.6.26	2015.4.25	4.1	10.8	9.1
3	2013.9.26	2015.4.19	4	10.3	8.8
4	2013.7.1	2014.10.29	4.6	10.1	9
5	2012.7.8	2014.11.16	3	10.4	9.4
6	2011.10.17	2014.10.26	4.5	10.6	9.6
7	2011.9.30	2014.11.6	4.7	10.3	9
8	2011.9.19	2014.11.20	5.2	9.8	8.7
9	2011.10.5	2015.4.28	4.4	10.8	9.2
10	2011.9.28	2015.4.24	3.9	9.9	8.7
11	2011.10.3	2015.4.21	4.6	9.7	8.6
12	2012.4.8	2015.4.26	6.8	11	9.7
13	2012.4.15	2014.11.9	4.5	10.2	9.4
14	2012.5.5	2014.10.31	4.2	9.5	8.3
15	2012.7.24	2014.10.4	6.9	10.3	9.2
16	2012.9.22	2014.9.26	3.1	10.4	9.1
17	2013.4.8	2014.10.16	4.2	9.6	8.5
18	2013.4.12	2014.9.13	3.8	9.3	8.6
19	2013.8.4	2014.10.13	4.8	10.1	8.9
20	2013.11.2	2014.10.23	5.2	9.8	8.5
21	2014.8.12	2014.11.17	4.2	10.1	8.7
22	2014.6.10	2015.4.7	6.7	8.4	7.7

4. 混凝土运输温度控制

工程混凝土采用 20t 自卸汽车水平运输，采用 6m^3 自储能式卧罐配合辐射式缆机垂直入仓。从拌和系统到供料平台约需 9min 车程，在不考虑运输设备保温的情况下，整个车程混凝土温升约 3～5℃，同时，由于高蒸发的气候特点，混凝土坍落度也损失较大。

为尽量减小运输环节的混凝土温度回升，施工中，采取对运输车辆和卧罐喷涂 5cm 厚发泡聚氨酯的保温措施，采取在车厢上部搭设遮阳棚的方法防止日晒和减少水分损失。

通过对车辆喷涂保温，可将水平运输时的混凝土温升由3～5℃降到1.5～2℃；混凝土坍落度损失可由3～4cm降到2～3cm。

5. 仓面温度控制

混凝土入仓后的温度控制主要是下层混凝土是否能快速覆盖和解决高蒸发引起的混凝土泛白问题。

实际施工时，主要采用随浇筑随覆盖的控制方法，入仓混凝土在平仓振捣完后，立即用三防帆布覆盖，减少日光直射，延缓混凝土温升。同时，在仓面内配备喷雾补水设施，调节仓块小气候，防止混凝土因高蒸发引起的表面快速失水。通过采用上述方法能有效解决浇筑仓面由于气候条件带来的不利因素，可将混凝土浇筑温度控制在设计范围内。实测拱坝混凝土入仓温度见表6-41。

表6-41　　拱坝混凝土入仓温度统计汇总表　　单位：℃

坝段	浇筑开始时间	浇筑结束时间	入仓温度（最低）	入仓温度（最高）	入仓温度（平均）
1	2014.11.3	2015.4.30	4.5	10.9	9.7
2	2014.6.26	2015.4.25	7.1	13.3	12.2
3	2013.9.26	2015.4.19	7	12.8	11.9
4	2013.7.1	2014.10.29	7.1	12.6	11.9
5	2012.7.8	2014.11.16	6	12.9	11.5
6	2011.10.17	2014.10.26	7.5	13.1	12.3
7	2011.9.30	2014.11.6	7.2	12.8	12.0
8	2011.9.19	2014.11.20	7.7	12.3	12.0
9	2011.10.5	2015.4.28	7.4	13.3	12.4
10	2011.9.28	2015.4.24	6.9	12.4	11.7
11	2011.10.3	2015.4.21	7.1	12.2	11.7
12	2012.4.8	2015.4.26	9.3	13.5	13.4
13	2012.4.15	2014.11.9	7.5	12.7	12.1
14	2012.5.5	2014.10.31	6.7	12	11.4
15	2012.7.24	2014.10.4	9.9	12.8	13.4

续表

坝段	浇筑开始时间	浇筑结束时间	入仓温度（最低）	入仓温度（最高）	入仓温度（平均）
16	2012.9.22	2014.9.26	6.1	12.9	11.5
17	2013.4.8	2014.10.16	6.7	12.1	11.4
18	2013.4.12	2014.9.13	6.3	11.8	11.1
19	2013.8.4	2014.10.13	7.3	12.6	12.0
20	2013.11.2	2014.10.23	7.7	12.3	12.0
21	2014.8.12	2014.11.17	7.2	12.6	11.9
22	2014.6.10	2015.4.7	9.2	10.9	12.1

6. 后期混凝土温度控制

后期混凝土温度控制主要从养护和通水冷却方面控制温度。

（1）混凝土养护。因工程所处地域具有干燥、高蒸发、昼夜温差大、寒潮频繁的特点。混凝土在浇筑完成后，不仅要考虑因干燥和高蒸发引起的快速失水和防裂，同时要考虑昼夜温差大和寒潮频繁时的保温。

为解决该问题，工程采用覆盖两层聚乙烯保温被，保温被为双层编织布内置泡沫塑料，其中尺寸为1m×10m，厚度为2cm。由于保温被具有良好的锁水性，混凝土在养护期能长时间保持水分不蒸发，同时，保温被内的泡沫塑料又具有保温性能，可以抵御昼夜温差和寒潮等不利天气条件带给混凝土的影响。

（2）通水冷却。

1）冷却水管材质。本工程冷却水管分为两种材质。一种是坝基强约束区范围内用于混凝土冷却的钢管，一种是弱约束区及自由区用于混凝土冷却的高导热性HDPE塑料冷却水管。

钢管采用外径25mm，壁厚1.5～1.8mm的镀锌钢管，转弯处采用标准90°弯头连接。钢管由于导热系数大，可忽略水管本身的热阻，对于基础强约束区混凝土温控有利。

高导热性HDPE塑料冷却水管干管内径32mm，壁厚2mm，呈白色，导热系数1.66kJ/（m·h·℃），管材在3.5MPa内水压力作用下不漏水，可直接在仓面上铺设成蛇形管，减少大量接头，便于施工。

2）冷却水管布设。冷却水管采用蛇型布置，水平间距及层间距均按 1m 控制。冷却水管布设时，除满足间距控制外，单根水管的长度不大于 200m，最多允许三根蛇形干管并联在一根支管上，一个仓面最多布置两根支管，当同一仓面需要布置多条水管时，各条水管的长度应基本相当，同一干管上不允许超过 6 个接头，单管流量控制在 1.2～1.5m^3/h。

3）通水冷却要求。工程坝体混凝土分为三期通水冷却，分别为初期通水、中期通水和后期通水。混凝土降温速率控制在 0.5～1℃。

初期通水采用天然河水或 6℃制冷水，在混凝土开仓前 0.5h 开始，通水时长 14～21d，冷却时间按混凝土降温幅度控制，约束区为 6～8℃、自由区为 8～10℃。初期通水的目的是控制混凝土最高温度。

每年 9 月份对当年 4～7 月份浇筑的混凝土、10 月份对当年 8、9 月份浇筑的混凝土进行中期通水，冷却采用天然河水，通水时长 30～50d，冷却时间按混凝土温度降到 16～18℃为准。

后期通水采用天然河水，开始时间按该组混凝土最短龄期 90 天为准，通水时长 50～60d，最终冷却至封拱温度 6～8℃。

4）通水冷却控制措施。通水冷却主要强调以现场管理为主，仪器监测为辅的控制措施。通过重点监控新浇混凝土通水冷却、动态控制通水量和通水时长等措施，可有效控制混凝土温度。

a）重点监控新浇混凝土通水冷却。根据混凝土温度监测数据，新浇筑的混凝土一般在第 3～5d 时温度达到最高值，因此，实际施工时应重点监控新浇混凝土一周内的通水情况，防止因管路弯折、闸阀损坏等原因导致通水不畅造成混凝土温度超过标准要求。

b）动态控制通水量和通水时长。施工期 4 月份和 10 月份河水温度较低，与新浇筑的混凝土之间容易产生较大温差，因此，该时段应减小通水流量，使混凝土温降速率控制在设计要求范围内。实践证明，初期通水阶段，4 月份和 10 月份通水量控制在 10～15L/min 时，降温速率可控制在 0.5～1℃/d，通水 14d 左右可降低混凝土温度 6～8℃；高温季节 5～9 月份因河水温度较高，与新浇筑的混凝土之间的温差较小，混凝土降温速率较慢，因此，需要加大通水流量和延长通水时长。实践证明，高温季节初期通水时通水量控制在 25～30L/min 时，降温速率可控制在 0.5～1℃/d，通水 21～28d 可降低混凝土温度 6～8℃。

c）后期通水防冰冻措施。受坝址区水温条件限制，仅当年的 3 月下旬～5 月上旬和 10 月下旬～12 月上旬的河水温度适合坝体混凝土进行后期通水冷却。此时，气温已接近-20℃，因此，必须做好后期通水冷却的防冰冻措施。防冰冻措施主要采取给管路搭设保温棚，缠绕发热带、包裹保温棉被等方式。

保温棚采用ϕ48 钢管搭设双排脚手架，脚手架外侧铺设 2 层 2cm 厚聚乙烯保温被，保温被外侧铺设一层三防布的方式。保温棚内部布设取暖器、碘钨灯等发热装置维持棚内温度。采取该种措施后，可有效抵御大风侵袭，并保持外界温度-20℃左右时保温棚的水管不被冻结。

由于后期通水时天气寒冷，露天的供水管路容易冻结，管路冻结将导致整个供水管线瘫痪。为防止供水管线瘫痪，工程采取对露天供水管路缠绕发热带，包裹保温被的方式，效果显著。发热带根据管径布设，DN100～DN150 的管径布设一道，DN150～DN300 的管径布设二道，发热带敷设完后，在发热带外层采用包裹两层 2cm 厚聚乙烯保温被的方式，可以防止热量快速损失。实践证明，通过采用该种方式后，可保持外界温度在-20℃左右时露天供水管路不冻结。

坝体三期通水结束后，接缝灌浆前采用坝体温度计+冷却水管闷温相结合的方式测得混凝土温度，完成测温后再由监理工程师抽检，满足接缝灌浆温度要求后进行坝体接缝灌浆。部分拱坝混凝土实测温度见表 6-42。

表 6-42　　接缝灌浆前拱坝混凝土温度统计汇总

坝段	高程（m）	实测温度（℃）	坝段	高程（m）	实测温度（℃）
3	608	5.4	7	635	7.8
3	616	5.1	11	565	5.7
3	635	6.7	11	587	6.6
7	568.7	5.9	11	604	5.6
7	588	5.6	11	618	5.7
7	610	7.3	14	585	6.4

续表

坝段	高程（m）	实测温度（℃）	坝段	高程（m）	实测温度（℃）
14	607	7.2	18	637	7.7
14	626	7.6	18	644	7.6
14	644	7.4	19	637	7.2
18	612	5.8	20	637	7.2

7. 高蒸发引起混凝土表面失水影响层间结合问题

该地区所特有的空气干燥、多风、风大、蒸发剧烈气候特性，对混凝土在运输、摊铺、振捣及等待下层混凝土覆盖等工序施工过程中造成的表面失水现象极为严重，直接影响混凝土层间结合质量。若不处理好这一问题，将影响大坝的抗滑稳定、抗渗和抗剪性能等，直接关系到大坝的安全运行，必须采取有效措施进行解决。

针对工程所在地为严寒地区，空气湿度低、风速大、风多、气候干燥、蒸发剧烈等不利于混凝土施工这一特点，为解决混凝土施工过程表面失水过快影响混凝土层间结合问题，结合温控措施，混凝土运输车加设遮阳棚，减少混凝土运输过程中的水分蒸发，另外浇筑仓面采用移动喷雾，直接在仓面进行失水补偿，同时移动喷雾也增加了仓面小气候的空气湿度，降低了仓面气温，有效解决了严寒地区混凝土施工的表面失水影响层间结合质量问题。

四、低温期温控措施

1. 一般低温施工措施

根据工程施工进度安排，混凝土施工时段为每年 4～10 月，基本上不存在冬季施工问题，只有 4 月上旬、10 月下旬平均温度偏低达 2℃左右，需要采取一些措施。

冬季施工混凝土温度原则上不小于 3℃，一般控制出机口温度 8～10℃，入仓温度 5～8℃。在不延长施工时段情况下，10 月下旬混凝土采用热水拌和基本上能满足施工要求。拌和热水温度控制在 60℃以下。

2. 冬季施工温控

超出正常施工季节以外的施工时段（每年 11 月～来年 3 月）气候寒冷，

此时要进行施工应采取专门的冬季施工温控防裂措施。

（1）砂石系统、拌和系统采取预热骨料、热水拌和方法提高混凝土出机温度，拌和热水温度控制在60℃以下。

（2）运输车辆搭设保温棉棚，防止混凝土料在运输过程中的热量损失，棉棚材料采用棉保温被等。

（3）仓面摊铺、振捣过程中，及时用保温材料对混凝土进行覆盖保温，覆盖保温材料采用棉保温被。

（4）仓面模板采用保温模板。

（5）拆模时间控制在7d左右，拆模后及时用保温材料对混凝土面进行覆盖保温。

（6）必要时对新浇混凝土进行适量的一期冷却。

五、混凝土保温

坝址区气候寒冷，容易引起混凝土裂缝，因此，越冬时，必须采取严格的温控保护措施。大坝越冬保温采取永久保温和临时保温相结合的方式。

1. 大坝上下游面保温

大坝上游面采用2mm聚脲涂层+100mm发泡聚氨酯+2mm防老化面漆的保温防渗方式,下游面采用100mm发泡聚氨酯+2mm防老化面漆的保温方式。在大坝上下游混凝土表面共埋设了4支温度计监测混凝土越冬期温度，数据表明，在1月份最低气温–35.2℃时，4支温度计的最低温度都为4～6℃，2月份由于低温时段持续较长，混凝土的温度较1月份平均低约1℃，最低温度约为3～5℃，说明该种方式保温效果良好。坝址区气温监测成果见表6-43，混凝土温度监测成果见表6-44。

表6-43　　坝址区气温监测成果表　　单位：℃

温度	12月			1月			2月			3月		
	最低	最高	平均	最低	最高	平均	最低	最高	平均	最低	最高	平均
坝址区平均温度（℃）	–28.6	–1.8	–13.1	–35.2	–9.6	–21.6	–30.0	–3.4	–16.6	–20.0	14.4	–2.5

表 6-44　　坝体上下游面混凝土温度监测成果　　单位：℃

温度计编号	12月			1月			2月			3月		
	最低	最高	平均	最低	最高	平均	最低	最高	平均	最低	最高	平均
T7B-1	3.7	6.8	5.8	4.1	5.3	4.9	3	4.5	3.3	3.7	7.1	4.7
T8B-1	4.3	7.5	6.7	4.1	5.1	4.7	3	4.5	3.6	4.2	8.6	5.5
T8B-2	6.3	9.2	8.7	6.3	7.1	6.8	4.6	6.3	5.5	5.8	9.6	7.2
T8B-3	4.9	8.5	7.5	5.6	7.0	6.6	3.9	6.9	5.1	5.8	11.7	7

2. 大坝横缝面保温

大坝横缝面采用粘贴 10cm 厚 XPS 板进行越冬保温，主要指标见表 6-45。

表 6-45　　XPS 保温板主要技术指标

序号	指标名称	单位	性能
1	表观密度	kg/m^3	＞20
2	压缩强度	MPa	≥0.2
3	吸水率	%	≤2.0
4	导热系数	kJ/（m·h·℃）	≤0.108
5	尺寸稳定性	%	≤2.0

3. 大坝水平越冬面保温

大坝水平越冬面保温层采用铺设一层塑料薄膜（厚 0.6mm）+两层 2cm 厚的聚乙烯保温被+15 层 2cm 厚棉被+一层三防帆布的保温方式。为加强保温及防止侧面进风，在越冬面上下游侧用砂袋垒 1.0m 高、0.8m 宽的防风墙，保温被在大坝上下游面各向下延长 1m，保温被延长部分与坝面接茬处喷涂 10cm 厚发泡聚氨酯，将延长部分的保温被严实的包裹，防止上下游方向的大风进入。

4. 越冬面保温被的揭开要求

保温被一般在次年 3 月底或 4 月初根据温控理论计算结合现场实际气温与混凝土表面实测温度揭除，保温被完全揭开时机需根据环境气温最终确定，一般需分多次逐步揭除，当越冬面混凝土温度与日平均气温温差小于3℃，可把保温被完全揭开。

5. 保温效果验证

综合表6-46和表6-47的成果看，坝址区最低温度较多年平均最低温度低的情况下，越冬面混凝土仍能保持在正温以上，以坝址区最低温度和混凝土表面最低温度比较，平均温差可达到33.5℃，保温效果显著。但应加强背阳部位和棱角部位的保温。

表6-46　越冬面混凝土温度监测成果　单位：℃

温度计编号	12月份			1月份			2月份			3月份		
	最低	最高	平均	最低	最高	平均	最低	最高	平均	最低	最高	平均
TB1-8	6	8.9	7.5	4.1	5.9	4.5	1.5	4.2	2.4	1.1	2.2	1.4
TB3-8	9.7	18.3	13.5	5.6	9.4	7.2	2.1	6	3.5	1.5	6.7	2.7
TB5-8	9.1	10.6	9.9	7.8	9	7.9	6.2	7.9	6.4	5.4	6.7	6.1

表6-47　坝址区气温对比　单位：℃

温度	12月			1月			2月			3月		
	最低	最高	平均	最低	最高	平均	最低	最高	平均	最低	最高	平均
坝址区平均温度（℃）	−28.6	−1.8	−13.1	−35.2	−9.6	−21.6	−30.0	−3.4	−16.6	−20.0	14.4	−2.5
多年平均温度（℃）	−14.8	−9.4	−13.4	−17.1	−11.9	−16.4	−16.1	−8.5	−13.3	−9.4	1.8	−3.5
差值（℃）	−13.8	7.6	0.3	−18.1	2.3	−5.2	−13.9	5.1	−3.3	−10.6	12.6	1

六、混凝土施工质量控制

混凝土施工执行《水工混凝土施工规范》（DL/T 5144）、《水工混凝土钢筋施工规范》（DL/T 5169）、《水利水电工程模板施工规范》（DL/T 5110）、《水工建筑物止水带技术规范》（DL/T 5215）、《水利水电基本建设工程单元工程质量等级评定标准　第1部分：土建工程》（DL/T 5113.1）、《水利水电基本建设工程单元工程质量等级评定标准　第7部分：碾压式土石坝工程》（DL/T 5113.7）《水利水电工程施工质量检验与评定规程》（SL 176）。质量管理办法如下：

（1）混凝土仓块验收。开仓前所有工序和预埋件必须按照三检制程序规定全部验收合格后，提请监理工程师验收合格，进行工序的质量评定，并在开仓证上签字后，方可进行仓块的混凝土浇筑。

（2）混凝土拌和质量控制。

1）混凝土原材料必须按规范规定取样试验合格，混凝土施工配合比经监理人报批。

2）开仓前混凝土配料单必须经试验监理工程师审核，并在混凝土配料单上签字后，拌和站方可进行混凝土的生产。

3）混凝土配料计量控制：由拌和楼程序员根据监理签发的混凝土配料单进行程序输入，输入完成后，由试验质控员进行复核无误，方可开机进行混凝土的拌和生产，并按要求对混凝土的材料称量误差进行跟踪检查，确保混凝土各种原材料的称量偏差满足规范要求。

4）混凝土出机质检：试拌后由试验员按照规范要求进行取样检测，在混凝土各项施工指标满足要求后，方可运送到仓面，进行混凝土浇筑工序。

（3）混凝土浇筑过程的质量控制。

1）技术交底。由工程技术部编制各仓块浇筑要领图，对作业班组进行详细技术交底，质检员负责检查和监督，施工班组按浇筑要领图的质量标准进行操作。

2）模板安装。本工程大坝为双曲拱坝，对模板的制作和安装质量要求较高，施工中应根据坝形要求进行模板的定形设计，由工厂专业定制，以确保混凝土的外观质量。模板安装位置由测量定位。模板安装就位后，应进行测量校核，以确保建筑物结构尺寸符合设计和满足规范要求。

3）钢筋制安。所有进场钢筋必须按规范规定进行取样试验合格，加工厂按设计图纸规格加工制作，现场安装位置采用测量定位，钢筋连接采用焊接，焊接长度按图纸执行，满足规范规定，并组织监理工程师对钢筋接头进行见证取样试验检测合格。

4）结构缝止水。按设计图纸选定材料规格，根据规定组织监理工程师对进场止水材料进行见证取样试验。止水尺寸按设计图纸由工厂进行加工制作，止水连接按设计或规范执行，并按规范规定组织监理工程师对止水接头进行抽样试验检测，止水连接采取100%的防渗漏检测，现场安装位置由测量定位，使用ϕ14 的钢筋在侧面对止水结构进行固定，防止移位变形。

5）混凝土拌和采用 2×3.0m^3 拌和楼进行生产。运输、入仓、浇筑顺序、下料分层厚度按监理人批准的浇筑要领图执行，混凝土采取人工使用 100 型高频振捣器振捣密实，钢筋密集区采用软轴振捣器。为确保混凝土浇筑质量，施工仓面每班安排质检员 1 名负责对仓面的洁净情况、施工缝面砂浆铺筑、混凝土下料平铺厚度、浇筑次序、振捣、骨料分离处理、钢筋及止水止浆结构保护、模板变形等进行全过程的旁站检查，保证混凝土浇筑严格按规范和浇筑要领图执行和落实，确保混凝土施工各环节的质量满足设计和相关规范要求。

（4）养护和保护。混凝土收仓后及时覆盖保温材料，对混凝土进行有效保温，以防止和减少混凝土表面裂缝。混凝土终凝后及时采用洒水养护，要求常态混凝土连续养护 28d 以上或养护至上层混凝土开始浇筑止。

（5）混凝土温控。夏季高温时段按设计要求，配置制冷设备进行制冷混凝土的拌和，坝体内部按设计布置冷却水管，采取对坝体内部混凝土通制冷水，按照设计要求的初期通水以降低混凝土温度峰值，中期通水控制坝体最高温度，削减混凝土内外温差，后期通水将混凝土温度降低到设计的允许温度。

1. 混凝土施工成果检测

（1）原材料试验检测成果汇总。

1）水泥。水泥试验检测成果见表 6-48。

2）粉煤灰。粉煤灰试验检测成果见表 6-49。

3）外加剂。外加剂试验检测成果见表 6-50 和表 6-51。

4）细骨料。细骨料试验检测成果见表 6-52 及表 6-53。

5）粗骨料。粗骨料试验检测成果见表 6-54 及表 6-55。

（2）混凝土半成品试验检测成果汇总。

表 6-48 水泥检测成果汇总表

水泥品种	统计参数	细度（%）	标准稠度（%）	安定性	凝结时间（h:min）		比表面积（m^2/kg）	抗压强度（MPa）			抗折强度（MPa）			密度（g/cm^3）
					初凝	终凝		3d	7d	28d	3d	7d	28d	
屯河 P.O42.5 水泥	组数	40	416	416	416	416	416	416	—	407	416	—	407	2
	平均值	1.1	27.5	—	2:19	3:33	401	24.5	—	48.0	4.9	—	8.2	3.09
	最大值	3.8	29.0	—	3:16	4:10	510	29.5	—	57.0	6.9	—	9.2	3.11
	最小值	0.4	26.0	—	1:34	2:58	330	20.0	—	42.7	3.6	—	7.1	3.07
	标准差	0.58	0.58	—	0.01	0.01	23.85	1.83	—	3.08	0.36	—	0.40	0.03
	离差系数	0.55	0.02	—	0.08	0.05	0.06	0.07	—	0.06	0.07	—	0.05	0.01
屯河 P.MH42.5 水泥	组数	19	171	171	171	171	171	171	171	171	171	171	171	3
	平均值	1.6	24.3	—	2:23	3:41	319	18.1	25.6	44.2	3.7	5.0	7.6	3.18
	最大值	3.0	26.8	—	2:57	4:18	430	25.7	32.3	51.5	4.6	5.7	8.5	3.24
	最小值	1.0	22.4	—	1:56	3:15	280	14.2	22.0	42.5	3.1	4.5	6.6	3.10
	标准差	—	0.61	—	0.01	0.01	24.34	2.23	2.19	1.58	0.29	0.30	0.41	0.07
	离差系数	—	0.03	—	0.09	0.06	0.08	0.12	0.09	0.04	0.08	0.06	0.05	0.02
屯河 P. Ⅰ 42.5 水泥	组数	1	2	2	2	2	2	2	—	2	2	—	2	1
	平均值	7.6	24.5	—	2:14	3:05	345	20.7	—	45.8	4.3	—	7.8	3.19
	最大值	7.6	25.8	—	2:23	3:12	350	23.5	—	45.8	4.6	—	7.8	3.19
	最小值	7.6	23.2	—	2:05	2:58	340	17.8	—	45.7	3.9	—	7.7	3.19
	标准差	—	—	—	—	—	—	—	—	—	—	—	—	—
	离差系数	—	—	—	—	—	—	—	—	—	—	—	—	—

续表

水泥品种	统计参数	细度（%）	标准稠度（%）	安定性	凝结时间（h:min）		比表面积（m^2/kg）	抗压强度（MPa）			抗折强度（MPa）			密度（g/cm^3）
					初凝	终凝		3d	7d	28d	3d	7d	28d	
屯河 P.O52.5 水泥	组数	2	12	12	12	12	12	12	—	11	12	—	11	1
	平均值	0.3	27.0	—	2:15	3:19	408	29.5	—	55.0	5.8	—	9.0	3.12
	最大值	0.3	28.4	—	2:25	3:40	420	33.4	—	61.4	6.8	—	9.8	3.12
	最小值	0.2	25.6	—	2:04	3:06	370	26.8	—	52.6	5.2	—	8.7	3.12
	标准差	—	—	—	—	—	—	—	—	—	—	—	—	—
	离差系数	—	—	—	—	—	—	—	—	—	—	—	—	—
执行标准：GB 175—2007	P·O42.5	≤10	—	合格	≥0:45	≤10	≥300	≥17.0	—	≥42.5	≥3.5	—	≥6.5	—
	P·Ⅰ42.5	≤10	—	合格	≥0:45	≤6.5	≥300	≥17.0	—	≥42.5	≥3.5	—	≥6.5	—
	P·O52.5	—	—	合格	≥0:45	≤10	≥300	≥23.0	—	≥52.5	≥4.0	—	≥7.0	—
执行标准：GB/T 200—2017	P·MH42.5	—	—	合格	≥0:60	≤12	≥250	≥12.0	≥22.0	≥42.5	≥3.0	≥4.5	≥6.5	—

表 6-49　　粉煤灰检测成果汇总

粉煤灰	统计项目	含水量（%）	细度（%）	需水量比（%）	烧失量（%）	密度（g/cm^3）	28d 抗压强度比（%）	游离氧化钙（%）	三氧化硫（%）	安定性
玛纳斯电厂粉煤灰	组数	420	420	420	420	6	63	0	51	73
	平均值	0.1	8.1	90	2.70	2.37	76	—	1.62	—

续表

粉煤灰	统计项目		含水量（%）	细度（%）	需水量比（%）	烧失量（%）	密度（g/cm^3）	28d 抗压强度比（%）	游离氧化钙（%）	三氧化硫（%）	安定性
玛纳斯电厂粉煤灰	最大值		0.2	11.2	95	4.14	2.44	90	—	2.11	—
	最小值		0.0	3.2	86	1.32	2.31	71	—	1.42	—
	标准差		0.06	1.15	1.58	0.41	—	4.51	—	0.14	—
	离差系数		0.76	0.14	0.02	0.15	—	0.06	—	0.09	—
执行标准	DL/T 5055—2007 GB/T 1596—2017	Ⅰ级	≤1	≤12	≤95	≤5	—	≥70	≤1.0	≤3.0	合格
		Ⅱ级	≤1	≤25	≤105	≤8	—	≥70	≤1.0	≤3.0	合格
		Ⅲ级	≤1	≤45	≤115	≤15	—	≥70	≤1.0	≤3.0	合格

表 6-50　外加剂检测成果汇总（一）

外加剂品种	项目	细度（%）	固含量（%）	pH 值	水泥净浆流动度（mm）	减水率（%）	泌水率比（%）	含气量（%）	凝结时间差（min）		抗压强度比（%）		
									初凝	终凝	3d	7d	28d
PMS-NEA 3 引气剂	组数	—	12	12	—	12	12	12	12	12	11	12	12
	最大值	—	50.0	8.1	—	9.0	50.0	5.6	95	95	101	108	109
	最小值	—	49.0	7.7	—	6.6	33.0	4.6	–40	–46	97	96	92
	平均值	—	49.3	7.9	—	7.3	41.6	5.0	48	46	98	98	96
	标准偏差	—	—	—	—	—	—	—	—	—	—	—	—
	离差系数	—	—	—	—	—	—	—	—	—	—	—	—

续表

外加剂品种	项目	细度（%）	固含量（%）	pH 值	水泥净浆流动度（mm）	减水率（%）	泌水率比（%）	含气量（%）	凝结时间差（min）		抗压强度比（%）		
									初凝	终凝	3d	7d	28d
NF-2缓凝高效减水剂	组数	20	—	20	20	20	20	19	20	20	14	20	20
	最大值	10	—	8.4	230	18.7	75.0	2.6	215	305	139	135	128
	最小值	5	—	7.6	199	14.6	33.0	1.5	100	80	127	126	121
	平均值	8	—	8.1	220	16.8	51.3	2.3	134	162	131	129	124
	标准偏差	—	—	—	—	—	—	—	—	—	—	—	—
	离差系数	—	—	—	—	—	—	—	—	—	—	—	—
WJSX-A高性能减水剂	组数	—	6	6	2	6	6	5	6	6	6	6	6
	最大值	—	40.0	7.5	232	29.4	50.0	3.4	107	73	175	162	155
	最小值	—	39.0	6.7	230	26.1	33.0	2.6	85	38	167	155	143
	平均值	—	39.7	7.0	231	27.4	45.5	3.0	95	54	171	158	146
	标准偏差	—	—	—	—	—	—	—	—	—	—	—	—
	离差系数	—	—	—	—	—	—	—	—	—	—	—	—
执行标准GB 8076—2008	缓凝高效减水剂技术指标				—	≥14	≤100	≤4.5	＞+90	—	—	≥125	≥120
	高效减水剂（标准型）				—	≥14	≤90	≤3.0	−90～+120		≥130	≥125	≥120
	引气剂技术指标				—	≥6	≤70	≥3.0	−90～+120		≥95	≥95	≥90
	高性能减水剂				—	≥25	≤60	≤6.0	−90～+120		≥160	≥150	≥140

表 6-51 外加剂检测成果汇总（二）

外加剂品种	项目	细度（%）	含水率（%）	凝结时间		抗压强度（MPa）			28d 抗压强度比（%）	抗折强度（MPa）	
				初凝（min）	终凝（h:min:s）	1d	7d	28d		7d	28d
膨胀剂	组数	1	0	1	1	—	1	1	—	1	1
	平均值	8.6	0.0	138	4:20:00	—	32.4	45.1	—	6.1	8.1
	最大值	8.5	0.0	138	4:20:00	—	32.4	45.1	—	6.1	8.1
	最小值	8.6	0.0	138	4:20:00	—	32.4	45.1	—	6.1	8.1
	标准偏差	—	—	—	—	—	—	—	—	—	—
	离差系数	—	—	—	—	—	—	—	—	—	—
执行标准	GB/T 23439—2017	≤12	≤3.0	≥45min	≤10h	—	≥20	≥40	—	≥3.5	≥5.5

表 6-52 细骨料检测成果汇总

统计项目	含水率（%）		含泥量（%）	石粉含量（%）	F·M		
	人工砂	天然砂	天然砂	人工砂	人工砂	天然砂	混合砂
统计组数	3669	3670	705	705	704	704	704
平均值	4.1	4.8	1.4	10.2	3.28	1.83	2.51
最大值	6.8	6.9	2.7	13.9	3.72	3.32	2.86
最小值	0.8	0.2	0.4	4.6	1.79	1.50	2.24
标准差	0.34	0.47	0.12	1.09	0.02	0.01	0.00
离差系数	0.08	0.10	0.09	0.11	0.01	0.00	0.00
合格率	100.0%	100.0%	100%	100%	—	—	100%
执行标准 DL/T 5144—2015	≤6.0		≤3	6～18	—	—	2.2～3.0

表 6-53　细骨料品质检验成果汇总

品种	检测时间	饱和面干表观密度（kg/m^3）	饱和面干吸水率（%）	有机物含量	云母含量（%）	硫化物或硫酸盐含量（%）	轻物质含量（%）	坚固性（%）	含泥量/粉含量（%）	泥块含量（%）	混合砂细度模数
天然砂	组数	31	31	31	31	31	31	30	31	31	31
	最大值	2720	1.20	—	0.5	0.50	0.5	7.0	2.3	0	2.62
	最小值	2640	0.64	—	0.1	0.24	0.1	4.6	0.7	0	2.42
	均值	2665	0.99	—	0.2	0.31	0.2	5.7	1.4	0	2.51
	合格率（%）	100.0	100.0	100.0	100.0	100.0	100.0	100.0	100.0	100.0	100.0
人工砂	组数	31	31		31	31	31	30	31	31	—
	最大值	2720	1.21		0.3	0.34	0.3	8.0	14.1	0	—
	最小值	2650	0.51		0.0	0.10	0.1	4.0	6.8	0	—
	均值	2667	1.01		0.2	0.28	0.2	5.6	10.4	0	—
	合格率（%）	100.0	100.0	100.0	100.0	100.0	100.0	100.0	100.0	100.0	—
执行标准：DL/T 5144—2015		—	—	浅于标液	≤2.0	≤1.0	≤1.0	≤8（抗冻要求）	含泥量≤3 粉含量6～18	不允许	2.2～3.0

表 6-54　粗骨料检测成果汇总

粒径（mm）	统计项目	超径	逊径	含水率（%）	含泥量/细屑含量（%）
5～20	统计组数	1374	1374	3592	1372
	平均值	2	3	0.9	0.6

续表

粒径（mm）	统计项目	超径	逊径	含水率（%）	含泥量/细屑含量（%）
5～20	最大值	4	8	4.7	1.2
	最小值	0	0	0.0	0.2
	标准差	0.74	1.20	0.20	0.12
	离差系数	0.43	0.45	0.22	0.21
	合格率	100.0	100.0	—	99.9
20～40	统计组数	1368	1368	187	1366
	平均值	2	3	0.6	0.4
	最大值	4	8	2.6	1.0
	最小值	0	0	0.0	0.04
	标准差	0.74	1.07	0.32	0.12
	离差系数	0.41	0.35	0.54	0.28
	合格率	100.0	100.0	—	100.0
40～80	统计组数	1244	1244	149	1242
	平均值	1	3	0.2	0.3
	最大值	5	9	1.2	0.6
	最小值	0	0	0.0	0.0
	标准差	1.01	1.38	0.24	0.08
	离差系数	0.78	0.41	1.29	0.31
	合格率	99.8	100.0	—	100.0

续表

粒径（mm）	统计项目	超径	逊径	含水率（%）	含泥量/细屑含量（%）
80～150	统计组数	708	708	0	708
	平均值	1	4	—	0.2
	最大值	4	7	—	0.4
	最小值	0	0	—	0.0
	标准差	0.99	1.18	—	0.08
	离差系数	0.97	0.31	—	0.38
	合格率	100.0	100.0	—	100.0
执行标准 DL/T 5144—2015	—	＜5	＜10	—	D20、D40≤1.0 D80、D150≤0.5

表 6-55　粗骨料品质检验成果汇总

粒径	项目	表观密度（kg/m^3）	有机质含量	硫化物硫酸盐含量（%）	饱和面干吸水率（%）	含泥量/细屑含量（%）	泥块含量（%）	含水率（%）	针片状（%）	坚固性（%）	超逊径（%）		压碎指标（%）
											超径	逊径	
5～20	检测次数	31	31	31	31	31	31	10	31	20	31	31	31
	最大值	2780	—	0.34	0.82	0.9	0.0	3.6	9	4.8	3	5	7.6
	最小值	2730	—	0.21	0.40	0.4	0.0	0.7	5	3.2	0	1	3.4
	平均值	2752	—	0.30	0.48	0.6	0.0	1.8	7	4.0	2	3	4.5
	合格率（%）	100.0	100.0	100.0	100.0	100.0	100.0	—	100.0	100.0	100.0	100.0	100.0

续表

粒径	项目	表观密度（kg/m³）	有机质含量	硫化物硫酸盐含量（%）	饱和面干吸水率（%）	含泥量/细屑含量（%）	泥块含量（%）	含水率（%）	针片状（%）	坚固性（%）	超逊径（%）		压碎指标（%）
											超径	逊径	
20～40	检测次数	31	—	—	31	31	31	10	31	—	31	31	—
	最大值	2770	—	—	0.49	0.7	0.0	3.0	9	—	3	5	—
	最小值	2740	—	—	0.20	0.3	0.0	0.4	3	—	1	1	—
	平均值	2753	—	—	0.36	0.5	0.0	1.2	5	—	2	3	—
	合格率（%）	100.0	—	—	100.0	100.0	100.0	—	100.0	—	100.0	100.0	—
40～80	检测次数	31	—	—	31	31	31	10	31	—	31	31	—
	最大值	2755	—	—	0.37	0.5	0.0	1.2	7	—	3	7	—
	最小值	2740	—	—	0.17	0.2	0.0	0.3	3	—	0	2	—
	平均值	2745	—	—	0.26	0.3	0.0	0.6	5	—	1	3	—
	合格率（%）	100.0	—	—	100.0	100.0	100.0	—	100.0	—	100.0	100.0	—
80～150	检测次数	28	—	—	28	28	28	9	27	—	28	28	—
	最大值	2750	—	—	0.25	0.4	0.0	0.7	7	—	4	7	—
	最小值	2740	—	—	0.15	0.0	0.0	0.0	2	—	0	0	—
	平均值	2744	—	—	0.21	0.3	0.0	0.3	4	—	2	3	—
	合格率（%）	100.0	—	—	100.0	100.0	100.0	—	100.0	—	100.0	100.0	—
执行标准 DL/T 5144—2015		≥2550	浅于标液	≤0.5	—	D20、D40 ≤1.0 D80、D150 ≤0.5	不允许	—	≤15	有抗冻要求≤5 无抗冻要求≤12	＜5	＜10	≤16

1）混凝土出机口检测。混凝土出机口检测成果见表 6-56。

表 6-56　　混凝土出机口温度、坍落度及含气量统计汇总

混凝土强度等级	统计项目	统计组数	平均值	最大值（max）	最小值（min）	标准偏差	离差系数	合格率（%）
C_{90}25W8F300（常态三级配 3～6cm）	气温（℃）	255	18.4	33.2	−1.2	7.45	0.41	—
	混凝土温度（℃）	255	9.7	13.2	3.1	2.12	0.20	—
	坍落度（cm）	255	4.9	8.2	3.6	0.44	0.09	99.2
	含气量（%）	255	4.8	5.5	4.0	0.22	0.05	97.3
C_{90}25W8F400（常态四级配 3～6cm）	气温（℃）	282	17.9	34.7	−5.8	8.97	0.50	—
	混凝土温度（℃）	282	9.4	16.8	2.2	2.40	0.23	—
	坍落度（cm）	282	4.8	5.5	3.8	0.32	0.07	100.0
	含气量（%）	282	4.7	5.4	4.1	0.34	0.07	98.6
C_{90}30W10F400（常态三级配 3～6cm）	气温（℃）	1437	17.6	38.0	−7.4	8.38	0.48	—
	混凝土温度（℃）	1437	10.2	14.0	0.8	2.42	0.24	—
	坍落度（cm）	1437	5.1	9.0	3.0	0.56	0.11	99.8
	含气量（%）	1437	5.0	8.0	3.6	0.45	0.09	92.8
C_{90}30W10F400（常态四级配 3～6cm）	气温（℃）	1338	18.3	37.2	−5.0	8.22	0.45	—
	混凝土温度（℃）	1338	10.1	20.5	1.7	2.02	0.20	—
	坍落度（cm）	1338	5.0	9.2	3.0	0.54	0.11	97.2
	含气量（%）	1338	4.9	6.2	3.9	0.34	0.07	93.5
C_{90}35W8F300（常态三级配 7～9cm）	气温（℃）	26	20.0	28.7	3.8	6.24	0.31	—
	混凝土温度（℃）	26	11.8	16.4	6.4	2.47	0.21	—
	坍落度（cm）	26	8.1	8.7	7.2	0.40	0.05	100.0
	含气量（%）	26	4.8	5.2	4.3	0.23	0.05	96.1
C_{90}40W8F300（常态三级配 3～6cm）	气温（℃）	22	23.2	28.6	15.4	4.03	0.17	—
	混凝土温度（℃）	22	11.9	18.6	9.3	2.07	0.17	—
	坍落度（cm）	22	5.2	11.7	4.3	1.49	0.29	100.0
	含气量（%）	22	4.9	5.3	4.5	0.23	0.05	100.0
C_{90}40W8F300（常态二级配 11～13cm）	气温（℃）	85	21.5	33.0	3.0	6.41	0.30	—
	混凝土温度（℃）	85	11.6	20.3	4.7	2.77	0.24	—
	坍落度（cm）	85	12.3	12.8	11.5	0.31	0.02	100.0
	含气量（%）	85	4.9	5.5	4.2	0.35	0.07	98.7

2）混凝土仓面取样强度。混凝土仓面取样试块强度检测成果见表6-57。

表6-57　　混凝土仓面取样试块强度统计表

混凝土种类	混凝土标号	试验类型	龄期（天）	统计组数	抗压强度（MPa）			标准偏差	离差系数	合格率（%）
					平均值	最大值	最小值			
常态二级配	C25W6F200	抗压	28	1	28.7	28.7	28.7	—	—	100.0
常态三级配	C_{90}30W10F400	抗压	28	43	29.2	33.4	25.1	1.65	0.06	—
			90	41	38.3	43.2	31.7	2.20	0.06	100.0
		劈拉	28	2	1.94	1.95	1.92	—	—	—
			90	8	2.47	2.67	2.04	—	—	—
	C_{90}25W8F300	抗压	28	11	26.7	28.6	24.9	—	—	—
			90	13	32.7	35.7	30.9	—	—	100.0
		劈拉	90	2	2.28	2.46	2.09	—	—	—
	C_{90}40W8F300	抗压	28	1	46.9	46.9	46.9	—	—	—
常态四级配	C_{90}30W10F400	抗压	28	25	29.1	31.5	25.7	—	—	—
			90	21	38.4	41.9	36.2	—	—	100.0
		劈拉	28	1	1.92	1.92	1.92	—	—	—
			90	2	2.43	2.61	2.24	—	—	—
	C_{90}25W8F400	抗压	28	10	25.8	28.7	24.1	—	—	—
			90	13	32.2	33.6	30.2	—	—	100.0
		劈拉	90	3	2.17	2.36	1.82	—	—	—

3）混凝土试件强度汇总。混凝土试件强度汇总成果见表6-58。

表6-58　　混凝土试件强度汇总

混凝土种类	混凝土标号	试验类型	龄期（天）	统计组数	抗压强度（MPa）			标准偏差	离差系数	合格率（%）
					平均值	最大值	最小值			
砂浆	M_{90}35W10F300	抗压	28	3	32.9	33.2	32.7	—	—	—
			90	4	38.7	42.9	36.9	—	—	100.0
常态二级配	C25W8F300	抗压	28	1	32.2	32.2	32.2	—	—	100.0
		劈拉	28	1	2.34	2.34	2.34	—	—	—

续表

混凝土种类	混凝土标号	试验类型	龄期（天）	统计组数	抗压强度（MPa）			标准偏差	离差系数	合格率（%）
					平均值	最大值	最小值			
常态二级配	C25W10F200	抗压	28	4	30.1	31.4	29.6	—	—	100.0
		劈拉	28	2	2.21	2.27	2.15	—	—	—
	C25W6F200	抗压	28	65	30.9	34.2	28.7	0.98	0.03	100.0
			90	1	36.4	36.4	36.4	—	—	—
		劈拉	28	16	2.06	2.35	1.75	—	—	—
	C_{90}25W8F200	抗压	28	44	25.8	32.8	19.5	2.48	0.10	—
			90	38	33.2	40.1	28.8	2.37	0.07	100.0
		劈拉	28	4	2.03	2.14	1.86	—	—	—
			90	3	2.50	2.68	2.41	—	—	—
	C_{90}40W8F300	抗压	28	83	46.8	52.7	40.1	2.77	0.06	—
			90	81	55.2	62.4	48.3	3.15	0.06	100.0
		劈拉	28	11	3.11	3.54	2.38	—	—	—
			90	8	3.65	4.18	2.42	—	—	—
	C30W6F200	抗压	28	47	39.1	45.3	36.1	1.77	0.05	100.0
		劈拉	28	14	2.43	2.86	1.92	—	—	—
常态三级配	C_{90}30W10F400	抗压	28	690	29.5	39.9	25.1	1.71	0.06	—
			90	617	38.5	50.1	30.5	2.67	0.07	100.0
		劈拉	28	125	2.14	2.80	1.75	0.16	0.07	—
			90	133	2.56	3.54	2.04	0.25	0.10	—
	C_{90}25W6F300	抗压	28	5	23.3	28.4	19.8	—	—	—
			90	3	31.5	35.5	27.5	—	—	100.0
		劈拉	28	2	2.06	2.07	2.04	—	—	—
			90	1	1.91	1.91	1.91	—	—	—
	C40W6F300	抗压	28	4	45.0	46.3	43.5	—	—	100.0
		劈拉	28	1	2.48	2.48	2.48	—	—	—
	C_{90}25W8F300	抗压	28	167	26.7	56.6	22.4	2.87	0.11	—
			90	168	33.0	39.9	30.1	1.92	0.06	100.0
		劈拉	28	27	1.88	2.14	1.70	—	—	—
			90	17	2.29	2.50	2.09	—	—	—

续表

混凝土种类	混凝土标号	试验类型	龄期（天）	统计组数	抗压强度（MPa）			标准偏差	离差系数	合格率（%）
					平均值	最大值	最小值			
常态三级配	C_{90}40W8F300	抗压	28	12	47.9	50.4	46.7	—	—	—
			90	13	57.7	60.5	56.0	—	—	100.0
		劈拉	90	1	4.34	4.34	4.34	—	—	—
	C_{90}35W8F300	抗压	28	13	32.8	36.1	31.4	—	—	—
			90	13	42.4	43.7	41.5	—	—	100.0
		劈拉	90	1	2.98	2.98	2.98	—	—	—
泵送二级配	C_{90}25W8F300	抗压	28	8	27.6	29.6	25.8	—	—	—
			90	3	33.5	34.6	32.7	—	—	100.0
		劈拉	28	1	2.11	2.11	2.11	—	—	—
			90	1	2.56	2.56	2.56	—	—	—
常态四级配	C_{90}30W10F400	抗压	28	586	29.0	39.7	2.3	1.91	0.07	—
			90	495	38.6	44.1	31.6	1.84	0.05	100.0
		劈拉	28	115	2.04	2.67	1.05	0.18	0.09	—
			90	119	2.47	3.48	2.08	0.25	0.10	—
	C_{90}25W8F400	抗压	28	136	26.3	30.7	22.4	1.59	0.06	—
			90	137	32.7	37.5	27.5	1.76	0.05	100.0
		劈拉	28	30	1.89	2.14	1.73	0.10	0.06	—
			90	26	2.33	2.69	1.82	—	—	—
常态一级配	C25W6F200	抗压	28	1	33.4	33.4	33.4	—	—	100.0
	C15W6F300	抗压	28	3	17.7	18.1	17.1	—	—	100.0
		劈拉	28	2	1.82	1.87	1.76	—	—	—
	C50W8F300	抗压	28	9	59.9	63.2	51.6	—	—	100.0
自密实混凝土	C_{90}25W8F300	抗压	28	5	25.4	25.9	25.1	—	—	—
			90	5	33.9	35.7	32.8	—	—	100.0
	C_{90}30W8F300	抗压	28	3	29.2	30.0	28.5	—	—	—
			90	3	37.4	38.2	36.4	—	—	100.0

4）混凝土耐久性能试验成果。混凝土耐久性能试验成果见表 6-59。

表 6-59　　混凝土耐久性能试验成果汇总

序号	试件编号	混凝土标号	级配	使用部位	取样地点	成型时间	试验时间	抗渗等级	抗冻	弹性模量（$\times10^4$MPa）	极限拉伸（$\times10^{-4}$）
1	C158	C_{90}30W10F400	常态三级配	10 号坝段	现场	2012/6/9	2012/9/7	＞W10	＞F400	2.97	0.98
2	C287	C_{90}30W10F400	常态四级配	12 号坝段	现场	2012/7/28	2012/10/26	＞W10	＞F400	2.86	1.02
3	C392	C_{90}30W10F400	常态四级配	11 号坝段	现场	2012/9/8	2012/12/7	＞W10	＞F400	2.79	0.93
4	C603	C_{90}30W10F400	常态四级配	13 号坝段	现场	2013/5/3	2013/8/1	＞W10	＞F400	2.84	0.95
5	C682	C_{90}30W10F400	常态四级配	14 号坝段混凝土	现场	2013/6/3	2013/9/1	＞W10	＞F400	2.76	0.98
6	C696	C_{90}25W8F300	自密实混凝土	12 号坝段钢衬底部	现场	2013/6/8	2013/9/6	＞W8	＞F300	—	1.05
7	ST13-56	C_{90}30W10F400	常态三级配	10 号坝段混凝土	现场	2013/6/22	2013/11/15	—	＞F400	—	—
8	C922	C_{90}30W10F400	常态三级配	10 号坝段混凝土	现场	2013/8/29	2013/11/27	—	＞F400	2.98	0.92
9	C933	C_{90}30W10F400	常态三级配	5 号坝段混凝土	现场	2013/9/4	2013/12/3	—	＞F400	2.93	0.95
10	C1030	C_{90}25W8F300	泵送二级配	12 号坝段深孔闸墩混凝土	现场	2013/10/6	2014/1/4	—	＞F300	—	—
11	C1108	C_{90}30W8F300	自密实混凝土	12 号坝段深孔弧门底槛二期混凝土	现场	2013/10/31	2014/1/29	—	＞F300	—	—
12	C1289	C_{90}25W8F400	常态四级配	15 号坝段混凝土	现场	2014/5/26	2014/8/24	＞W8	＞F400	3.07	0.91
13	C1297	C_{90}30W10F400	常态四级配	4 号坝段混凝土	现场	2014/5/28	2014/8/26	＞W10	＞F400	3.09	1.12
14	C1311	C_{90}25W8F300	常态三级配	10 号坝段混凝土	现场	2014/6/3	2014/9/1	＞W8	＞F300	2.86	0.87
15	C1318	C_{90}30W10F400	常态三级配	11 号坝段混凝土	现场	2014/6/5	2014/9/3	＞W10	＞F400	3.01	0.90
16	C1531	C_{90}25W8F300	常态三级配	11 号坝段混凝土	现场	2014/7/28	2014/10/26	＞W8	＞F300	—	—
17	C1574	C_{90}40W8F300	常态二级配	8 号坝段混凝土	现场	2014/8/8	2014/11/6	＞W8	＞F300	—	—
18	C-1725	C_{90}25W8F400	常态四级配	5 号坝段混凝土	现场	2014/9/25	2014/12/24	＞W8	＞F400	—	—

2. 单元工程评定

工程施工所用各类原材料、半成品、成品抽样检测频次及检测结果均满足规范要求和质量标准，施工质量始终处于受控状态。

工程主体部分共14个分部工程，临时工程部分共5个分部工程，其中主体工程中坝基开挖、高边坡处理、导流洞封堵三个分部工程已验收完成，溢流坝段、非溢流坝段、坝体接缝灌浆三个分部工程已完工，具备验收条件；临时工程5个分部工程全部验收完成。

主体工程目前已完成2571个单元工程施工，评定2571个，合格2571个，合格率100%，优良2340个，优良率91%。临时工程完成521个单元工程施工，评定521个，合格521个，合格率100%，优良478个，优良率91.7%。

具体单元工程划分、评定完成情况、分部工程验收情况见表6-60。

表6-60　　单元工程划分及评定汇总

序号	单位工程	分部工程	单元工程	已完成单元工程数	合同工程开工以来累计				分部工程验收情况
					评定单元工程数	合格数	优良数	优良率（%）	
1	混凝土双曲拱坝	坝基开挖	坝基开挖	27	27	27	27	100.0	已验收（2014.9.1）
			灌浆平洞开挖	9	9	9	8	88.9	
		坝基处理	固结灌浆	23	23	23	21	91.3	探洞回填灌浆未完成
			平洞、探洞	61	61	61	55	90.2	
			支护	9	9	9	8	88.9	
		坝基及坝肩防渗与排水	帷幕灌浆	35	35	35	33	94.3	加密帷幕灌浆未完成
		非溢流坝段	混凝土工程	467	467	467	423	90.6	待验收
			外观	38	38	38	35	92.1	
		溢流坝段	混凝土工程	284	284	284	270	95.1	待验收
			外观	15	15	15	14	93.3	
		深孔坝段	接触灌浆	1	1	1	1	100.0	装饰工程未完成
			外观	3	3	3	3	100.0	
			装饰工程	3	3	3	3	100.0	
			混凝土工程	89	89	89	81	91.0	

续表

序号	单位工程	分部工程	单元工程	已完成单元工程数	合同工程开工以来累计				分部工程验收情况
					评定单元工程数	合格数	优良数	优良率（%）	
1	混凝土双曲拱坝	坝体接缝灌浆工程	接缝灌浆	111	111	111	93	83.8	待验收
		消能防冲	开挖	44	44	44	40	90.9	混凝土施工未完成
			基础处理	6	6	6	6	100.0	
			混凝土	340	340	340	306	90.0	
		高边坡处理	开挖	8	8	8	7	87.5	已验收（2014.10.10）
			喷锚支护	11	11	11	11	100.0	
			锚索	113	113	113	101	89.4	
		金属结构及启闭机安装	金结制作安装	9	9	9	9	100.0	保温未完成
			埋件安装	1	1	1	1	100.0	
		拱座加固	开挖	7	7	7	7	100.0	混凝土施工未完成
			混凝土工程	617	617	617	557	90.3	
			锚索	118	118	118	107	90.7	
		导流洞封堵工程	导流洞封堵	19	19	19	18	94.7	已验收（2015.5.30）
			灌浆工程	7	7	7	7	100.0	
		坝顶	混凝土工程	48	48	48	44	91.7	施工未完成
			装饰工程	2	2	2	2	100.0	
		廊道	廊道土建	46	46	46	42	91.3	施工未完成
		小计		2571	2571	2571	2340	91.0	
2	临时工程	7号临时道路工程	路基工程	11	11	11	10	90.9	已验收（2014.7.29）
			路面工程	11	11	11	9	81.8	
		5号临时道路工程	路基工程	12	12	12	10	83.3	已验收（2014.7.29）
			路面工程	3	3	3	3	100.0	
			支护	19	19	19	18	94.7	
			混凝土工程	7	7	7	6	85.7	

续表

序号	单位工程	分部工程	单元工程	已完成单元工程数	合同工程开工以来累计				分部工程验收情况
					评定单元工程数	合格数	优良数	优良率（%）	
2	临时工程	上游围堰工程	开挖（土石围堰）	3	3	3	3	100.0	已验收（2014.7.26）
			堆石填筑	38	38	38	36	94.7	
			过渡料填筑	38	38	38	34	89.5	
			混凝土工程	32	32	32	30	93.8	
			帷幕灌浆	2	2	2	2	100.0	
			开挖（堆石混凝土围堰）	3	3	3	3	100.0	
			常态混凝土	12	12	12	10	83.3	
			堆石混凝土	48	48	48	44	91.7	
			帷幕灌浆	3	3	3	3	100.0	
		下游围堰	堆石填筑	22	22	22	21	95.5	已验收（2014.7.29）
			心墙填筑	48	48	48	45	93.8	
			过渡料填筑	21	21	21	18	85.7	
		缆机土建工程	开挖	16	16	16	12	75.0	已验收（2014.7.26）
			支护	10	10	10	9	90.0	
			混凝土	101	101	101	97	96.0	
			锚索	59	59	59	53	89.8	
			回填灌浆	1	1	1	1	100.0	
			固结灌浆	1	1	1	1	100.0	
		小计		521	521	521	478	91.7	
合计				3092	3092	3092	2818	91.1	

七、严寒地区混凝土拱坝施工突出的技术难题及应对措施

1. 砂含水率偏高及控制措施

工程实施过程中常出现过砂含水量过大，导致无法按配合比数量加入足够重量的片冰，使混凝土出机口温度无法满足温控要求。分析原因：虽是高温高蒸发区季节，但是骨料生产场在河道边上，又属于山区气候，时常是一阵暴雨，砂含水量突然增大；另外料堆场地的排水不畅，也造成洗砂含水

偏高。

针对此问题，尽量加大成品砂仓容积，分两个料堆进行存放，延长砂在成品料仓的沥水时间，改进料仓的排水措施，以降低砂含水率。

2. 四级配混凝土拌和设备及建议

工程选用的HL240-2S3000L拌和楼拌制混凝土适用粒径5～150mm，实际在四级配混凝土拌制初期，搅拌主机经常出现问题，主要是搅拌刀断裂、搅拌臂折断、衬板挤压破碎等种情况，每班都需更换大量的配件，增加了混凝土的成本及工人劳动强度，也降低了混凝土拌和、浇筑效率，延误工期；搅拌轴两端的键槽为单键槽，四级配常态混凝土拌制过程中经常出现键槽被破坏，致使搅拌轴不转，而花键轴空转，无法进行搅拌作业，以上问题在工程四级配常态混凝土拌和初期制约了工程的施工进度。

主要改进措施：

（1）更换搅拌臂、加厚搅拌刀。搅拌系统的搅拌臂为耐磨的球墨铸铁铸成的螺旋形，分为左搅拌臂、右搅拌臂和中搅拌臂，共24个，规格为轻型。在不改变材质的前提下，将原轻型搅拌臂加厚，制作成强度、刚度更高的重型搅拌臂，并制作与重型搅拌臂相对应的螺母、垫板、搅拌臂锁扣。

搅拌刀由中搅拌刀和侧搅拌刀组成，共24片，其材质为耐磨高铬铸铁。在不改变材质的前提下，增加搅拌刀的厚度，使搅拌刀搅拌过程中不容易变形或断裂。

（2）增设缓冲架。为减少大粒径骨料进入缸体时对搅拌机缸体内的搅拌刀、搅拌臂、搅拌轴的冲击，在搅拌机仓进料口内增设缓冲架。缓冲架采用两根轨式型钢焊接在缸体内，型钢上面焊接25mm钢板。型钢与搅拌刀留有安全搅拌距离。骨料从进料口进入后先落在钢板上，再滑落至缸体，避免了大粒径骨料直接冲击搅拌刀、搅拌臂、搅拌轴。

（3）搅拌轴花键轴套改进。为避免花键轴旋转使搅拌轴平键将键槽破坏，改单键槽为双键槽，增加旋转制动接触面，保证运行效率。两个键槽设在搅拌轴端部对立方向，花键轴套设两个平键与键槽相对应。

（4）按四级配的特性，采用滚筒式拌和机，拌和效率要高，可满足混凝土拌和的需求。

3. 相邻坝段高差和固结灌浆坝段的协调控制

由于相邻坝段高差不得超过12m，基础强约束区混凝土分层厚度一般较薄或有底、中孔等复杂结构导致上升速度慢、强约束区混凝土还需要停止混凝土浇筑进行固结灌浆等因素影响，岸坡坝段在未脱离强约束区时或结构复杂部位较已脱离强约束区的正常浇筑坝段上升速度要慢非常多，因此在规划仓块浇筑顺序时，在优先固结灌浆盖重混凝土或结构混凝土浇筑的前提下进行合理安排，必要时对上述部位进行突击，有利于避免产生坝段间因高差问题产生的限制而影响坝体浇筑上升。

另外，在需要进行越冬保温的地区浇筑常态混凝土拱坝，在临近冬季时，放慢较高坝段上升速度，加快较低坝段上升速度，在混凝土浇筑进入冬休前尽量缩小相邻坝段高差，有利于减少相邻坝段同高程混凝土龄期差、减少混凝土越冬期外露面，对混凝土温控防裂有利，同时减少横缝越冬临时保温工作量，节省工程投资。

4. 越冬防水型保温材料的选用

工地大坝越冬保温采用1层塑料薄膜（厚0.6mm）+2层2cm厚的聚乙烯保温被+15层2cm厚棉被+1层三防帆布的保温方式，其中用量最大的棉被吸水性强，在融雪过程中不可避免的会有棉被吸水，保温被揭除后需进行晾晒干燥后储存，以备重复利用，工人劳动强度大。

经过市场调研和技术分析，橡塑海绵具有吸水率低、密度小、保温性能好、导热系数低以及耐火等级高等优点，在保证原保温效果的情况下可采用1层塑料薄膜（厚0.6mm）+6层2cm厚橡塑海绵+一层三防帆布的保温方式代替，大大减少越冬保温及揭除、棉被晾晒工作量。

5. 高蒸发引起的混凝土表面失水及应对措施

高温高蒸发多风气候。本地区所特有的空气干燥、多风、风大、蒸发剧烈气候特性，对混凝土在运输、摊铺、振捣及等待下层混凝土覆盖等工序施工过程中造成的表面失水现象极为严重，直接影响混凝土层间结合质量。若不处理好这一问题，将影响大坝的抗滑稳定、抗渗和抗剪性能等，直接关系到大坝的安全运行，必须采取有效措施进行解决。

混凝土表面失水的补偿措施。针对工程所在地为严寒地区，空气湿度低、风速大、风多、气候干燥、蒸发剧烈等不利于混凝土施工这一特点，为解决混凝土施工过程表面失水过快影响混凝土层间结合问题，结合温控措施，混凝土运输车加设遮阳棚，减少混凝土运输过程中的水分蒸发，另外浇筑仓面采用移动喷雾，直接在仓面进行失水补偿，同时移动喷雾也增加了仓面小气候的空气湿度，降低了仓面气温，有效地解决了严寒地区混凝土施工的表面失水影响层间结合质量问题。仓面小气候温湿度对比统计数据见表 6-61。

表 6-61　　　　仓面小气候温湿度对比统计表

项　目	单位	一周观测数据每日平均值						
仓外气温	℃	35	35	36	34	36	36	36
仓内气温	℃	31	30	31	29	32	31	31
仓外空气湿度	%	37	39	40	40	35	36	34
仓内空气湿度	%	78	76	76	75	76	80	80

6. 多风、严寒、高蒸发极端气候下混凝土温控及保护措施

严苛气候条件。坝址区气候环境恶劣，夏季酷热（极端高温 39.4℃）、冬季严寒（极端低温–41.2℃），极端年温差大（极端温差 80.6℃）与昼夜温差极大。同时工程所在地寒潮和气温骤降频繁，据寒潮资料记载一次气温骤降最大幅度为–36.1℃，年平均气温骤降 28 次。这些极为不利的气候因素和条件给混凝土温度控制和混凝土保护带来巨大压力和困难。

温控防裂措施。坝址区气候条件严酷，存在高温高，低温低，年温差、日温差大，气温骤降频繁等不利气候因素，给混凝土的温控防裂带来巨大压力。工程施工采取了降低水化热、降低浇筑温度、降低过程温升、多期坝内通水冷却对坝体内部的温度进行有效控制、施工过程中及时跟进保温等组合措施控制减小坝体内部温度与表面的温差。大坝已完成三期通水冷却和封拱灌浆，设计封拱温度强约束区至自由区分别为 6～8℃，从已完成部位混凝土内部温度计统计数据来看，已个别部位个别时期坝体温度超高外，各期通水后混凝土温度均满足设计要求，数据见表 6-62。

表 6-62　　通水冷却温度监测成果

测点编号	桩号	高程（m）	坝段	一期温度（℃）	二期温度（℃）	后期温度（℃）
T1-1	坝 0+081.870	563	6 号坝段	17.12	15.95	3.4
T1-2	坝 0+081.870	563	6 号坝段	17.19	15.94	3.45
T1-3	坝 0+081.870	567	6 号坝段	18.25	16.35	5.43
T1-4	坝 0+081.870	567	6 号坝段	18.50	16.85	5.47
T1-5	坝 0+081.870	567	6 号坝段	17.71	17.09	5.45
T1-6	坝 0+081.870	567	6 号坝段	17.78	17.02	5.70
T1-7	坝 0+081.870	573	6 号坝段	19.86	16.05	5.50
T1-8	坝 0+081.870	573	6 号坝段	19.92	16.33	5.57
T1-9	坝 0+081.870	573	6 号坝段	18.99	17.03	5.55
T1-10	坝 0+081.870	573	6 号坝段	19.05	17.43	5.59
T2-1	坝 0+126.870	555	9 号坝段	17.11	17.64	5.55
T2-2	坝 0+126.870	555	9 号坝段	17.50	16.02	5.55
T2-3	坝 0+126.870	555	9 号坝段	17.55	17.03	5.6
T2-4	坝 0+126.870	559	9 号坝段	18.00	17.05	5.6
T2-5	坝 0+126.870	559	9 号坝段	18.50	17.21	5.65
T2-6	坝 0+126.870	559	9 号坝段	18.52	17.17	5.65
T2-7	坝 0+126.870	571	9 号坝段	17.10	17.64	5.7
T2-8	坝 0+126.870	571	9 号坝段	17.99	16.02	5.7
T2-9	坝 0+126.870	571	9 号坝段	17.88	17.03	5.8
T2-10	坝 0+126.870	571	9 号坝段	17.85	17.43	5.89
T3-1	坝 0+181.870	567	13 号坝段	16.71	16.09	5.98
T3-2	坝 0+181.870	567	13 号坝段	16.30	16.09	6.05
T3-3	坝 0+181.870	571	13 号坝段	17.45	17.30	6.06
T3-4	坝 0+181.870	571	13 号坝段	17.00	17.35	5.89
T3-5	坝 0+181.870	571	13 号坝段	17.56	17.45	6.05
T3-6	坝 0+181.870	571	13 号坝段	17.52	17.83	5.95
T3-7	坝 0+181.870	581	13 号坝段	18.30	17.68	6.71
T3-8	坝 0+181.870	581	13 号坝段	17.98	17.49	6.78
T3-9	坝 0+181.870	581	13 号坝段	17.78	17.39	6.86
T3-10	坝 0+181.870	581	13 号坝段	17.75	17.99	6.92

7. 坝基有盖重固结灌浆制约工期的解决办法

（1）固结灌浆坝段影制约工期的原因。根据设计要求，拱坝强约束区冷却水管采用镀锌钢管，布置层距 1m，混凝土只能按 1m 分层浇筑，坝基两岸岸坡较陡，一个坝段内建基面高差最大达到 17.36m，固结灌浆盖重混凝土需分 18 仓才能浇筑完成，另外将固结灌浆盖重调整为 6m，一个坝段固结灌浆仍需分 3 次才能完成，盖重混凝土浇筑和固结灌浆占用大量工期，使岸坡坝段混凝土浇筑上升速度较慢。设计要求相邻坝段高差不超过 12m，对相邻坝段混凝土浇筑上升影响较大。参建各方必须根据工程实际情况，共同出谋划策科学合理解决这一问题，以减少其对工程建设直线工期的占用。

（2）固结坝段施工的改进措施。调整固结灌浆盖重厚度及浇筑层厚解决制约坝体上升慢的问题岸坡坝段固结灌浆盖重混凝土施工过程中，根据建基面倾斜角度，将盖重混凝土分层厚度分别调整为 2～3m，为保证在固结灌浆钻孔过程中不打断冷却水管而影响到混凝土通水冷却，在仓面设计中精确定位冷却水管位置，使各层冷却水管垂直投影重合，现场冷却水管严格按仓面设计数据进行铺设，并在铺设完成后进行测量，记录实际铺设位置，在进行固结灌浆布孔时，根据实测冷却水管数据对孔位进行微调，有效避开了冷却水管。在采取此措施后，加大了固结灌浆盖重厚度，一个坝段固结灌浆盖重混凝土浇筑仓数减少了 2/3，固结灌浆次数也由原来的 2～3 次减少到 1～2 次，节约了大量施工时间，也避免了对相邻坝段上升的制约。

8. 越冬面新浇筑混凝土的防裂措施

（1）越冬面条件与原因。由于气候条件限制，严寒地区混凝土工程每年都不可避免地要进入越冬期，开春后则需在越冬后的混凝土面上新浇混凝土，此时新老混凝土之间无论在温度还是混凝土弹模上都存在较大差距，由于新老混凝土之间存在的温度和弹模差距，新老混凝土接合面极易开裂，因此如何对越冬前的坝面和坝面越冬期做好处理，防止越冬层面附近上、下游面水平施工缝的开裂是在严寒地区修建混凝土坝面临的严峻课题。

（2）防裂措施。混凝土越冬面处理。为防止越冬层面附近上、下游面水平施工缝的开裂，主要采取越冬保温、埋设水平越冬止水铜片、越冬后首仓混凝土按强约束区要求浇筑三项措施。拱坝混凝土浇筑即将进入冬休前，放慢高坝段施工速度，加快低坝段施工速度，尽量缩小相邻坝段高差，能浇筑至同一高程为最理想状态。此做法好处：一是越冬横缝面保温工程量小，节约造价；二是减小横缝两侧混凝土龄期差。保温方面，上下游坝面喷 10cm 厚聚氨酯永久保温，横缝面粘贴 10cm 厚 XPS 保温板+三防帆布，水平越冬面保温采用一层 0.6mm 厚塑料薄膜+二层 2cm 厚聚乙烯保温被+13 层 2cm 厚棉被+三防帆布。在越冬期对埋设在越冬面的温度计进行了整个冬季的连续测值，越冬面混凝土始终处于正温状态。为防止在出现水平施工缝开裂时坝体渗水，在上游面越冬高程埋设水平止水铜片，两侧与横缝止水连接封闭渗水通道。越冬面首仓混凝土按基础强约束区要求进行施工，分层厚度取 1.5m，越冬面冷却水管采用镀锌钢管。通过采取该三项措施，基本杜绝了水平越冬层面施工缝开裂。

9. 混凝土入仓调整与改进

工程投标阶段拱坝混凝土入仓方案为 2 台 20t 辐射式缆机+1 台布料机+1 台塔机方案，工程开工后，由于技施图较原招标图有一定的修改，技术人员重新进行了大量的入仓方式分析对比工作，最终选定 2 台 20t 辐射式缆机+1 台塔机+皮带机+长臂挖掘机方案，对原投标阶段的缆机、塔机布置位置进行了适当调整。

原投标阶段大坝为 21 个坝段，缆机覆盖 1 号坝段上游部分、2～20 号全坝段、21 号坝段上游部分，实施阶段大坝修改为 22 个坝段，且拱坝体型有较大变化，因此缆机需重新布置。由于受两岸地形限制，最优布置方案只能覆盖 3 号坝段上游部分、4～19 号全坝段、20 号坝段上游部分，左岸 1、2 号坝段，右岸 21、22 号坝段在缆机覆盖范围以外。由于左岸没有道路至左坝头，1、2 号坝段混凝土入仓方式采用缆机吊卧罐+皮带机入仓；右岸交通较便利，21、22 号坝段采用长臂挖掘机入仓。

泄水深孔、表孔、电梯井钢筋、模板等备仓工作量较大，布置一台塔机用于上述部位的备仓工作，可以使缆机腾出更多的时间用于混凝土浇筑。根据进度安排，泄水深孔最先施工，因此将塔机布置在泄水深孔出口闸墩旁，用于该部位备仓工作。泄水深孔出口闸墩浇筑到顶后塔机移位至深孔出口闸墩上，此时坝体刚好上升至表孔部位，电梯井也已开始施工，塔机此时用于表孔、电梯井备仓工作。

第三节　严寒地区混凝土拱坝坝体永久保温防护与施工技术

在新疆严寒区要建设一座双曲混凝土拱坝，做好坝体混凝土永久保温工作，对保障大坝安全运行是十分必要的。

建设方分析了各类保温板材的应用情况及存在的问题，考察总结了其他工程坝体永久保温工作的经验和教训，发现永久保温材料的选择不仅仅考虑保温效果好、材料黏结及防火等问题，要考虑严寒条件的防护和耐久性问题，解决冬季冰拔破坏、汛期漂浮木的冲击破坏及阳光紫外线照射老化风化等问题，对采用的永久保温聚氨酯材料在保温功能的基础上提出了新的要求和标准，包括材料强度、黏结强度、抗冰拔能力、耐老化防护能力及耐久性要求。

为加强坝体上游面混凝土的防渗能力，需要在做永久保温层以前，采用聚脲类材料对坝体上游混凝土面进行防渗处理，通过防渗处理工作，修补密实坝体混凝土的微小裂缝，增强混凝土的防渗能力。

为不断推进坝体永久保温聚氨酯材料应用技术的改进、坝体聚氨酯保温层的防护技术进步、高坝上游混凝土面防渗处理技术等，本节总结了本工程永久保温防渗工作中出现的问题、解决思路和措施办法，以及技术研究改进的方向和建议，以利于其他类似工程进一步做好工程建设工作。

一、混凝土拱坝防渗及保温方面的关键问题

聚氨酯是一种由多异氰酸酯和多元醇反应并具有多个氨基甲酸酯链段的有机高分子材料，聚氨酯的产品种类很多，最早由德国拜耳教授发明，多应用于严寒地区工业与民用建筑和制冷供热工厂的保温隔热，随着材料和喷涂设备的技术进步，在20世纪90年代初开始于在广东佛子岭水库和新疆玛纳斯石门子水库等水利工程上使用，作为大坝混凝土的永久保温材料。

经水利工程应用实践后发现，该材料可以通过喷涂发泡形成一种连续无缝的有一定厚度的泡状结构物，保温效果好，能够满足建筑物永久保温要求，但是该材料也存在不足，自身强度较低，自我抵抗外部破坏能力低，

冰拔、风化及老化致保温层破损严重，每4年左右就要重新补喷维护，防火等级低。

1. 混凝土拱坝迎水面防渗处理

为提高坝体上游面混凝土的防渗能力，防止混凝土微细浅不规则无害裂缝发展成为有害缝后形成渗水通道，需要及时处理坝面出现的各类微细浅缝，以确保工程安全运行。出现裂缝后，较常用处理方法是对裂缝进行水泥灌浆、化学灌浆或在上游坝面进行表面防渗处理。

工程采用在上游混凝土坝面涂刷（或喷涂）一层柔性防渗材料，处理密实坝面混凝土各类细微不规则缝，提高坝体混凝土的防渗能力。经过研究总结其他坝工建设经验，目前大坝迎水面防渗层一般采用聚氨酯、聚脲等柔性防渗材料，此类材料不仅可以满足大坝防渗需要，而且与混凝土基面和硬质发泡聚氨酯实现良好的结合。

采用喷涂聚脲弹性体作为辅助防渗，具有以下特点：

（1）施工速度快。喷涂聚脲单机日可施工500～1000m^2，喷涂技术一次施工可达到厚度，避免多层施工带来的问题。

（2）弹性变形能力。聚脲的断裂伸长率超过450%，即使基层在发生一些变化的过程中也不会出现渗漏的问题。三点弯曲实验中，当裂缝为10mm时聚脲未断裂。

（3）相容性。与混凝土基面黏结牢固，与聚氨酯层能够相容黏结成一体。

2. 聚氨酯保温材料

混凝土坝上下游表面混凝土温度梯度、内外混凝土温差均很大，为了消减大坝表面温度梯度，控制大坝表面温度应力，防止大坝危害性裂缝的产生，混凝土的保温工作至关重要。同时，由于一年当中年度温差、日温差、水下水上温度温差，在后续使用过程中对坝体混凝土产生过大的温度应力，导致混凝土开裂。为了保证坝体结构混凝土的温度处于持续稳定环境，对坝体进行充分的保温工艺是非常必要的。

用于混凝土大坝保温材料种类较多，如泡沫塑料板、纸板保温、泡沫塑料板加聚氯乙烯薄膜、聚苯乙烯泡沫塑料板、保温被、XPS保温板等，大都存在施工工艺复杂、保温效果不稳定、不持续及结构不耐久等问题，因此工程选择使用喷涂聚氨酯材料对大坝永久面进行永久保温。聚氨酯材料主要性能如下：

（1）保温性能。硬泡聚氨酯的导热系数低于 0.024W/（m·K），是目前可以大量工业化生产的保温材料，聚氨酯 100mm 厚度热阻值为 3.93K/W，保温效果相当于厚度 190mm 的聚苯板保温材料或厚度 1720mm 的黏土砖墙。

（2）防水性。聚氨酯在现场发泡成型，整体无任何接缝，材料本身的闭孔率超过 90%，有较好的防水性，在水上和水下的保温效果基本接近。

（3）黏结力。聚氨酯是良好的黏结材料，与混凝土及各种建材之间的黏结能力完全高于聚氨酯材料的本体强度，通过液态聚氨酯喷涂到基层，在基层空隙间快速发泡，黏结面积增加 2～4 倍。聚氨酯保温材料和基层能够紧密牢固黏结，无空腔。

（4）力学性能。通过特殊工艺处理的纤维增强聚氨酯保温材料，在保温了原有聚氨酯的保温防水性能以外，力学性能达到了大的提高，在 70kg 容重的前提下，保温材料的拉拔强度大于 0.5MPa 的强度。

3. 保温层抗冰拔的防护

近些年，严寒和寒冷地区的大体积混凝土表面保温已得到了广泛应用，但应用过程中也发现了一些问题。特别是在严寒地区，水库在冬季运行时，随气温大幅下降，水库水面大面积结冰，冰层持续增厚，厚重的冰层牢牢地与坝面保温材料结合。此时库水位发生上升或下降变化，会引起水库冰面抬高或下降，均会造成大坝保温层的拉拔破坏。坝体表面保温层破坏脱落后，坝体内温差增大，可能致使大坝开裂，影响大坝安全运行。而在每年开春时间，水库内冰层开化破碎裂开，冰块汇集涌向坝前，在风的作用下，冰块会撞击大坝上游面，巨大的撞击力致使保温层破坏，即产生冰推破坏。

以往针对水库土坝冰拔、冰推破坏的防治措施主要有破冰开槽法、加长缓坡法、卵石、块石护坡法、护坡覆盖法、在土石护坡结构设计上应考虑冰害对护坡的破坏；针对混凝土建筑物冰拔冰推破坏的防治措施主要有换填法、排水隔水法；但是这些方法都有各自的缺陷。

为避免冰拔、冰推和漂浮木等对大坝保温层的破坏，研发了坝体聚氨酯保温层保护材料，具有抗冰拔作用的保护层。该材料具有较好的疏水特性，冰层与该材料不结合，可以避免保温层受到冰拔破坏。该材料结构层质地坚硬，能有效地隔离冰和硬质发泡聚氨酯，有效防止漂浮木的冲击破坏，能够起到较好的防护作用。

通过材料的抗冰拔、冰推及抗冲击破坏试验试验，作为坝体保温层表面的防护结构能够较好保护坝面聚氨酯保温层。试验情况如下：

（1）硬度以及抗冲击性高，可以有效地保护内部的喷涂聚氨酯泡沫不被水中的石块、冰块等硬物破坏，保护坝体表面的完整性。

（2）具有优异的疏水性，冰层厚度可达 1m 以上时，材料和冰层不结合、不黏结，抗冰层上升或下降时，对坝面没有冰拔破坏。

（3）具有优异的耐水透过性，即使长时间在水面下浸泡，也可以阻挡水进入大坝内部。

（4）优良的弯曲性能，水库中的水结冰膨胀，会对四周的坝体产生挤压力，抗冰拔防护层能够有效地抵御压力，不会因为压力过大，产生保护层破裂的情况。

（5）使用寿命长，在实验条件下，进行几十次抗冰拔实验后，保护层依然可以保证不与冰黏结。

（6）易于后期维护，即使在大坝建成后，抗冰拔层表面出现细微裂缝，可以根据破损程度采用局部或是整体修补方案来修复大坝，施工量小，易于维护。

二、聚脲防渗材料的工程应用与施工

1. 聚脲聚脲的特点

聚脲是由异氰酸酯与氨基化合物反应生成的一类化合物。聚脲具有良好的耐热性、染色性和耐腐蚀性，伸长率可达 300%以上，拉伸强度可达 12MPa 以上，抗拉强度亦可达到 2MPa 以上。聚脲的理化性能有抗张拉抗冲击强度、柔韧性、耐磨性、防湿滑、耐老化、防腐蚀等。具有良好的热稳定性。原形再现性好，涂层连续、致密、无接缝、无针孔、美观实用耐久。聚脲防渗涂层就是利用聚脲特性，均匀喷涂于坝体混凝土上下游水位变化区，修补混凝土表层细微裂纹，保护混凝土表层，提高混凝土抗侵蚀和抗渗漏能力。

防渗漏处理：聚脲涂层的强度韧性好，当喷涂到混凝土上后，能与混凝土紧密结合，在混凝土管道结构有裂缝的情况下，自身不会断裂，依旧起到防水和保护作用，可用于供水系统的防漏、防渗处理。用专用设备喷涂成膜工艺，聚脲涂层的整体性好、无接缝，避免了卷材接缝可能造成的渗漏，施工效率极高。该材料无毒害物质释放，为环境产品。聚脲对环境温度、湿度不敏感，既适用于我国寒冷的北方，也适合潮湿多雨的南方。聚脲防水材料的生产及施工经验，相比较其他的防水材料而言，有以下几个方面特点：

（1）不含催化剂，快速固化，可在任意曲面、斜面以及垂直面上喷涂成型，不产生流挂现象，5s 凝胶，1min 可达到步行强度。

（2）采用纯聚脲，原料选用端氨基聚醚，其与预聚体反应的速度比水与预聚体反应的速度快很多，因此聚脲施工对湿气、温度不敏感，施工时不受环境温度、湿度影响（可在冰上施工，在–28℃下施工，可在冰柜中固化）。

（3）双组分体系，固含量为 100%，不含有任何挥发性有机物（VOC），对环境友好，没有污染。

（4）可按体积比 1:1 进行喷涂或者浇注施工，一次施工的厚度范围可以从数百微米到数毫米，可以根据施工要求，以及施工环境，对施工工艺进行调整。

（5）由于聚脲结构致密，无针孔，因此具有很好的防渗透性，能够保护大坝基材。

（6）断裂伸长率可达 450%，能够抵抗大坝的形变，不会产生裂缝。尤其是坝体伸缩缝位置，不会因为伸缩缝宽度变化，聚脲层出现裂缝。

（7）具有优异的耐磨性能。采用含沙率为 10%的水流，流速为 40m/s，冲磨时间 60min，涂层表面层面基本没有变化，无可见沟痕。

2. 聚脲技术特性参数

聚脲技术性能指标和耐久性指标见表 6-63 和表 6-64。

表 6-63　　聚脲技术性能指标

序号	项　目	技术指标	实测值
1	固体含量（%）	≥98	99

续表

序号	项　　目	技术指标	实测值
2	凝胶时间（s）	≤45	18
3	表干时间（s）	≤120	23
4	拉伸强度（MPa）	≥16	18.7
5	断裂伸长率（%）	≥450	451
6	撕裂强度（N/mm）	≥50	101
7	低温弯折性（℃）	≤-40	-40℃无裂纹
8	不透水性	0.4MPa，2h 不透水	不透水
9	加热伸缩率（%）	≥-1.0，≤1.0	0.2（收缩）
10	黏结强度（MPa）	≥2.5	2.9
11	吸水率（%）	≤5.0	1.9

表 6-64　　聚脲耐久性能指标

序号	项　　目		技术指标	实测值
1	定伸时老化	加热老化	无裂纹及变形	无裂纹及变形
		人工气候老化	无裂纹及变形	无裂纹及变形
2	热处理	拉伸强度保持率（%）	80～150	102
		断裂伸长率（%）	≥400	406
		低温弯折性（℃）	≤-35	-35℃无裂纹
3	碱处理	拉伸强度保持率（%）	80～150	105
		断裂伸长率（%）	≥400	419
		低温弯折性（℃）	≤-35	-35℃无裂纹
4	酸处理	拉伸强度保持率（%）	80～150	90
		断裂伸长率（%）	≥400	405
		低温弯折性（℃）	≤-35	-35℃无裂纹
5	盐处理	拉伸强度保持率（%）	80～150	97
		断裂伸长率（%）	≥400	402
		低温弯折性（℃）	≤-35	-35℃无裂纹

3．聚脲材料应用控制

聚脲材料在大坝上的应用后，为做好质量控制的要求，有以下要求：

（1）聚脲涂层的颜色控制。为使聚脲涂层的颜色接近大坝的清水混凝土颜色，同时保证颜色持久性，严格控制上色方案以及颜料用量比例，通过比较选择保色性能最好的颜料，进行长时间日晒实验，将太阳照射后产生的变色影响降到最低。

（2）喷涂接头搭接要求。喷涂时间间隔与聚脲黏结强度的影响。在聚脲施工完成之后，进行下一道工序喷涂聚氨酯的时间间隔与聚脲以及聚氨酯的黏结强度有很大的关系，间隔越短，强度越高。但是由于施工安排并不能完成聚脲施工之后立刻进行聚氨酯的喷涂施工，因此研究了不同温度下不同时间间隔与强度的关系。保证在强度要求的范围内，进行聚氨酯的喷涂施工。对于两次聚脲喷涂施工的接头位置，如时间未超过 6 天，可直接进行喷涂聚脲操作，只需在接缝位置着重喷涂进行搭接即可。如超过 6 天，则需采用搭接剂处理接缝位置，后再进行喷涂，以确保两层的黏结强度。

（3）聚脲材料冬季存放要求。为了保证施工质量应将物料存放于暖房之中，并放置在托盘上，暖房温度为 15～25℃。其中异氰酸酯组分 WANNATE 8312 若储存温度太低（低于 10℃）可导致其中产生结晶现象，一旦出现结晶，必须立即在最短的时间内将结晶加热熔化；建议采用装有滚桶装置的热风烘箱在 70～80℃进行烘化。严禁局部过热，因为该产品在超过 230℃会分解并产生气体。烘化完成后，必须将桶内物料混合均匀。原料使用时，从暖房取出后，应用保暖毯或电热毯包裹，防止物料降温，影响产品性能以及使用效果。

4. 聚脲双组分材料异氰酸酯及多元醇的安全防护

（1）异氰酸酯组分。

1）安全与防护信息。

a）WANNATE 8312 在呼吸吸入和皮肤吸收方面毒性较低；低的挥发性，使之在通常条件下短时间暴露接触（如少量泄漏、撒落）所产生的毒害性很少。

b）WANNATE 8312 在空气中最大允许浓度（TLV）为 0.02×10^{-6}。

c）由于 WANNATE 8312 活泼的化学性质，在操作时应小心谨慎，防止其与皮肤的直接接触及溅入眼内，应穿戴必要的防护用品（手套、防护镜、工作服等）。一旦溅到皮肤上或眼内，应立即用清水冲洗，皮肤用肥皂水洗净。

误服，应立即就医对症处理。

2）泄漏洒落处理。少量的泄漏、洒落物料可用砂土覆盖后，铲入敞口容器中，标识清楚，移离工作区域后用5%的氨水分解，稀释液放入废水处理系统。若大量泄漏，应收容并回收。污染地面用氢氧化铵溶液或洗涤剂洗刷。废弃异氰酸酯的处理必须按照当地政府的环保法规执行。

3）燃烧及爆炸危害。在储存和运输中不属于易燃液体、爆炸品、氧化剂、腐蚀品、毒害品和放射危险品，不属于危险品。

4）灭火介质。可采用二氧化碳、泡沫、或化学干粉灭火器灭火。当无其他灭火剂时，可采用大量的雾状水喷洒。火势一旦扑灭，应将洒落的 MDI 清理干净（参见泄漏洒落处理）。

5）扑救程序：正常防护。

6）包装、储存及储存期。包装规格：红色铁皮大桶，220kg/桶。储存（使用）注意事项：

a）保证容器的严格干燥密封并充干燥氮气保护。

b）存放温度。WANNATE 8312 应于室温（15～25℃）下于通风良好室内严格密封保存。

c）应避免于 50℃以上长期存放，以免生成不溶性固体并使黏度增加。

d）储存期：在适宜的储存条件下，储存期为 6 个月。超出保质期的产品，理化性能在指标范围之内的，一般不影响其使用性能。

（2）多元醇组分。

1）安全与防护信息。

a）直接接触 wanenate 9840 可导致中度眼睛刺激和轻微的皮肤刺激，可造成皮肤过敏。反复吸入高浓度的蒸气会引起呼吸道过敏。应立即就医，采取抗炎、抗过敏等对症治疗措施。

b）在操作时应小心谨慎，防止其与皮肤的直接接触及溅入眼内，应穿戴必要的防护用品（手套、防护镜、工作服等）。

c）一旦溅到皮肤上或眼内，应立即用清水冲洗至少 15min，皮肤用肥皂水洗净，必要时就医。误服，应立即就医对症处理。

2）泄漏洒落处理。少量的泄漏、洒落物料可用水冲刷掉。若大量泄漏，应收容并回收，污染地面用水或洗涤剂洗刷。废弃组合料的处理必须按照当地政府的环保法规执行。

3）燃烧及爆炸危害。在储存和运输中不属于易燃液体、爆炸品、氧化剂、腐蚀品、毒害品和放射危险品，不属于危险品。

4）灭火介质。可采用二氧化碳、泡沫、或化学干粉灭火器灭火。当无其他灭火剂时，可采用大量的雾状水喷洒。火势一旦扑灭，应将洒落的物料清理干净（参见泄漏洒落处理）。

5）扑救程序：正常防护。

6）包装、储存及储存期。包装规格：绿色铁皮大桶，200kg/桶。储存（使用）注意事项：

a）组合料应储存于密闭的容器里，以避免吸收水蒸气。因此在储运过程中，必须保证容器的干燥密封。

b）应于室温15～30℃、通风阴凉处密封保存，避免阳光直射或于40℃以上长期存放，以免影响产品的性能。

c）储存期：在适宜的储存条件下，wanenate 9840的储存期为6个月。超过6个月后，经检测合格后可继续使用。

5. 聚脲喷涂施工

（1）喷涂设备。聚脲涂料喷涂作业采用高压喷涂机，材料由黑料（A料）和白料（B料）两种组分组成。喷涂设备应由专业人员管理和操作，喷涂施工前应根据材料特性、施工现场条件等适时调整设备各项参数。确保涂层喷涂质量。

喷涂聚脲装置的配套设备应满足如下要求：喷涂压力为22.0～25MPa，温度为55～65℃；B组分（氨基化合物组分）必要时应配备搅拌器；在潮湿环境下施工时，宜配备冷冻式空气干燥机。

（2）喷涂环境与防护。聚脲施工前应保证基层温度高于露点温度3℃，施工前需将B料搅拌15min以上（里面可能有色浆沉淀），使之均匀，施工过程中应保持连续搅拌。

喷涂枪手的操作水平是关键，丰富的施工经验、专业的施工资质是高质量施工的前提。现场施工操作人员应作好劳动安全保护。喷涂作业工人应配备必要的劳保用品，包括工作服、护目镜、防护面具、口罩、乳胶手套、安全鞋、急救箱等。正式开始喷涂前，应先用塑料布将喷涂区域以外的区域进行遮挡。施工现场应保持良好通风。

（3）喷涂准备工作。环氧胶泥施工完成后，与喷涂聚脲作业的间隔时间不应超过 7 天，最好在环氧胶泥干燥 12h 后 48h 前进行聚脲喷涂。最迟不得超过 7 天，超过 7 天需要重新喷涂环氧底漆；喷涂作业前应仔细检查基层质量及喷涂设备工况，防止不必要的停机，以保证涂层质量。喷涂施工前应检查 A、B 两组分物料是否正常，使用时将 B 料用气动搅拌器进行充分搅拌。严禁现场向涂料中添加任何稀释剂。严禁混淆 A、B 组分进料系统。每批次物料正式喷涂作业前，应现行试喷涂一块 500mm×500mm、厚度不小于 1.5mm 的样片，由施工技术主管进行质量评价。当试喷涂的涂层质量达到要求，确定工艺参数后，方可进行正式喷涂施工。

（4）喷涂作业。喷涂作业时，一般用手持喷枪喷涂施工，喷枪宜垂直于待喷基层，距离适中，移动速度均匀；喷涂顺序为先难后易、先上后下，宜连续作业，一次多遍、纵横交叉喷涂至设计要求的厚度，人工喷涂 2～3 遍，能达到 1.5～2mm 厚。喷涂作业时，如发现异常情况，应立即停止作业，检查并排除故障后方可继续施工。对于局部边角或无法实施喷涂的部位，应采用人工刮涂聚脲。

（5）施工现场应做好施工记录，内容包括：施工时间、地点、工程项目环境温度、湿度、露点；打开包装时 A、B 两组分物料的状态；喷涂作业时 A、B 两组分物料的温度；喷涂作业时 A、B 两组分物料的压力；材料及施工的异常状况；施工完成的面积；各项材料使用量。

（6）喷涂作业完毕后，应做好如下后续工作：桶内聚脲材料每次应尽量用完，如喷涂作业结束后桶内尚有余料，且下次喷涂间隔超过 24h 时，应向 A 料桶内充入氮气或干燥空气，并盖紧桶盖对其保护。设备连续操作中的短暂停顿（1h 以内）不需要清洗喷枪，较长时间的停顿（如每日下班等），则需要用清洗罐或喷壶等清洗，必要时应将混合室、喷嘴、枪滤网等拆下，进行彻底清洗。设备短时间停用，只要将喷枪彻底清洗，将设备和管道带压密封即可。设备停用 3 天以上，或环境特别潮湿时停用 2 天以上时，应用邻苯二甲酸辛酯（DOP）和喷枪清洗剂对设备彻底清洗，然后灌入 DOP 并密封。

（7）搭接层黏结施工。

1）喷涂聚脲防水涂层两次施工间隔在 6h 以上，需要搭接连成一体的部位，在第一次施工时应预留出 15～20cm 的操作面同后续防水层进行可靠的搭接。施工后续防水层前，应对已施工的防水层边缘 20cm 宽度范围内的图层表面进行清洁处理，保证原有防水层表面清洁、干燥、无油污及其他污染物。将聚脲面打磨粗糙后，涂刷聚脲底漆，然后再喷涂聚脲弹性防水材料。在 4～24h 之内喷涂后续防水层，后续防水层与原有防水层搭接宽度至少 10cm。

2）喷涂聚脲采用专业聚脲喷涂机施工作业。聚脲分单组分和双组分两种，根据实际情况，本工程采用单组分聚脲。聚脲喷涂前先涂刷一层聚脲底涂剂，待其凝固后，开始进行聚脲施工。聚脲喷涂施工时，将喷涂机上的提料泵置入原料桶内，聚脲通过管路泵至喷枪，作业人员手持喷枪在吊篮上逐层喷涂施工。

3）施工要点。

a）聚脲应自上而下均匀喷涂，根据设计要求厚度，分多遍进行，每次喷涂 1mm，确保聚脲成膜，同时，聚脲施工中，应选用有经验的作业人员，熟悉材料和设备属性，并随时对设备进行调整，以确保聚脲成膜质量。上层聚脲施工完成后，应待凝固化，方可进行下层聚脲施工。

b）聚脲喷涂要求底基层干燥，无明水和潮湿现象，严禁在大风、下雨等环境下作业。低温季节施工时，应对原材料和混凝土表面进行预热。

c）聚脲涂层颜色应均匀，涂层应连续，无漏涂和流坠，无气泡，无针孔、无剥落、无划伤、无折皱、无龟裂、无异物。

d）聚脲防水层两次施工间隔在 3h 以上时，新旧聚脲防水层要做搭接处理以形成整体。搭接宽度不小于 10cm，并对搭接处涂层表面进行清洁处理，确保搭接质量。

e）聚脲喷涂完毕后，要立即进行检查，对聚脲涂层上出现的针孔和气泡，用小刀割开清除，并进行修补。

f）聚脲喷涂完成后，应避免磕碰，待凝固化。

（8）特殊部位处理。喷涂聚脲防水材料应连续施工，在边缘应作收边处理，使用角磨机将聚脲喷涂层边缘修平。在自然中断点如伸缩缝、墙角、墙边等处可以自中断。已涂装的区域如果未形成自然中断，需预先切出宽度和深度至少 6mm 的锯齿。然后再施工涂料，使涂膜在锯齿处中断。将锯齿周围的邻近边缘用胶带清除掉喷涂过多的涂膜，使表面光滑清洁。

（9）涂层修补。针孔应逐个用涂层修补材料修补。在与已施工的聚脲防水层交界处或需要修补处，用带钢丝圆盘的机械砂轮、钢丝刷或其他工具把需修补的表面打毛，增强机械黏合力。用环氧底漆处理打毛的表面，从而除去所有灰尘或其他污染物。

对于小于 250cm^2 的鼓包，剔除鼓包后直接用涂层修补材料修补至设计厚度；对于大于 250cm^2 的鼓包，应剔除到混凝土基层，重新涂环氧底漆、满刮环氧胶泥、按设计要求厚度喷涂聚脲涂层；重新喷涂的时间间隔如超过厂家规的复涂时间，应将原涂层表面进行打磨或涂刷环氧底漆等方法，防止重新喷涂的涂层与原聚脲涂层界面黏结不牢而产生分层。

6. 喷涂聚脲基层混凝土处理

由于喷涂聚脲数秒内凝胶固化、几分钟可达到步行强度，所以对基层的湿润性差，严重影响聚脲与基材的附着力。为了最大限度地发挥聚脲涂料的性能优势，提高聚脲涂层与基材的附着力，在混凝土上应用必须使用专门的基层处理剂。基层处理剂主要有 3 个作用：一是快速渗入混凝土基层表面，对混凝土基材进行加固补强，有效提高混凝土表面的强度；二是封闭混凝土底材表面毛细孔中的空气和水分，避免聚脲涂层喷涂后出现鼓泡和针孔现象；三是起到胶黏剂的作用，提高聚脲涂层与混凝土底材的附着力，提高长效防护效果。基层处理剂为环氧底漆以及环氧胶泥。

（1）环氧底漆。

1）性能指标。环氧底漆性能指标见表 6-65。

表 6-65　　　　环氧底漆性能指标表

项　　目	技术参数	实测值
容器中状态	搅拌混合后无硬块，呈均匀状态	搅拌混合后无硬块，呈均匀状态

续表

项　目		技术参数	实测值
不挥发物含量（%）		≥40	50
干燥时间（h）	表干	≤4	4
	实干	≤24	20
涂膜外观		正常	正常
耐碱性［浸入饱和 $Ca(OH)_2$ 溶液中 360h］		无异常	无异常

2）特点介绍。环氧底漆是由环氧树脂和环氧固化剂以及溶剂构成的双组分型底漆。在坝体表面喷涂环氧底漆，主要目的是增加混凝土表面黏结强度，且利用底漆的渗透性，加固混凝土基材表面。

针对大坝上的使用，材料的主要优点有以下 4 点：

a）在所有的底漆中，环氧底漆与水泥混凝土的基材黏结力最强。

b）耐碱性好，不会因为水泥混凝土的碱性腐蚀造成底漆的强度降低、与基材剥离等情况，同时能够保护外层材料不被水泥碱性腐蚀。

c）对水不敏感，即使是水泥混凝土中水分含量大，依然能够反应固化。

d）反应速度适中，使底漆能够充分的渗透到基层混凝土中，进而加固基层混凝土。

3）安全、防护及环保等信息。

a）安全与防护信息。

①施工前应穿戴好合适的防护用品（如防毒口罩、护眼罩、防护手套等）。

②施工现场应采取通风、防火、防静电、防中毒等安全措施。严禁儿童、老弱、伤病患者、孕妇和体质过敏者进入涂装施工现场。

③若不慎将涂料溅到皮肤上，应先擦掉后再用肥皂、水冲洗净，当溅入眼睛内，应立即用水冲洗数分钟，严重者立即送医院治疗。

b）泄漏洒落处理。

①木屑大比例撒在湿漆处并立刻混合清理掉。

②稀释剂清洗痕迹。

③废弃底漆的处理必须按照当地政府的环保法规执行。

c）燃烧及爆炸危害。应密封妥善储存，远离火源。

①灭火介质：可采用二氧化碳、泡沫或化学干粉灭火器灭火。当无其他灭火剂时，可采用大量的雾状水喷洒。火势一旦扑灭，应将洒落的物料清理干净（参见泄漏洒落处理）。

②扑救程序：正常防护。

d）包装、储存及储存期。

①包装：200kg 镀锌铁桶包装储存。

②在阴凉、干燥、通风条件下（15～30℃）。

③储存于密闭的容器里，以避免吸收水蒸气。因此在储运过程中，必须保证容器的干燥密封。

④储存期：在适宜的储存条件下，环氧底漆的储存期为 12 个月。超过 12 个月，经检测合格后可继续使用。

（2）环氧胶泥。

1）性能指标见表 6-66。

表 6-66 环氧胶泥性能指标

项　目	要求技术参数	实测值
容器中状态	搅拌混合后无硬块，呈均匀状态	搅拌混合后无硬块，呈均匀状态
固含量（%）	100	100
干燥时间（h）	12～24	16
黏结强度（MPa）	≥2	3.6
耐碱性［浸入饱和 $Ca(OH)_2$ 溶液中 360h］	无异常	无异常
耐水性（360h）	无异常	无异常

2）环氧胶泥特点：

a）对金属和非金属材料的表面具有优异的黏结强度，变形收缩率小，施工方便，对于基体表面上的砂眼，缺陷具有很好的填补作用。

b）固化方便，几乎可以在 0～180℃温度范围内固化。

c）黏附力强，环氧树脂分子链中固有的极性羟基和醚键的存在，使其对各种物质具有很高的黏附力。环氧树脂固化时的收缩性低，产生的内应力小，这也有助于提高黏附强度。

d）固化后的环氧树脂体系具有优良的力学性能。

e）耐水性：按《漆膜耐水性测定法》（GB/T 1733）中甲法的规定进行。

f）黏结强度：按《色漆和清漆　拉开法附着力试验》GB/T 5210 的规定进行。

3）安全、防护及环保等信息。

a）个人安全防护。皮肤长期、反复接触可能会使皮肤敏感者患皮炎，操作时，应佩戴好手套和眼部防护用具。如误入眼睛或皮肤，用水冲洗至少15min，必要时就医。误服，应立即就医对症处理。

b）泄漏洒落处理。少量的泄漏、洒落物料可用工具进行刮除。若大量泄漏，应收容并回收。污染地面采用木屑或者砂土等混合，并清理。废弃物料处理必须按照当地政府的环保法规执行。

c）燃烧、爆炸危害及处理措施。在储存和运输中不属于易燃物品、爆炸品、氧化剂、腐蚀品、毒害品和放射危险品，不属于危险品。

①灭火介质：可采用二氧化碳、泡沫、或化学干粉灭火器灭火。当无其他灭火剂时，可采用大量的雾状水喷洒。火势一旦扑灭，应将洒落的物料清理干净（参见泄漏洒落处理）。

②扑救程序：正常防护。

4）包装、储存及储存期。

a）在阴凉、干燥、通风条件下（15～30℃）。

b）储存于密闭的容器里，以避免吸收水蒸气。因此在储运过程中，必须保证容器的干燥密封。

c）储存期：在适宜的储存条件下，环氧胶泥的储存期为 12 个月。超过 12 个月后，经检测合格后可继续使用。

（3）施工方案。

1）施工前准备。基层墙体应符合《混凝土结构工程施工质量验收规范》（GB 50204）的要求。保温施工前应会同相关部门做好基面验收的确认。坝体基层的平整度、外观应符合验收规范要求。坝面的外架走道等安装完毕，坝面的预埋件应提前安装完毕，应考虑保温层厚度对背水面基层的影响，垂直度、平整度应符合国家现行施工及验收规范要求。

进行保温施工前还应做好以下工作：脚手架孔、螺栓孔、穿墙孔及墙面缺损处已用膨胀水泥砂浆修补好；主体结构的变形缝应提前做好处理；基面应干净，无油渍浮灰；人工剔除坝面松动、流挂杂物后，后用竹扫帚清扫，再用空气压缩机气管吹除浮灰。

2）坝体混凝土基层处理要求。

a）防水层的基层应平整、清洁、干燥（含水率小于 7%），不得有空鼓、松动、蜂窝麻面、浮渣、浮土、脱模剂和油污，平整度达到 4m 靠尺，尺与基层间隙小于 3mm。

b）坝面的尘土，施工残留的水泥浆，砂浆及油污等必须彻底清理干净，基层表面保持干净，不得有明水。

c）满足喷涂聚脲防水工程需要的混凝土基层的含水率不应大于 7%。

d）坝面基层平整度应符合设计要求，表面强度达到规定要求。

一般的硬泡聚氨酯喷涂可在上述基层面进行底漆施工，但对于面层需要喷涂聚脲防水材料的基层，在上述基础上视基面情况还需使用打磨或抛丸方法彻底的去除混凝土表面浮浆层，使混凝土表面形成均匀坚实的麻面，增强防水材料或底涂的附着力并提供一定的渗透效果。基层处理设备应采用具备同步清除浮浆及吸尘功能的设备以免对周边工作面产生新的浮灰污染。

溢流道平面和两侧面受排水冲击力量比较大，界面采用抛丸工艺处理混凝土表面。在基层处理工结束后，混凝土表面不宜外露时间过长，应使后续工序与其紧密衔接，防止二次污染。

3）底基层处理施工要点。底基层处理包括表面清理和孔洞修补。表面清理包括浮灰清扫、混凝土错台、挂帘的处理、模板拉条的处理等；孔洞修补主要是混凝土表面气孔和钢模板的预留螺栓孔的处理。

a）浮灰清理。浮灰清理主要利用自制小铁铲，由上至下，将浮灰逐层铲除，然后用扫帚扫净。

b）混凝土错台、挂帘和模板拉条的处理。按水工混凝土质量标准要求处理。

c）孔洞修补剂，用聚脲底涂剂+500 目以上石英粉，按一定比例掺和搅拌成黏稠状的底涂，然后人工手持腻子板，在吊篮上逐层对孔洞进行填补和修复。

d）底涂调配时，以不流淌、不堆积，能填补所有孔洞为标准，处理后的混凝土表面应光滑，平顺，无孔洞、无裂缝、无划伤等缺陷。

e）对于较大的孔洞，第一遍底涂修补完成后，加大底涂黏度，对孔洞周边由于干缩作用产生的裂纹进行第二次修补，确保修补质量。

f）底涂施工完成后，需待凝风干才可进行聚脲施工，否则将影响聚脲与混凝土之间的结合力。

4）基层用环氧底漆防渗处理。环氧底漆用作黏结混凝土与后续满刮基层环氧胶泥，有良好的渗透力，能够封闭混凝土基层的水分、气孔以及修正基层表面的微小缺陷；同时，与混凝土基层和上部基层修补腻子层间有很好的黏结作用。底涂具备的性能包括黏结力强、对混凝土基层渗透率高、封闭性能好、固化时间短，可在 0～50℃范围内正常固化。

基层抛丸处理完毕后、在混凝土基层上涂布基层处理底涂，可采用人工滚涂或机械喷涂、要求涂布均匀，无漏涂、无堆积。推荐采用小型单组分喷涂机喷涂基层处理底涂，用量约为 0.2kg/m。

人工滚涂：涂布不均匀、功效低、个别地方有堆积现象，底涂干燥慢，影响工期。机械喷涂：工效高、用工量少、喷涂均匀，无堆积现象、底涂干燥快，有利于加快工程进度，降低工程成本。底涂施工完毕进行目测检查，检查均匀程度、有无漏涂和明显缺陷。底涂完成验收合格后加以保护，防止灰尘，沙粒、油污等。

5）基层孔洞裂缝用环氧胶泥（聚脲基层）封闭处理。后续工作中直接喷涂聚氨酯做法的在滚涂完成环氧底漆后，即可进行硬泡聚氨酯的喷涂工艺。对于基层上部施工聚脲防水材料的坝面，在环氧底漆滚涂完成后，由于混凝土的缺陷，基层混凝土有较多的微小孔洞，如果不进行处理，后续的聚脲喷涂层的施工质量将得不到任何保障，而因为孔洞数量太多，单个地用人工进行修补工作量太大，工作进度太慢，严重地影响工程进度。因此推荐采用满刮环氧胶泥的施工工法。该工法虽然材料方面多增加了一些，但施工进度大大加快，节省了修补人工，且基层修补的质量有很大的提高，工程费用相对于单个地用人工进行修补反而有所降低。

孔洞、裂缝以及泄水口周围混凝土等缺陷应修补平整，修补后的基层应符合设计要求。基层表面的凹陷、洞穴和裂缝常用环氧胶泥填平，待固化后，才能进行下一工序施工。利用环氧胶泥进行基层处理后应进行黏结强度测验，基层处理关键是强度和结构相一致。

环氧胶泥施工完成后，施工人员目测检查基层表面，对剩余的少量针眼用环氧胶泥进行补平，固化后，才能进行下一道聚脲喷涂工序施工。

该工序完成后，使用拉拔仪随机进行黏结强度检测，如果黏结强度大于2MPa（破坏面位于混凝土基层），基层处理合格，可以尽快进行下一道工序聚脲喷涂施工。

6）基层处理技术总结。基层混凝土面有水泥黏结物、钢筋头、螺栓孔、混凝土自身的微小孔洞、表面浅层裂缝等需要进行清理和封闭处理，以保证防渗层的施工质量。基面人工施工速度慢，处理时间长。在基面清理干净和干燥后，采用满刮环氧胶泥的施工法快一些，材料用量要增加一些，施工速度可以提高加快一些。环氧胶泥材料需要进行严格试验选择，和下一环节材料完全相容，确保黏结牢固、长期耐久。

7. 聚脲防水材料现场检验

（1）现场试模检验。每一批次物料喷涂前，应利用所使用设备及原材料喷制 400mm×400mm 聚脲防水材料试模 3 块，养护 7 天后选择 2 块进行拉伸强度、断裂伸长率、撕裂强度、硬度等物理性能检验。

（2）聚脲防水层外观检测。聚脲表面平整、无流挂、无针孔、无起泡、无空鼓、无开裂、无异物混入。

（3）厚度检测。喷涂完成后，用超声测厚仪检查涂层厚度，每 $100m^2$ 检测一处。

（4）黏结强度检测。在防水层施工 7 天后进行现场拉拔试验，每 $500m^2$ 随机抽取五处进行检测，测点均匀分布。拉拔后的部位用聚脲防水涂料喷涂，做快速修补、刮平。

（5）不透水性检测。在防水层上选定测试部位，清除灰尘，按透水仪底座大小涂抹一圈密封材料，将仪器底座安置并按紧。将水注入带有刻度的玻璃管内，至570mm刻度为止，每30s记录一次水位高度，直至30min为止。每500m^{2}随机抽取5处进行检测。

现场检验判断规则：产品抽检结果完全符合本技术条件要求者，判为整批合格；若有一项及以上技术要求不合格时，应双倍抽样检验该项目，若仍有一向不合格，则判整批不合格；喷涂完成后，用超声测厚仪检测涂层厚度，每500m^{2}随机抽取五处。通过了需为100%，若未达到，需补喷至要求厚度。

防水层与基层剥离强度：施工现场应采用拉拔法，进行喷涂聚脲防水层与混凝土的黏结强度检测，每500m^{2}随机抽取五处进行检测，5处数据平均值小于2.0MPa，判定该防水层不合格，且应每100m^{2}随机抽取5处进行重新检测；拉拔后的部位用聚脲防水涂料喷涂修补。

聚脲材料使用条件，基层必须清理浮尘和杂物至坚固基面，施工前保持混凝土基面干燥，聚脲涂层必须硬化凝固干燥后才能进行下一道工序的施工。单组分聚脲材料的硬化时间随气温变化而硬化，无调节能力，施工控制简单。双组分聚脲材料能够控制聚脲涂层的凝固硬化时间，但在施工控制时需要严格控制比例，防止出现质量问题。

三、聚氨酯保温材料应用与施工

1. 聚氨酯保温层的性能指标

（1）保温隔热性能优异，保温层最薄。硬质发泡聚氨酯是一种有着无数微小封闭泡孔结构的高分子合成材料，具有比重轻、强度高、热导率小、易操作、施工简便、整体性好、与混凝土附着力好等优点。其比重为45～60kg/m^3，导热系数一般小于0.024W/（m·K），吸水率一般小于2%。25mm厚的聚氨酯可相当于40mm厚XPS板材的保温效果。大坝混凝土永久保温就是利用硬质发泡聚氨酯的上述特性，将其均匀喷涂在聚脲涂层上，形成完整连续的保温结构层。与其他材料相比，达到同样的保温效果，保温层的厚度最薄，自重力矩最小，大大提高安全性。数据显示在泡沫塑料中聚氨酯材料的导热系数最小，挤塑聚苯乙烯（XPS）次之，发泡聚苯乙烯（EPS）最大，约相当于聚氨酯泡沫的两倍。数据说明同样厚度的材料，聚氨酯泡沫保温效果最好。几种保温材料导热系数对比结果见表6-67。

表 6-67　　几种保温材料导热系数对比结果

材料	导热系数 [W/（m·K）]	具有相同保温效果的 墙体材料厚度对比
聚氨酯硬泡（PU）	0.017～0.024	聚氨酯PU 40mm 聚苯乙烯挤塑板XPS 60mm 聚苯乙烯泡沫板EPS 80mm 矿物纤维 90mm 聚苯颗粒浆料 120mm 复合木材 130mm 软质木材 200mm 轻质混凝土 760mm 普通砖块 1720mm
挤塑聚苯乙烯（XPS）	0.030	
发泡聚苯乙烯（EPS）	0.040	
矿棉	0.043	
软木	0.045	
椰壳纤维	0.050	
胶粉聚苯颗粒砂浆	0.060	
木纤维	0.065	
麦秆	0.090	
膨胀黏土	0.100	

（2）防火隔燃性能好。硬泡聚氨酯是热固性保温材料，表面遇火时形成炭化结焦层，能有效防止火势蔓延。外保温着火几乎全部都是在施工过程中，硬泡聚氨酯本身离火自熄，施工过程中可有效避免火灾。

（3）使用温度范围广。硬泡聚氨酯的使用温度范围为–50～150℃，短期使用温度可达 250℃无任何损坏，是使用温度范围最广的保温材料，可应用于包括严寒、寒冷、夏热冬冷、夏热冬暖和高温气候的所有地区。

（4）充分利用了聚氨酯现场成型快、自粘贴性能好的特点，可以对各种建筑外墙、异构件等进行保温，整体性好。施工速度快，对于各种形状的基材，不论是平面、立面还是顶面都可以直接实施喷涂发泡，无需在其表面采用钢模固定和保护，简化了施工工序。

（5）硬泡聚氨酯保温材料与基层墙体之间无空腔；体系实现满粘贴、无接缝。黏结力好，喷涂过程中采用高压喷涂设备直接在大坝水泥基面上发泡成型，聚氨酯材料能渗入混凝土表面，发泡后能够屏蔽混凝土表面的毛细孔和微裂隙，可以起到一定的防渗作用；喷涂工艺使聚氨酯材料在坝面形成一个整体，没有接缝，保温效果良好，保温层可以控制混凝土内外温度差到允许范围，使混凝土不出现应力裂缝；保温层为连续整体结构，相比于采用苯板模压或苯板挤塑保温材料，可以阻止外界水（雨、雪）的渗入，冬季不会产生冻胀破坏，造成保温层从大坝的表面剥离脱落，产生安全隐患，影响坝体安全运行。

（6）适用于各种新建建筑和既有建筑的节能保温。

2. 聚氨酯技术指标

（1）异氰酸酯组分（黑料）理化性能见表 6-68。

表 6-68　　异氰酸酯组分理化性能

项　目	指　标	执行标准号
外观	深棕色液体	目视
黏度（25℃，mPa·s）	150～250	GB 12009.3
-NCO（%，质量）	30.2～32.0	GB 12009.4
密度（25℃，g/cm^3）	1.22～1.25	GB 4472
酸分（%，以 HCl 计）	≤0.05	GB 12009.5
水解氯（%）	≤0.2	GB 12009.2

（2）多元醇组分（白料）理化性能见表 6-69。

表 6-69　　多元醇组分（白料）理化性能

项　目	指　标	执行标准
外观	深棕色液体	目视
黏度（25℃，mPa·s）	100～250	GB/T 12008.8
密度（g/cm^3）	1.10±0.10	GB/T 4472
颜色	深灰色或黑色	目测

（3）异氰酸酯组分与多元醇组分自由发泡参数见表 6-70。

表 6-70　　自由发泡参数表

乳白时间（s）	2～3
凝胶时间（s）	8～10
脱黏时间（s）	10～13
自由发泡密度（kg/m^3）	wanefoam 6326-M≥40，wanefoam 6326-H≥60

说明：

1）wanefoam 6326-H\M 与 wanenate 2208 配合发泡，料温为 25℃，物料体积比例为 1:1，手工使用电动搅拌（2500r/min）混合。

2）wanefoam 6326-M 使用聚氨酯高压喷涂机得到泡沫产品整体密度大于 50kg/m^3；wanefoam 6326-H 使用聚氨酯高压喷涂机得到泡沫产品整体密度大于 70kg/m^3。

（4）硬泡聚氨酯性能指标见表 6-71。

表 6-71　　　　　　　　硬泡聚氨酯性能指标表

项次	项　　目	指标		实测值	
		Ⅰ型	Ⅱ型	Ⅰ型	Ⅱ型
1	密度（kg/m^3）	≥50	≥70	64	92
2	抗压强度（kPa）	≥300	≥500	544	784
3	导热系数［W/（m·K）］	≤0.024		0.021	0.023
4	拉伸黏结强度（kPa）	≥300		367	461
5	尺寸变化率（70℃，48h，%）	≤1		长度方向：−0.1 宽度方向：−0.1 厚度方向：−0.1	长度方向：0 宽度方向：−0.1 厚度方向：−0.1
6	拉伸强度（kPa）	≥300		326	382
7	闭孔率（%）	≥95		≥95	≥95
8	吸水率（%）	≤3		1	1
9	水蒸气透过率［ng/（Pa·m·s）］	≤5		3	3
10	抗渗性（1000mm 水柱、24h 静水压，mm）	≤5		1	1
11	防火等级	B2		B2	B2

（5）聚氨酯材料选购注意事项。目前市场上硬泡聚氨酯材料尤其是多元醇组分（白料）厂家众多，质量参差不齐。为了保证最后的聚氨酯泡沫质量，通过对硬泡聚氨酯材料多年的生产及施工经验，需要注意以下几点：

1）异氰酸酯组分与多元醇组分选用同一厂家生产，可以同时调整两种组分以提高泡沫，使双组分配合更加完美；国内已知的硬泡聚氨酯保温工程中，选用同一厂家生产的双组分原材料出现质量问题的比率是最低的；多元醇组分原料不含国家已经禁止使用的发泡剂氟利昂（F11）成分。

2）硬泡聚氨酯阻燃等级为 B2 级以上，减少工地火灾隐患；施工设备使用专用进口聚氨酯硬泡高压喷涂机，保证原料计量、加热、混合效果。

3. 硬泡聚氨酯在大坝保温上的应用

聚氨酯硬泡材料在大坝上面施工，做了专项研发工作，有以下几个方面：

（1）低温材料。聚氨酯硬泡喷涂施工环境温度 10℃以上，在逐步进入冬季时段，气温降低到 10℃以下后 5℃左右时，氨酯硬泡原料经过喷涂机加热混合后，从喷枪喷出形成雾状微粒经 1.5m 左右距离后到达基材，因施工环境及大坝表面的温度低于标准温度，雾状微粒温度快速下降，导致反应体系热量不足，使双组分原料反应转化率降低，发泡数量少质量粗糙，同时影响双组分原料的快速聚合，使原料黏度无法快速增长包裹住不住快速膨胀的气泡，出现物料没有足够的黏度附着在基材上，不能发泡正常发泡，沿大坝立面或斜面向下流淌不能形成保温层的现象。为解决低温施工难题，研究开发出了能在低温条件施工的原料。把聚氨酯硬泡喷涂施工环境温度由 10℃降低到 5℃，解决了低温下发泡施工难题。

（2）颜色调配。考虑到保温工程与周围环境相融合，为使聚氨酯硬泡颜色接近大坝的混凝土颜色。为保证颜色持久性，将太阳照射后产生的变色影响降到最低，采取多种上色方案以及颜料，进行长时间日晒实验比较，选择保色性能最好的颜料并取得了较好效果。

（3）材料存放要求。聚氨酯硬泡材料冬季施工，为了保证施工质量应将物料存放于暖房之中，并放置在托盘上，暖房温度为 15～25℃。随温度降低，WANNATE 2208 黏度增大，会影响使用。若储存温度太低（低于 5℃）可导致其中产生结晶现象，因此必须注意防冻。一旦出现结晶，必须立即在最短的时间内将结晶加热熔化；物料加热温度不得超过 70℃。严禁局部过热，因为该产品在超过 230℃会分解并产生气体。需采用装有滚桶装置的热风烘箱烘化。烘化完成后，必须将桶内物料混合均匀。在滚桶烘化过程中，应严密注意料桶支撑点，以防出现磨损碰撞导致泄漏。原料使用时，从暖房取出后，应用保暖毯或电热毯包裹，防止物料降温，影响产品性能以及使用效果。

（4）重金属含量控制。对原料及工艺可能引起重金属含量超标因素进行严格的控制，确保不含6种主要重金属。

（5）喷涂厚度确定。喷涂层数以及每层厚度与泡沫强度的关系。进行大量实验验证喷涂层数以及每层厚度与泡沫强度的关系，最终确定不同喷涂厚度条件下，最佳层数以及每层最佳厚度，每一层喷涂厚度不超过2cm，以1.5cm为宜。规范施工，确保泡沫强度，严格控制喷涂施工速度和厚度，确保保温层质量。

（6）平整度控制。调整泡沫表面平整度，通常喷涂泡沫表面有颗粒，黏结性好，但是平整度差。而如果泡沫表面平整度好，黏结力低。通过优化原料，兼顾了黏结力与泡沫表面平整度。

（7）结构性阻燃剂的研发与使用，结构性阻燃剂阻燃效果持久，可以提高聚氨酯泡沫的强度，且能够避免传统阻燃剂易迁移的缺点，防止阻燃剂进入水体，保证水体的安全性，且不含溴元素，保证材料满足环保要求。

4. 聚氨酯材料的安全防护要求

（1）硬泡聚氨酯材料异氰酸酯组分的安全、防护及环保要求。

1）安全与防护。

WANNATE 2208在呼吸吸入和皮肤吸收方面毒性较低；低的挥发性，使之在通常条件下短时间暴露接触（如少量泄漏、撒落）所产生的毒害性很少。尽管如此，由于WANNATE 2208为异氰酸酯系化合物，仍存在一定毒性，可导致中度眼睛刺激和轻微的皮肤刺激，可造成皮肤过敏。WANNATE 2208在空气中最大允许浓度（TLV）为$0.2mg/m^3$。

2）注意事项：当物料温度被加热到40℃以上时，或是工作环境通风不良，将会增加其蒸气毒害性，另外采用喷涂工艺施工作业的场所，会导致空气中悬浮粒子浓度增加而产生毒害。在类似环境中作业应佩戴防毒面具和呼吸器，否则，反复吸入超标浓度的蒸气会引起呼吸道过敏。即使在正常条件下，由于WANNATE 2208活泼的化学性质，在操作时应小心谨慎，请穿戴必要的防护用品（手套、防护镜、工作服等）。

3）皮肤接触：立即脱去污染的衣着，用肥皂水冲洗。如有不适感，就医。

4）眼睛接触：立即提起眼睑，用大量流动清水或生理盐水彻底冲洗至少15min。如有不适感，尽快就医。

5）吸入：迅速脱离现场至空气新鲜处。保持呼吸道通畅。如呼吸困难，给输氧。呼吸、心跳停止，立即进行心肺复苏术。就医。

6）食入：饮温水，禁止催吐。如果患者神志不清或痉挛，禁止饮用任何物质。立即就医。

7）泄漏洒落处理。少量的泄漏、洒落物料可用砂土覆盖后，铲入敞口容器中，标识清楚，移离工作区域后用5%的氨水分解，稀释液放入废水处理系统。若大量泄漏，收容并回收。污染地面用氢氧化铵溶液或洗涤剂洗刷。废弃异氰酸酯的处理必须按照当地政府的环保法规执行。

8）燃烧及爆炸危害。本品在储存和运输中不属于易燃液体、爆炸品、氧化剂、腐蚀品、毒害品和放射危险品，不属于危险品。

9）灭火介质。可采用二氧化碳、泡沫、或化学干粉灭火器灭火。当无其他灭火剂时，可采用大量的雾状水喷洒。火势一旦扑灭，应将洒落的MDI清理干净（参见泄漏洒落处理）。

10）扑救程序。正常防护。

11）包装、储存及储存期。包装规格：红色铁皮大桶，250kg/桶。储存（使用）注意事项：

a）储存过程中，必须保证容器的严格干燥密封并充干燥氮气保护。WANNATE 2208 极易与水反应放出二氧化碳，故应保证包装容器的干燥密封，以防水分侵入。一旦容器内漏入水分，切忌密封太严，应留有排气孔，以防鼓爆炸裂。

b）WANNATE 2208 应于室温（20～25℃）下于通风良好室内严格密封保存；若储存温度太低（低于5℃）可导致其中产生结晶现象。

12）保质期：自出厂日起，在按规定储存条件储存的情况下，WANNATE 2208 保质期为1年。

（2）聚氨酯材料多元醇组分的安全、防护及环保要求。

1）安全与防护信息。直接接触 WANEFOAM 6326-H\M 系列喷涂料可导致中度眼睛刺激和轻微的皮肤刺激，可造成皮肤过敏。反复吸入高浓度的蒸气会引起呼吸道过敏。应立即就医，采取抗炎、抗过敏等对症治疗措施。在操作时应小心谨慎，防止其与皮肤的直接接触及溅入眼内，请穿戴必要的防护用品（手套、防护镜、工作服等）。一旦溅到皮肤上或眼内，应立即用清水冲洗至少 15min，皮肤用肥皂水洗净，必要时就医。误服，应立即就医对症处理。

2）泄漏洒落处理。少量的泄漏、洒落物料可用水冲刷掉。若大量泄漏，收容并回收，污染地面用水或洗涤剂洗刷。废弃组合料的处理必须按照当地政府的环保法规执行。

3）燃烧及爆炸危害。在储存和运输中不属于易燃液体、爆炸品、氧化剂、腐蚀品、毒害品和放射危险品，不属于危险品。

4）灭火介质。可采用二氧化碳、泡沫、或化学干粉灭火器灭火。当无其他灭火剂时，可采用大量的雾状水喷洒。火势一旦扑灭，应将洒落的物料清理干净（参见泄漏洒落处理）。

5）扑救程序。正常防护。

6）包装、储存及储存期。包装规格：绿色铁皮大桶，200kg/桶。储存（使用）注意事项：

a）存放容器要求。组合料应储存于密闭的容器里，以避免吸收水蒸气。因此在储运过程中，必须保证容器的干燥密封。

b）存放温度要求。WANEFOAM 6326-H/M 系列喷涂料应于室温 15～35℃、通风阴凉处密封保存，避免阳光直射或于 35℃以上长期存放，以免发泡剂大量挥发，影响储存以及产品的性能。

c）存放保质期。在适宜的储存条件下，WANEFOAM 6326-H\M 系列喷涂料的储存期为 6 个月。超过 6 个月后，经检测合格后可继续使用。

5. 聚氨酯保温层的喷涂施工

（1）硬泡聚氨酯喷涂施工准备。

a）喷涂聚氨酯之前，应对周边构建或已完工的其他墙面聚氨酯的成品部位采用塑料布遮挡，对于脚手架、模板等不规则需防护的部位采用塑料薄膜缠绕保护，从而避免建筑物和施工场地周围环境受污染。施工场地周边设置警示牌，防止人员和机械靠近施工现场，由于喷涂导致污染。

b）通过结构墙面的测量控制点，定好厚度控制线以便后续确定固定导轨的基准点。

c）喷涂硬泡聚氨酯施工时，基层及环境温度宜为 10～35℃，且不得低于 10℃，空气相对湿度宜小于 85%，风力不宜大于 3 级；雨天和 5 级风及以上时不得施工，夏季施工，施工面应避免阳光直射，必要时可在脚手架上搭设防晒布，遮挡墙面。如施工中突遇降雨，应采取有效措施，防止雨水冲刷墙面。当环境温度低于 10℃，应及时更换聚氨酯低温料，以保证聚氨酯泡沫的质量，施工季节在 10 月以后，现场必须做低温料的库存。

d）施工时先施工细部，后施工大面。

e）喷涂过程中随时检查泡沫质量，如外观平整度，有无脱层、发脆发软、空穴、起鼓、开裂、收缩塌陷、花纹、条斑等现象，发现问题及时停机查明原因妥善处理。

f）检查聚氨酯平整度，对误差较大处采用环氧修补膏进行修复平整。

g）施工现场应做好施工记录。

（2）聚氨酯发泡喷涂施工技术。

1）发泡时间和雾化效果的控制。聚氨酯泡沫的形成需经历发泡和熟化两个阶段。从黑、白料混合开始到泡沫体积膨胀停止，这个过程称为发泡。发泡过程中，体系释放出大量的反应热。喷涂时应考虑泡孔的均匀性。

2）泡孔均匀性主要受以下因素影响：料比偏差机器泡与手工泡密度的差别较大。通常，机器的固定料比为 1:1，当白料过量时表现为泡沫密度低，颜色发白，泡沫强度下降，手感软，气温低时易收缩；当黑料过量时表现为泡沫密度高，颜色深，泡沫强度高，手感硬而脆。这些情况下应立即核对料比，查看过滤器是否堵塞，压力、温度指示是否正常，以确保黑、白料比例的准确性。

3）环境温度聚氨酯发泡受温度的影响很大。发泡依靠热量而进行，如果没有热量，体系中的发泡剂就无法蒸发，从而无法生成泡沫塑料。热量来自化学反应产生和环境提供两个方面。化学反应热不受外界因素的影响，环境提供的热量则随环境温度的变化而变化。当环境温度高时，环境能给反应体系提供热量，可增加反应速度，缩短反应时间。表现为泡沫发泡充分，泡沫表层和芯部密度接近。当环境温度低（如 18℃以下），部分反应热就会散发到环境中。热量的损失，一方面造成泡沫熟化期延长，增大了泡沫成型收缩率（温度越低，成型收缩率越高）；另一方面增加了泡沫材料的用量。

4）风力喷涂作业时，要求风速在5m/s以下。风速超过5m/s，将吹失反应产生的热量，影响聚氨酯泡沫的快速发泡反应，使产品表面变脆。同时，由于喷涂发泡机将原料混合后，以雾化状态喷出，如风速过大，将会吹走雾化颗粒，增加原料损耗，污染环境。

5）基层温度和湿度从工程实践可以看出，基层坝体温度对聚氨酯的发泡效率也有很大的影响。喷涂过程中，如果环境温度和坝体基层温度都非常低，硬泡聚氨酯第一遍喷涂完后，反应热量会迅速被基层吸收，从而减少了材料的发泡量。因此，在施工时应尽量缩短中午休息时间，在施工安排过程中宜合理安排工序，以保证硬泡聚氨酯的发泡率。聚氨酯发泡是异氰酸酯和组合聚醚双组分混合反应生成的高分子产品。其中异氰酸酯组分很容易和水反应生成脲，如果聚氨酯中脲键含量升高，则泡沫塑料将变脆，发泡与基材的黏结力降低。因此，要求待喷基材表面清洁干燥，相对湿度小于80%，且无锈、无粉尘、无污染、无潮气，雨天不得施工。若有露或霜，应去除露霜并干燥表面。

6）现场发泡喷涂量的控制。聚氨酯材料在高压作用下以雾状液滴的形式从喷枪喷出，加之材料密度小，质量轻，很容易被风带走，造成材料浪费。聚氨酯喷涂施工中有近1/2的材料不能被喷涂到坝体上，材料浪费严重。因此大风天气不能施工。在施工过程中，应有效控制基层平整度。基层坝体平整度太差会造成材料浪费。此外，如果聚氨酯喷涂过程中基层坝体的平整度误差太大，则需要把局部正偏差太大的部分锯掉，这样就浪费了聚氨酯材料和人力成本，还会给后续施工带来难度。

7）聚氨酯找平处理。检查聚氨酯平整度，将搭接缝打磨平，对于凹陷位置和误差较大处采用环氧修补膏修补平整，修补膏厚度超过1.5mm应用耐碱玻纤网格布做增强处理，修补完成后的聚氨酯表面检查验收必须达到平整度低于3mm。施工现场应做好施工记录。

8）喷涂作业前，将喷涂机两端的提料泵分别置入两种原材料中，在喷涂机的控制面板上输入每种原材料的进料参数，启动喷涂机后，泵将原材料泵入机器混合，然后通过管路输送到喷枪逐层喷涂。

9）施工要点。

a）聚氨酯喷涂作业前，正常工作环境温度为10～40℃，基面应洁净无污物，严禁在明水和受潮条件下进行聚氨酯喷涂作业。

b）每层喷涂厚度不宜大于1.5cm，20min后可进行下层聚氨酯喷涂作业。具体间隔时长可根据当日气温进行调整，通常以上层聚氨酯表面不黏手为标准。

c）聚氨酯喷涂作业前，应准备充足的材料，确保可连续作业。

d）聚氨酯喷涂作业时，应及时用钢针和量尺检查和测量喷涂厚度，避免因吊篮频繁上下而破坏聚氨酯表面。

（3）聚氨酯喷涂保温层工序验收。

1）聚氨酯硬泡外墙外保温工程应按《建筑工程施工质量验收统一标准》（GB 50300）的规定进行施工质量验收。

2）分项工程应以墙面每500～1000m^{2}划分为一个检验批，不足500m^{2}也应划分为一个检验批；每个检验批每100m^{2}应至少抽查一处，每处不得小于10m^2。细部构造应全数检查。

3）主控项目的验收应符合下列规定：聚氨酯硬泡外墙外保温系统及其主要组成材料性能应符合规范要求。

检验方法：检查系统的型式检验报告和出厂合格证、材料检验报告、进场材料复验报告。进行聚氨酯保温层拉拔强度检测符合要求。用拉拔仪对现场抽样进行检测。

4）保温层厚度必须符合设计要求。检验方法：喷涂法和浇注法聚氨酯硬泡外墙外保温层采用插针法检查。用ϕ1钢针检查，保温层的最小厚度不得小于设计厚度。

5）一般项目的验收应符合下列规定：

保温层的垂直度及允许尺寸偏差应符合现行国家标准《建筑装饰装修工程质量验收规范》（GB 50210）的规定。防老化面层分项工程施工质量应符合现行国家标准《建筑装饰装修工程质量验收规范》（GB 50210）的规定。

6. 冬季施工注意事项

（1）低温料的研究使用，进入冬季后，现有的聚氨酯硬泡喷涂施工环境温度在 10℃以下会对泡沫物理性能造成较大影响，低温（5℃）以下几乎没有办法施工，为此专门开发成功低温施工原料，解决了低温施工难题。

（2）低温下材料保温。聚氨酯硬泡材料冬季施工低于 5℃时，为防止因温度降低 WANNATE 2208 黏度增大影响使用，应将物料存放于暖房之中，并放置在托盘上，暖房温度为 15～25℃。若环境温度低于 5℃时可导致其中产生结晶现象，因此必须注意防冻。一旦出现结晶，必须立即在最短的时间内将结晶加热熔化；物料加热温度不得超过 70℃。严禁局部过热，因为该产品在超过 230℃会分解并产生气体。应采用装有滚桶装置的热风烘箱烘化。烘化完成后，必须将桶内物料混合均匀。在滚桶烘化过程中，应严密注意料桶支撑点，以防出现磨损碰撞导致泄漏。原料使用时，从暖房取出后，应用保暖毯或电热毯包裹，防止物料降温，影响产品性能以及使用效果。

7. 聚氨酯保温材料应用小结

聚氨酯保温层质量控制要求：严格控制聚氨酯黑白料的比例，确保密度等级和防火性能的达标；施工时的环境温度要在 10℃以上，空气相对湿度宜小于 85%，风力不宜大于三级；每一层的施工厚度控制在小于 1.5cm 为宜，喷涂施工每一层要有间隔时间（具体由发泡时间而定）；保温层施工到规定厚度、体积变化稳定以后，及时喷涂防护面漆。

四、防老化氟碳面漆层的工程应用

对于非水位变动区的部位，为有效保持保温层质量，保温面层的防护层采用在聚氨酯外侧直接滚涂防老化涂料。采用专用设备或人工涂刷，可有效防止紫外线，并具备良好防水效果，施工速度快等特点。

1. 防老化（氟碳）面漆特点

（1）防老化（氟碳）面漆主要特点。防老化氟碳面漆是由氟碳树脂和氟碳固化剂构成的双组分型面漆，氟碳树脂中由于引入的氟元素电负性大，碳氟键能强，具有特别优越的各项性能，漆膜使用寿命可达 20～25 年。

（2）通过对防老化氟碳面漆材料的试验数据和多年施工应用情况，防老化氟碳面漆相比较其他面漆具有以下优点：

1）优良的防腐蚀性能，因为具有极好的化学惰性，漆膜耐酸、碱、盐等化学物质和多种化学溶剂，为基材提供保护屏障。漆膜坚韧，表面硬度高、耐冲击、抗屈曲、耐磨性好。具有极佳的物理机械性能。

2）免维护、自清洁，氟碳涂层有极低的表面能、表面灰尘可通过雨水自洁，疏水性好，斥油、摩擦系数小，不会黏尘结垢，防污性好。

3）强附着性，在水泥以及各种金属、非金属表面都具有其优良的附着力。

4）超长耐候性，涂层中含有大量的F-C键，决定了其超强的稳定性，不粉化、不褪色，使用寿命长达20年，具有比任何其他类涂料更为优异的使用性能。

2. 防老化（氟碳）面漆的性能指标

根据《交联型氟树脂涂料》（HG/T 3792—2014），防老化（氟碳）面漆的性能指标见表6-72。

表6-72　　防老化（氟碳）面漆性能指标

项　目		技术参数	实测值
容器中状态		搅拌均匀后无硬块	搅拌均匀后无硬块
溶剂可溶物氟含量（%）		≥18	19
干燥时间（h）	表干	≤2	1
	实干	≤24	10
遮盖率		≥0.90	0.90
适用期（5h）		通过	通过
重涂性		重涂无障碍	重涂无障碍
附着力（级）		≤1	0
耐水性（168h）		无异常	无异常
耐湿冷热循环性（10次）		无异常	无异常
耐洗刷性（次）		10000	洗刷1000次不露底
耐沾污性（%）		≤10	10
耐人工气候老化性		2500h不起泡、不脱落、不开裂	2500h不起泡、不脱落、不开裂
粉化（级）		≤1	≤1
变色（级）		≤2	≤2

3. 氟碳面漆的安全防护要求

（1）安全防护。

1）面漆、固化剂、调稀释剂在施工、储存、运输时请勿靠近火源。避免接触敏感性皮肤，避免皮肤吸附。

2）漆雾发生过敏现象，使用时请使用适当防护用具。

3）眼睛接触：清水冲洗 15min 以上。

4）皮肤接触：肥皂水清洗。

5）吸入：移到空气流通处，视情况就医。

（2）泄漏洒落处理。

1）撤离泄漏物周围火源，并以钝性、吸水物非点火性工具移除。

2）木屑大比例撒在湿漆处并立刻混合清理。

3）稀释剂清洗痕迹。

4）回收无污染的油漆，避免浪费。

（3）燃烧及爆炸危害。灭火材料：干粉、泡沫、CO_2 灭火器，救火者需配备空气供应装置。

（4）包装、储存及储存期。包装：分氟碳面漆、固化剂以及稀释剂三个组分，均由 25kg 塑料桶包装。储存：

1）在阴凉、干燥、通风条件下（5～30℃），并且远离火源。

2）储存于密闭的容器里，以避免吸收水蒸气。因此在储运过程中，必须保证容器的干燥密封。

3）冬季应将物料放置在托盘上，并存放于暖房之中，暖房温度为 15～25℃。使用时，从暖房取出后，应用保暖毯或电热毯包裹，防止物料降温，影响产品性能以及使用效果。

4）储存期：在适宜的储存条件下，氟碳面漆的储存期为 5～8 年。超过储存期后，经检测合格后可继续使用。

4. 氟碳面漆层施工要求

喷涂次数根据现场工艺试验确定，一般至少喷涂 2 遍，喷涂厚度至少 35um。确保不漏涂，不堆积，均匀喷涂，达到封闭的目的，提高保温层的耐久性。喷涂施工 24h 内，不应受到撞击破坏。聚氨酯工程完成 24h 内应进行面层防老化面漆的施工。保证防老化面漆和聚氨酯基层之间有良好的黏结能力。

防老化面漆是一种聚合物丙烯酸防水涂料，具有防渗、防腐蚀、防老化等作用，由液料和粉料组成。

（1）施工方法。施工前，将液料和粉料按固定比例倒入搅拌桶内均匀搅拌备用，施工作业时，将提料泵置入搅拌均匀的面漆内通过泵管泵入喷枪，然后均匀喷涂在聚氨酯面层。

（2）施工要点。

1）面漆喷涂作业时，聚氨酯面层不得有明水和受潮现象；

2）面漆喷涂时应分2～3次进行，每次喷涂0.2mm左右，避免面漆堆积、流淌，确保外观质量；

3）面漆喷涂作业的环境温度宜大于10℃，风速宜小于5m/s（三级风）；

4）下层面漆喷涂前，上层应待凝固化。固化时间根据天气情况动态控制，一般以不黏手为准。

5. 氟碳面漆应用小结

氟碳面漆施工前清理保温层表面的浮尘和杂物，保持干燥；喷涂时严格控制各成分的掺和比例，确保面漆质量和颜色的一致；按要求控制层间的搭接长度；注意防护，防止外物碰撞破坏。

五、聚氨酯保温层抗冰拔的研究与应用

1. 聚氨酯保温层抗冰拔工况

该工程大坝为常态混凝土双曲拱坝，坝址区多年平均气温为5℃，极端最高气温39.4℃，极端最低气温–41.2℃；多年平均风速3.7m/s，极端最大风速32.1m/s；最大积雪深46cm，最大冻土深127cm，冬季较长且多严寒，年气温差较悬殊，寒潮次数多，日温差大等特点。在解决常态高拱坝保温抗裂问题采用聚氨酯材料保温后，该保温材质按要求控制了混凝土内外温差，有效防止产生应力裂缝，起到了较好保温降温差效果，但在初步蓄水运行后由于自身材质性能和防护层结构刚度考虑不足，出现了冰拔破坏和漂浮物撞击摩擦等损坏脱落和破坏现象，为解决好保温层的防护问题，展开了保温层防护结构的研究和实践。

保温层防护的研究思路，深入分析了破坏主要形式，首先是冰拔破坏，温度降到冰点以后，保温层表面就开始结冰，形成大面积冰层，冰层厚度不断加厚，水位变化下降后，黏在保温层表面冰层重量形成的拉应力超过聚氨

酯材质本身强度的抗拉力后，保温层被撕裂破坏，冰层塌陷破裂回落。一是分析聚氨酯材料的强度、材质承压性能、冰推情况下性能变化，试验研究选用适用于严寒区大坝聚氨酯保温层抗冰拔材料；二是漂浮物撞击摩擦破坏，漂浮物多为木材类，数量较大的时期主要集中在汛期出现，随洪水下泄来到坝前，随风浪起伏水位变化而运动，对坝面保温层形成撞击或摩擦破坏；三是根据两种破坏情况，研究试验提出严寒地区聚氨酯保温材料层的防护方案及施工方法，从而解决该问题，确保工程的长期安全运行。

2. 水体结冰及在材料表面冻黏成因

（1）水体结冰原因。水结冰是水由非晶体变成晶体的过程，据分子运动论，气温到达凝点后，水分子运动变慢，分子间的引力使变慢的水分子慢慢进行有序的排列，排列后，水分子的运动空间变小，并且有序，宏观上成为比较稳固的结晶体状。当温度持续下降的时候，水会向四周环境里放热，分子活跃度降低，分子之间距离越来越近，然后会按照 H_2O 分子式的样子排列，当达到 0℃时，就凝结成了固体-冰块。

（2）水与材料冻黏成因。冻黏是冰与材料表面的黏附，既可以是分子间的范德华力，也可以是化学键作用，还可以是界面上微观的机械连接作用。固体表面的状态，如表面的化学性质、粗糙度、温度等都将直接影响表面黏附界面的形成，从而影响冻黏强度。其中，表面的湿润性对冻黏的影响较大。

根据接触角 θ 大小，可以将材料表面分为疏水表面和亲水表面，疏水表面（$\theta>90°$）冻结时水膜不连续，所形成的冰膜也就存在缺陷，易发生破坏。因此，疏水材料具有减黏防黏的作用。

涂层表面的粗糙度也是决定冻黏强度的重要因素之一。合适的微观结构和粗糙度，不仅可以提高表面的疏水性能，延迟冰晶的出现，而且可以吸留空气，造成冰与基体界面间的应力集中，降低冻黏强度。

3. 严寒区抗冰拔破坏方式

（1）防止水结冰的办法。在水利工程、交通运输、航空航天、电力通信等领域的结冰带来了严重的危害和安全隐患，人们提出了许多防冰与除冰方法。目前国内外通常采用以下三种方法：①物理法，如加热法、机械法、吹气、水流扰动法，增加水分子运动速度，破坏水分子结冰时的排列状态；②化学法，采用化学药剂改变水的冰点，如喷洒盐水、涂抹防冰液等；③被动防冰法，在基体表面构建抗结冰功能涂层。

（2）作用及效果分析。化学法，操作简便而使用广泛，存在工作强度大、效率低、环保性差等诸多问题，在水利工程上使用受限，反复运用费用较高。物理法，操作简便而使用广泛，单次投入较大，长期运行存在工作强度大、管护运行复杂、运管费用大等问题，水利工程中使用较多，该技术得到了较多改进提高。被动防冰法，成本相对较低、耗能小，施工简单，运行费用极低，运行管护简单，是一种相对较为理想的防冰拔破坏的方法，在改进其结构性能后，使用期限可以达到较大延长，性价比突出，具有较大的应用价值，因此抗结冰涂层的研究备受关注，抗冰拔性能、耐久性研究成果不断有所突破。

4. 聚氨酯保温抗冰拔涂层的应用

（1）抗冰拔涂层材料的选用、结构设计。

1）通过对保温层的冰拔破坏和漂浮物冲击摩擦破坏等主要形式、防护层所处的寒冷区水环境下的工况及抗冰拔防护层研究进展等多种因素的分析，制定了试验研究的思路和基本方案，防护面层是在水位变动区施工的一种保温材料，要具有防止水在保温层面冻结、可以承受漂浮物冰和木头撞击的能力及材料本身具有较好耐老化功能等的作用，因此研究挑选可用于寒冷工况下的防冻结材料，改进提高保护层的疏水特性，以隔离水黏结在保温层上。为提高防护层的抗冲击和耐摩擦能力，采取复合结构加防老化面漆措施，即提高防护层的结构强度，同时也提高抗冰拔防护层的抗老化能力。用此组合结构来防护大坝永久保温层，结构牢固可靠，有效防止水进入氨酯泡沫内，能够有效起到保护喷涂聚氨酯泡沫的作用，在寒冷区水位变化工况下有较好的耐久性，确保大坝能够长期安全运行。

2）抗冰拔树脂具有超强耐久的黏结性，能够与聚氨酯保温层牢固黏结为一体，在水环境和冰拔条件下，结构涂层能够长期稳定工作；在寒冷区恶劣工况下，该面层具有优异的疏水性，与冰体不产生冻结现象，能避免冰拔破坏保温层；该涂层硬度高，具有较好的抗冲磨能力；该材料无毒无味环保耐火可靠。抗冰拔树脂是不饱和聚脂树脂的一种高分子化合物，具有 100%

的反应能力。即液态树脂在引发剂等的作用下能全部转变为固态聚合物而没有分离出副产物。故能在常温常压下成型。应用范围广，工艺性能好。材料特性：

a）外观：透明淡黄色液体。

b）酸值（以 KOH 计）：17～25mg/g。

c）黏度 25℃：6.5～11.5 泊。

d）固体含量：61%～70%。

e）胶凝时间（25℃）：8～20min。

f）热稳定性：25℃时，6 个月；80℃时：24 个月。

抗冰拔树酯玻纤结构层内为玻纤网格布，采用规格为经纬密度 10mm×10mm，宽度为 120cm，单位面积质量为 90g/m^2。其性能指标为：

a）断裂强度（经、纬向）：≥1250N/50mm。

b）耐碱强力保留率（经、纬向）：≥90%。

c）断裂伸长率（纬向）：≤5%。

3）抗冰拔层的组合结构组成。由抗冰拔树酯做成的单一材质抗冰拔层，结构有没有韧性和抗冲击能力差，易产生刚性破坏，为提高抗冰层的结构性能，采用抗冰拔树酯和玻纤网布两种材料，多种工序完成，做成组合结构，增强了结构层的韧性和工作性能，外涂防老化抗冰拔氟碳防腐面漆，使该结构层具有高耐候性、防水、憎水、抗冲击、防冰拔。

抗冰拔树酯和玻纤混合组成抗冰拔树酯玻纤布层。抗冰拔树酯玻纤布层的厚度为 2.5～3mm。抗冰拔树酯玻纤布层的表干时间不大于 2h，弯曲强度不小于 60MPa，弯曲弹性模量不小于 5725MPa，黏结强度不小于 555kPa 或基材破坏，巴氏硬度不小于 49，吸水率不大于 5%。

氟碳防腐面漆抗冰拔层的厚度为 0.15～0.3mm。该面漆层具有高耐候性、防水、憎水、耐冲磨、抗冲击、防冰拔。面漆性能指标检测的表干时间优选不大于 2h；QUV（B）（4000h）的色差ΔE 优选不大于 2.9；耐冲击性检测优选采用［50cm（正、反）］的耐冲击仪：漆膜厚度 50μm，不同高度（最高 50cm）正冲击和反冲击后漆膜没有被破坏，柔韧性检测优选采用 1mm 的柔韧性检测钢轴，漆膜厚度 50μm，不同直径（最小直径 1mm）的圆弧弯折后漆膜没有被破坏；耐磨性检测优选不小于48mg，其中，1kg的压力，漆膜经过橡胶磨轮摩擦500r后漆膜的损耗不大于60mg；附着力检测优选采用不小于2.5MPa的压力不分离或基材被拉坏；接触角优选不小于85°；耐酸性检测优选采用5%的H_2SO_4溶液浸泡，7天后，漆膜完好，无异常；耐碱性检测优选采用5%的NaOH溶液浸泡，7天后，漆膜完好，无异常。经试验监测，抗冰拔面漆层（–20℃以下冷冻36h以上）与冰不结合。

（2）抗冰拔防护层材料试验内容。

1）抗冰拔防护材料。针对严寒区水坝保温层的工况，做了保温层抗冰拔防护层相关材料的应用试验研究，多种材料的复合与测试：

a）材料要具有抗冰拔、冰推性能，要求材料能够做到不与冰黏，这样冰层在移动的过程中可避免破坏坝体表面材料。

b）材料的硬度、强度达到要求，能够保护内部的聚氨酯保温层。

c）具有一定的弯曲强度以及弯曲模量，不会因为水结冰的膨胀力出现裂缝。

2）抗冰拔防护层验证实验装置的设计与验证过程。为了验证材料的持续抗冰推以及冰拔性能，设计实验模拟大坝结冰情况，设计了一个专用的抗冰拔防护层验证实验装置。

3）抗冰拔试验箱设计。

a）包括水槽，螺栓、螺母组合，挡板，保温板，水坝专用抗冰拔防护材料。

b）尺寸：水槽长400mm×宽300mm×高200mm；保温板长380mm×高340mm×厚度30～100mm；水坝专用抗冰拔防护材料长380mm×高340mm×厚度2mm（与保温板制作成一体）。

4）试验做法。水槽的两侧面、尾部以及底面封闭，顶面开放，将抗冰拔材料与保温层复合的实验板安置在水槽的一端，从顶面注水。水位高度约为15cm。置于–20℃冷柜中72h，后取出，拆卸固定实验板的螺栓，实验板可以轻易地与冰分离，证明实验板表面所覆盖的抗冰拔材料可以做到与冰不黏。在水结冰的过程中，由于其他四面均为1.5mm厚的钢板，水平膨胀力均作用于实验板上，观察实验板表面，由于冰膨胀，板面出现了轻微凹陷，但是表面完好，没有裂缝出现，见图 6-5。

利用同一实验板进行了多次循环实验之后，实验板表面依然完好没有裂缝出现，且不与冰黏结性没有出现下降。

图 6-5 抗冰拔试验箱实体照片

5）针对抗冰拔防护层在大坝上的应用，还做了其他试验工作：

a）材料在低温（–10℃）以及高温（50～60℃）的物理性能测试。

b）固化速度与材料性能以及施工性之间的关系。

c）根据环境温度高低，研发冬季配方与夏季配方，以满足不同时间段施工要求。

d）根据研究编写了《水坝专用抗冰拔防护材料》（Q/0600WHE 010—2016），产品的质检、生产、包装、运输、储存严格按照标准执行。

6）抗冰层组合结构涂层实验成果见表 6-73。

表 6-73 抗冰拔防护层性能指标

项　目	技术参数	WHB-302 实测值	备注
硬度（巴氏硬度）	≥9	49	
弯曲强度（MPa）	≥20	60	
弯曲弹性模量（MPa）	≥800	5725	
与聚氨酯黏结强度（kPa）	≥300	555	
抗冰拔（–20℃以下冷冻 36h 以上）	与冰不结合	与冰不结合	
阻燃性	B2	B2	

7）通过试验工作，该抗冰拔结构层不仅具有抵抗冰拔、冰推的作用，而且作为坝体外表面材料也具有一定的硬度、强度、以防御撞击的作用，见图 6-6。具体为：

a）硬度以及抗冲击性高，可以有效地保护内部的喷涂聚氨酯泡沫不被水中的石块等硬物破坏，保护坝体表面的完整性。

b）具有优异的疏水性，在冬季尤其是北方的水库，冰层厚度可达 1m 以上，抗冰拔防护层能够有效防止冰层与坝体的黏结，泄洪时，水位下降，冰层会自动脱落，而不是黏结在大坝表层。

c）具有优异的耐水透过性，即使长时间在水面下浸泡，也可以阻挡水进入大坝内部，保护坝体。

d）优良的弯曲性能，水库中的水结冰膨胀，会对四周的坝体产生挤压力，抗冰拔防护层能够有效地抵御压力，不会因为压力过大，产生保护层破裂的情况。

e）使用寿命大幅延长，在实验条件下，进行多次抗冰拔实验后，保护层依然可以保证优异的不与冰黏结性。

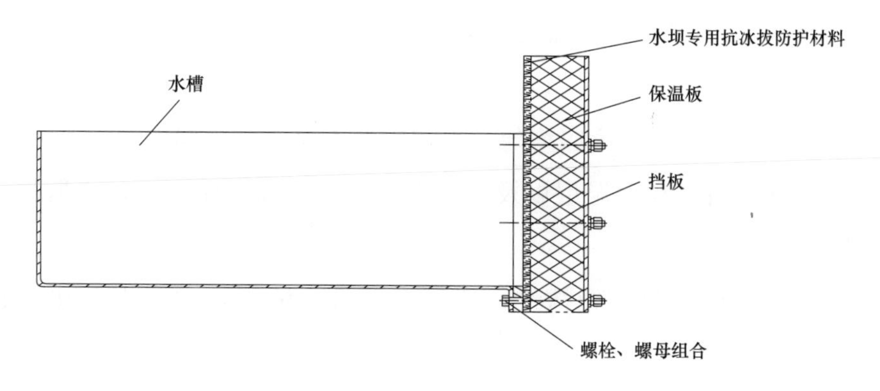

图 6-6　抗冰拔层结构示意

f）易于后期维护，即使在大坝建成后，坝体表面出现细微裂缝，可以根据破损程度采用局部或是整体修补方案来修复大坝，施工量小，易于维护。

（3）刚性抗冰拔防护层结构见图 6-7。

1）保温层抗冰拔防护材料施工工序。

a）打磨保温层表面，保证平整、无污、清除表面浮灰。

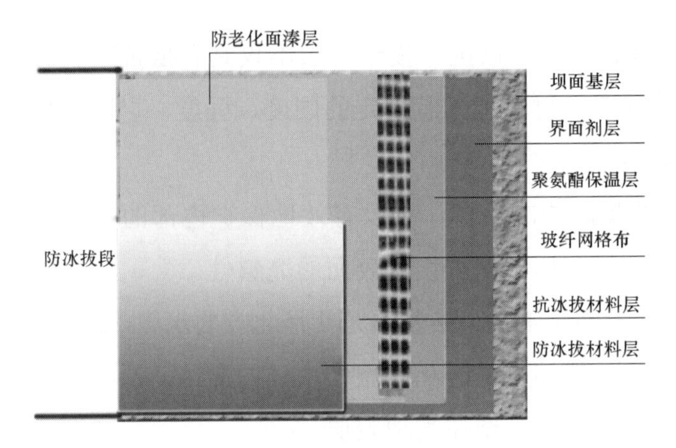

图 6-7 坝面保温及抗冰拔层结构图

b）基层均应满涂基层界面剂。

c）将抗冰拔材料均匀地抹在保温层表面上，并立即将裁好的耐碱网布用抹子压入抗冰拔材料内，并不得使耐碱网布皱褶、空鼓、翘边等。

d）网格布的长度不宜超过 6m，网格布采用 1000mm 宽幅，180g 重的小孔耐碱网格布，网间搭接尺寸不低于 100mm。

e）施工时为减少抹痕，尽量采用大抹子进行施工，网格布应完全压入防冰拔材料内部，严禁出现漏网现象。

2）质量要求。

a）耐碱网格布层厚度应均匀，平均厚度不允许有负偏差。

b）耐碱网格布与保温层以及各构造层之间必须黏结牢固，无脱层、鼓起、裂缝等。

c）表面接槎平整、无抹纹，线角应顺直、清晰，面层无分化、起皮现象。

d）表面干净、整洁、平整。

（4）柔性抗冰拔材料的试验研究。

1）聚天门冬氨酸酯材料，是近年来聚脲工业领域出现的一种新型脂肪族、慢反应、高性能涂层材料，称为第三代聚脲，是一种新型双组分、较慢固化、超耐候聚脲材料。因为聚天门冬氨酸酯族聚脲与保温层基之间的黏结性及优异的耐候性能，附着力高且耐久，不开裂、不掉落，柔韧性较强，从而提高保温层抗冰拔力的性能，见表 6-74。

表 6-74　　聚天门冬氨酸酯族聚脲的性能指标

序号	项　　目	性能要求	试验方法
1	固含量（%）（两组分混合）	≥80	GB/T 16777 或 GB/T 23446
2	表干时间（h）	≤2	GB/T 16777 或 GB/T 23446
3	拉伸强度（MPa）	≥15	GB/T 16777 或 GB/T 23446
4	断裂伸长率（%）	≥280	GB/T 16777 或 GB/T 23446
5	撕裂强度（N/mm）	≥40	GB/T 16777 或 GB/T 23446
6	黏结强度（MPa）	≥2.5 或基材破坏	GB/T 16777 或 GB/T 23446
7	硬度（邵 A）	≥60	GB/T 16777 或 GB/T 23446
8	吸水率（%）	≤5	GB/T 16777 或 GB/T 23446
9	柔韧性（mm）	1	GB/T 1731—1993
10	耐冲击（kg·cm）	50（正、反）	GB/T 1732—1993

2）主要特性。

a）具有长期耐水性。抗撞击性能好；耐低温性好：耐候性好，不易老化。

b）优异的物理功能，如抗拉强度、撕裂强度、伸长率、耐磨性等。尤其是高伸长率使其具有杰出的裂缝追随性，可有效地维护有裂纹的基材。

c）优异的防腐功能，可耐受大部分酸、碱、盐等腐蚀介质的长时间浸泡。

d）整体无接缝、涂层细密，防水作用优异。

根据其特性采取样板的检验：涂覆一块 200mm×200mm 厚度不小于 1.5mm 的涂层样片，进行外观质量评价并留样检验。其结果见表 6-75。

表 6-75　　板在常温下放置 7d 与 28d 后力学性能检验结果

时间	拉伸强度（MPa）	断裂伸长率（%）	撕裂强度（N/mm）	黏结强度（MPa）	硬度（邵 A）
7d	＞18	＞330	＞40	＞2.0	＞62
28d	＞20	＞350	＞50	＞2.5	＞70

（5）聚天门冬氨酸酯族聚脲材料安全防护及环保要求。

1）安全与防护要求。

a）呼吸系统防护：佩带合适的个人防护器械，避免吸入有害气体，一旦吸入，立刻移至空气新鲜处，如呼吸困难，吸氧。如呼吸停止，人工呼吸。

b）眼睛保护：戴化学安全防护眼镜，一旦接触，立即用大量清水冲洗15min，视情况选择就医。

c）身体防护：穿防静电工作服，一旦接触，用肥皂和水清洗，脱去已污染的衣服。情形严重时应就医。

d）手部防护：戴防苯耐油手套。

e）其他防护：工作场所严禁吸烟。注意个人卫生，工作毕，淋浴更衣。

2）泄漏洒落处理。

a）防止污染物进下水道、表面水、地下水和土壤。尽可能将有害物质收集到一个干净的容器内等待处理，用惰性吸附剂覆盖在残余的有害物质上。

b）利用干木屑、沙土等材料尽可能将泄漏的原料混合处理干净。

c）废弃材料的处理必须按照当地政府的环保法规执行。

3）燃烧及爆炸危害。

a）灭火材料：干粉、泡沫、CO_2灭火器，救火者需配备空气供应装置。

b）包装、储存及储存期。包装：25kg 不透光塑料包装桶。储存：应储存在温度低于25℃、通风良好的地方，避免接触过氧化物、金属盐，采取措施防止静电。冬季应将物料放置在托盘上，并存放于暖房之中，暖房温度在15～25℃。使用时，从暖房取出后，应用保暖毯或电热毯包裹，防止物料降温，黏度上升，影响产品性能以及施工性。

c）在适宜的储存条件下，抗冰拔防护材料的储存期为6个月，超过储存期后，经检测合格后仍可继续使用。

（6）柔性抗冰拔材料的施工。

1）施工工序如下：

a）基层处理：打磨保温层，基面必须平整、干净、无明水、油污。

b）基层处理完成后，进行验收，无气泡，孔洞，层厚均匀。

c）涂刷底漆的作用是隔断底层潮气向上渗透，防止涂层起鼓脱落，将找平层表面进一步加固，提高涂层与基层的黏结强度，防止涂层出现针眼气孔等缺陷。

d）涂抹聚天门冬氨酸酯柔性抗冰拔材料：施工采用滚、刮、刷的方法均可，宜采用薄层多次涂布法，每次涂刷不能太厚，一般分为 3～4 次涂刷。待先涂层干燥成膜后方涂后一遍涂料。

e）每道涂层表干后，应作施工质量检查，如出现漏涂及起鼓，就给予修补。

2）质量控制。聚天门冬氨酸酯防冰拔涂层外观颜色均匀，无漏涂和流坠、无气泡、无剥落、无划伤、无折皱、无龟裂、无异物、无针孔。

（7）施工设备、质量控制及试验检测设备见表 6-76。

表 6-76　　　　主 要 施 工 设 备

序号	机械设备名称	型号、规格	生产厂家	数量（台）	备注
1	聚脲喷涂机	X45		2	可用于防老化面漆施工
2	聚氨酯喷涂机	E-XP3		2	
3	吊篮	拼装		12	
4	空气压缩机	TR2065		2	

1）空气压缩机、双组分硬泡聚氨酯高压喷涂机见图 6-8。最大流量 9.5L/min，最高加热温度 88℃，最大输出工作压力 240kg，可接最大长加热软管 125m。

图 6-8　聚氨酯高压喷涂机

高压无空气喷涂枪技术参数：最大输出量 18kg/min，最小输出量 1.4kg/min，最大工作压力 207bar，气源 3.78L/min（7～9bar 情况下），质量

1.06kg，实际外形尺寸为 17.8cm×17.8cm×11.2cm。混合内部直接对撞；无气喷雾，无溶剂，气冲自清洗。

单组分聚脲、防老化面漆喷涂设备：架设吊篮，现场根据时间计划架设 10～15 台吊篮。吊篮安装方法为：将吊篮钢丝绳一端固定在模板上，以模板为吊篮承重点架设吊篮。准备好吊篮的堆放场地、零部件保管场所、搬运通道以及垂直运输起重设备，见图 6-9。

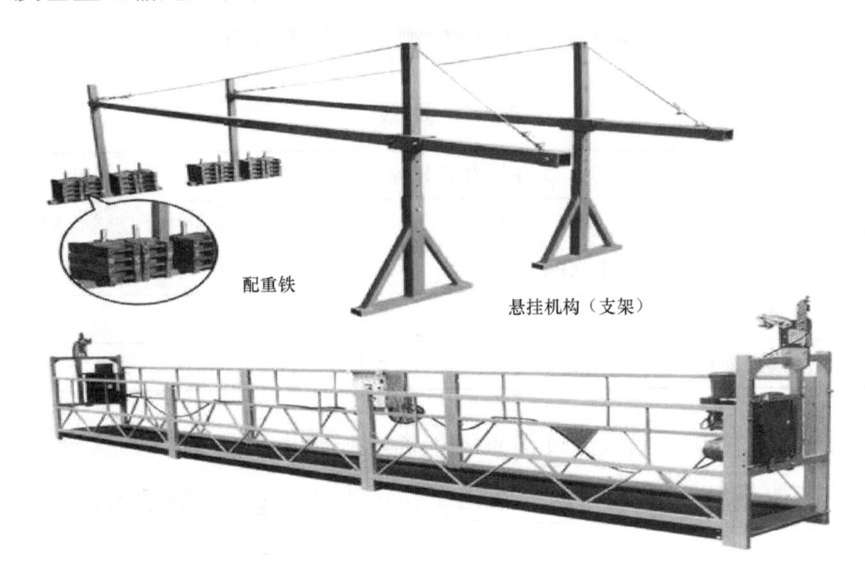

图 6-9 施工用吊篮

常用工具准备：铁抹子、铁锹、液化气喷枪用于墙面加热。

常用的检测工具：超声波厚度检测仪、2m 靠尺、方尺、探针、钢尺等。

2）检测试验设备见表 6-77。

表 6-77 试验设备表

设备名称	设备型号	数量	最近检定时间	原厂商原产地	试验项目
拉拔仪	HC-40	1	2014.4	北京海创高科科技有限公司 北京	拉拔强度
氧指数测定仪	JF-3	3	2014.3	南京市江宁区分析仪器厂 江苏南京	氧指数
阿贝折射仪	WAY-1	1	2014.2	上海光学仪器五厂 上海	测折射率

续表

设备名称	设备型号	数量	最近检定时间	原厂商原产地	试验项目
恒温恒湿箱	HS-010	1	2014.2	无锡市意尔达试验设备制造有限公司 江苏无锡	泡沫尺寸稳定性
微机控制电子万能试验机	DWD-20A	1	2014.1	济南天辰试验机制造有限公司 山东济南	力学性能试验
电子天平	MP51001J	1	2014.1	烟台开发区品格林实验室配套设备有限公司 山东烟台	质量
旋转黏度计	NDJ	1	2014.2	烟台开发区品格林实验室配套设备有限公司 山东烟台	黏度
涂-4 黏度计	无	1	2014.2	烟台开发区品格林实验室配套设备有限公司 山东烟台	面漆底漆测试黏度

（8）成品保护方案。由于在大坝防渗保温施工过程中，上面的混凝土浇筑还在进行中，为了防止混凝土养护所需的水流到施工面上：

1）混凝土养护用水导流槽。因为温控要求在混凝土终凝后即开始混凝土表面保湿养护，高温和次高温季节表面进行流水养护，低温季节表面进行洒水养护。对水平施工缝养护持续至上一层碾压混凝土开始铺筑为止；对永久暴露面，在其（上下游侧）表面布置 PVC 水管，在水管上每隔 2m 左右开个小口，使其表面始终保持湿润状态，养护时间不少于 28d；所以在保温防渗施工时，混凝土应过了 28 天的养护期，并且在此上部固定好导流槽，让上面布置的 PVC 水管的流下的水通过导流汇集到落水管里，然后流到底部，不至于流到需要做防渗保温的混凝土上面，而影响施工。施工时坝面干燥无水渍。

由于现场坝底上下游两侧均有积水，并且不平整，架设吊篮前建设单位应提供宽 2m，高度在喷涂部位底部高程的平台，便于停放、搬运吊篮、机械设备及材料。如无法提供操作平台，须现场缆机配合吊装。

2）施工各个工序后应对成品用彩条布覆盖，以防止其他工序形成交叉污染和破坏。

3）在施工过程中，对吊篮部位靠墙一侧做防撞击处理，避免破坏已完成工作面。

4）聚氨酯施工完成后及时刮涂找平或滚涂防老化面漆，防止聚氨酯受紫外线照射造成保温层表面风化和老化。

5）喷涂工序开始前对脚手架、吊篮等和工作面相邻部位进行包裹防护，防止污染。

6）喷涂工序开始施工前，在工作场地周边设置警示线，防止人员或其他设备进入工作场地后，喷涂材料对他人或设备的污染。

（9）技术总结。采用聚氨酯发泡保温层作为大坝的永久保温结构是最优的选择，保温效果满足要求；保温层具有连续、无缝的结构特点，能够适应各类不规则面；防火等级达到 B2 标准，施工安全性好。

六、聚氨酯保温层物理抗冰方式研究与应用

1. 物理抗冰拔方式的应用分析

根据已建和在建工程可知，目前主要有人工破冰法、潜水泵扰动法、空气压缩气泡法、电加热法等防冰冻方法。根据山口双曲常态拱坝的要求，要选用合适的抗冰拔方案，不但要保护表孔闸门设备，还要保护坝体的永久保温层，防止保温层遭到冰拔破坏，造成坝体温度裂缝，影响工程安全运行。

（1）人工破冰法。该方法是在水表面结冰层厚度达到规定极限厚度前，利用人工开凿的方法凿开一个隔水带，以防止冻结。该方法是一种通过对已经生成的冻结冰层用机械破坏来达到防冻目的的较为原始的方法，需要投入大量劳动力且危险系数大，违背了自动化和安全生产的原则，因此目前应用较少。

（2）潜水泵扰动法。潜水泵扰动法是将潜水泵悬挂在水面以下产生射流扰动水面从而形成不冻隔离带，需根据水位变化调整潜水泵悬挂位置，在冬季库区水位一定变幅的工程中需要采取措施，使潜水泵据水位变化自动调整悬挂位置，以保持工作状态，库水位变化很大时，潜水泵位置设计和出水口关停控制困难，设备技术要求能够适应寒冷复杂工况。

（3）空气压缩气泡法。该方法需要空气压缩机且管路布置复杂，将空气管固定在水面下，气泡浮出水面产生扰动从而形成不冻隔离带，适用于冬季

库区水位变幅有限的工程，在库水位大幅变化时，需要据建筑物的特点进行专门设计。

（4）电加热法。是在设备背水面上敷设发热电缆，通过热传递使附近水面形成不冻隔离带，形成不冻隔离带的效果均较好，仅适用于表孔弧形闸门上，无法用于拦污栅、拉杆等设备上，使用的范围和控制的面积有限。

从以上分析可知，水泵扰动法、气泡法可以用于拱坝的防冰拔，但两种防冰冻方法都只用于运行期时固定水位变化区范围的防冰拔，不适用施工建设期水面大幅变化条件下防冰拔。通过两种方式应用条件的研究考虑，选用了气泡法防冰拔方案。

2. 气泡法防冰拔方案应用研究

（1）基本工况。气候条件，极端最高气温 39.4℃，极端最低气温–41.2℃。坝顶高程 649m，坝体上游永久保温层防护长度 380m，冬季水位变幅按 15m 设计，最低水位按高程 631m 考虑，包括表孔三个闸门孔。

（2）总体布置。根据工程布置及现有设施与条件，对大坝结构不做任何改动、不增加建筑物为前提，采取因地制宜措施方针，布置防冰设备主机系统、控制系统、管路系统以及水下防冰工作装置。防冰设备主机及电控系统安装在右岸灌浆平洞内，供气管路沿管道沟铺设至拱坝右岸桩号 0+319.646 位置，水下防冰工作装置布置于拱坝左岸迎水面、右岸迎水面以及位于拱坝中心线的表孔弧门上游侧。考虑拱坝坝面喷涂聚氨酯、聚脲、面漆等轻型材料，水下防冰工作装置以分段固定悬吊方式安装，以免对坝面产生破坏。依照拱坝迎水面双曲面曲度，将水下防冰工作装置分层分段布置，以适应水位变化。即防冰设备工作时，根据水位状况，自动选取相应的工作装置投入运行，为保证两层工作装置临界水位的防冰效果，系统会自动选取相应的防冰工作装置工作模式。

（3）空气压缩机及后处理设备布置。空气压缩机及后处理设备，可布置在右岸灌浆平洞内，为满足空气压缩机等设备的工作环境温度，隧洞内温度保持在 5～30℃，并合理设计自动排风装置。空气压缩机室内的设备布置根据各设备使用、安装、调试、维护等所需的工作空间进行合理布置。空气压缩机后连接储气罐、过滤器、吸附式干燥机等后处理设备，为保证整套防冰系统的可靠性与安全性，其中的空气压缩机、过滤器与吸附式干燥机均采用一用一备原则设计，以便防冰设备由于出现设备故障或维修原因还能够保证其正常运行，提高设备运行的可靠性，该功能通过PLC控制设置在管路上的电磁阀进行自动控制。各设备间通过不锈钢管路连接，管路上的各阀门、传感器等功能性组件根据各组件的连接形式采用螺纹、法兰或其他密封性连接方法，充分保证压缩空气管路的密闭性。整套防冰系统通过电气控制系统自动控制，电气控制柜与空气压缩机、吸附式干燥机、电磁阀、传感器之间通过电缆管连接电缆进行信号通信，自动监控各设备的运行情况。

（4）管路布置。水下防冰设备设一条主管路，多条支管路。主管路以防冰设备主体气源部分为起点，沿管路沟铺设至拱坝坝顶区域，在坝顶外侧坝面安装若干托管支架，保证供气管路安装安全可靠。由主管路一定间隔距离作为分气点引出支路并安装现地阀组箱，利用现地阀组箱平衡阀组分别对多组水下防冰工作装置进行单独供气和控制。支管路沿拱坝坝面铺设并在坝面上安装固定管夹。支管路分别由硬管和软管组成，硬管为不锈钢材质，软管采用高压气动软管。

（5）气泡发生器。气泡防冰技术利用气泡发生器（专利技术）在水下发生符合要求的气泡直径，并形成连续不断的气泡群。气泡群在初速度以及浮力作用下向上运动，带动气泡群周围水体产生竖向流动，形成局部环流。流动的水不易生成结晶体（冰核），或破坏掉已生成的结晶体，使流场范围内的水中不结冰。单个直径在3mm以下的气泡在上升过程中，其形状是一个比较稳定的球形。而直径约3.5mm的气泡在水中的上升速度最大，这一直径范围的气泡对水体的扰动能力优于其他直径的气泡。根据气泡的这一物理特性，所设计的气泡发生器能够产生气泡直径3～4mm的气泡群。单位气量所生成的气泡群对水体扰动效率最高。

3. 气泡法防冰拔方案应用效果

（1）运行情况。大坝上游面气泡防冰方案于2018年12月2日投入运行，截至2019年4月10日，系统运行130天，运行期最低温度–35℃，整个运行期，系统运行稳定，设备运行无故障。

（2）气泡法控制系统。实现自动化控制，可根据环境温度、库水位、坝前结冰特点、水下防冰工作装置、系统内工作与备用设备、站内温度调节等多种工况变化，系统可实现自动调控智能化运行。

（3）防冰拔效果。2018～2019 年冰期，最低环境温度–35℃条件下，大坝上游面最少 2m 以上范围内未形成冰层，保温层面局部有挂冰现象，冰层厚约 5cm，体积及宽度较小，内部呈空心状，没有对坝面保温层产生冰拔力。系统运行一年来，保温层没有产生冰拔破坏，大坝保温层得到了有效保护。

（4）技术总结。严寒区水库在运行期采用气泡防冰拔技术，在方案设计上考虑严寒的工况、水位变化范围和严寒区条件下设备运行要求等，气泡法方案采取了分层分段设计气泡出口，采用自动化智能控制系统，运行简单科学。解决了大坝永久保温层运行期的防护难题，可以作为工程运行期防冰冻的一种方案，见图 6-10。

气泡防冰法的应用说明：该方案适用于运行期固定水位变化区工况下的防冰拔，不适用建设期保温层高程大幅动态变化下的防护工作，一次设备费用投入较大，有一定的运行维护费用。

图 6-10　气泡法防冰拔运行效果

七、聚氨酯保温层应用体会

1. 聚氨酯保温材料应用效果

水利工程坝址区气候条件条件恶劣，温差较大，坝体混凝土保温采用硬泡聚氨酯喷涂施工，单块坝段到整个坝段的保温层均可施工成连续无缝整体，保温层能够与大坝混凝土牢固黏结，相比贴板保温方式的接缝多、整体性差和容易脱落等不足来说，喷涂聚氨酯保温层实现了整体无缝连接，结构稳定。

阻燃防火等级达到B2，施工现场未出现失火现象，防火要求满足要求。

多年监测数据表明，保温层下混凝土的温度在正温以上，混凝土温差也在设计范围内，保温效果满足工程要求，效果良好。

2. 保温层施工控制

交叉干扰问题，保温施工与坝体混凝土浇筑的多道工序施工存在多种干扰：浇筑混凝土的吊管和保温施工的吊篮均需要揽机吊运或辅助，存在设备使用的交叉干扰；坝体需要洒水养护湿润，而保温施工要求坝体混凝土要干燥，存在工况干扰；场地干扰，坝上的场地狭小，在堆放浇筑设备配套工具材料等时，保温设备也有材料和设备要堆放，场地存在交叉干扰；气温影响，在夏季正常施工时段，因各种干扰造成完成的保温面积较少，在天冷要停工时段，温度较低，严重影响聚氨酯保温施工速度和施工质量，干扰影响造成坝体混凝土处于保温不及时，混凝土出现温度裂缝的可能大幅增加，临时保温和越冬保温工作压力大增。针对以上问题，采取改进调整混凝土浇筑施工，统筹安排浇筑工序，利用间隙合理交叉保温工作，保温跟进式施工，初步解决了保温施工难题。

3. 保温层的防护技术应用

（1）抗老化防护。在严寒高蒸发条大温差工况下，坝址区不仅日照时间长、辐射大，且干燥多风，采用聚氨酯发泡保温层来保温取得了良好效果，为防止聚氨酯在太阳照射后老化破损，采取了在表面喷涂抗老化面漆的防护办法，大幅提高了其耐久性。

（2）抗冰拔破坏办法。施工期采用被动式抗冰拔涂层结构来防护保温层不受冰拔和漂浮物冲击破坏，在运行期水位变化固定某一范围后，采用主动式气泡法防护保温层不受破坏，主动加被动的防护方法均起到了较好防护作用。

（3）主被动防护措施应用。据拱坝工程的建设、运行期运用情况，在严寒工况下，为做好常态拱坝温控防裂施工，聚氨酯保温层采用用防老化面漆和主被动抗冰拔方式防护的组合技术是可行的。

第七章

三维真实感混凝土拱坝浇筑仿真系统的开发与应用

（1）在理论上，提出了混凝土坝施工过程仿真模型，为混凝土坝施工仿真方案的制定提供了理论依据。在大型水利水电工程施工设计中，论证合理的施工方案的制定、施工动态调整与控制施工进度都是非常复杂的问题。针对上述问题，提出了一种混凝土坝施工过程仿真模型，基于语义网技术构建了混凝土坝的施工过程本体，结合混凝土坝的数字模型，可以实现施工过程的真实感三维仿真。通过此模型，可以快速、方便地进行施工方案的动态调整、优化与控制。

（2）提出了混凝土坝施工动态调整与实时控制分析技术。解决了大坝混凝土施工快速地进行动态分层分块、动态跳仓跳块和多方案比选优化问题。综合考虑了温度控制、坝体结构和浇筑能力等约束条件，包括从混凝土制备→运输→浇筑全过程的逻辑关系，以及浇筑规则、控制准则等数学算法。并在此基础上提出了混凝土施工的优化模型，通过可以此模型计算出一定约束条件下最优的施工方案。

（3）面向坝体及周边监测设备及监测数据的管理，引入物联网与虚拟现实技术，提出了一种融合多源数据的综合预警分析可视化方法。物联网技术为多源数据的融合提供了技术的保障，而虚拟现实技术则为数据的可视化提供了可行的方法。本项目提出了一种融合多源数据的综合预警分析可视化方法，利用多源数据的融合，实现更全面、专业的预警分析；另外，基于虚拟现实技术，提出了监测数据与场景三维可视化的无缝融合方法，为混凝土坝工程安全预警提供了专业的可视化平台。

（4）面向水情监测预警的大规模水体的仿真方法。针对水情监测预警的仿真需求，本课题在分析总结以前水体仿真模型的基础上，提出了面向水情监测预警的大规模水体仿真方法。此方法不仅包含水体运动过程的仿真、水体几何形状的变化，还包含材质和纹理的相关信息，是一个动态的、混合的大规模水体仿真方法，可以真实反映不同水情水体的变化。此方法为用户提供了一个真实可信的、形象的水情监测预警分析工具。

（5）基于自然人机交互技术的混凝土坝三维可视化系统。传统的三维可视化系统侧重于提高场景的真实感和系统的实时性，而忽略了人机交互的友好性。系统在分析传统交互方法的基础上，针对混凝土坝三维可视化应用系统的特点，提出了一种基于体感交互技术的自然人机交互方法。此方法将用户的注意中心集中在任务本身，拉近了可视化场景与用户之间的距离，极大地提高了混凝土坝三维可视化系统的人机交互体验。

第一节 开 发 背 景

仿真技术是虚拟现实领域的一个研究方面，虚拟现实技术是近年来的新兴技术，利用计算机模拟三维空间的虚拟世界，令用户产生身临其境的感觉。人们通过计算机对复杂数据进行可视化操作与交互，与传统的人机界面以及流行的视窗操作相比，虚拟现实在技术思想上有了质的飞跃。虚拟现实中的“现实”泛指在物理意义上或功能意义上存在于世界上的任何事物或环境，它可以是实际上可实现的，也可以是实际上难以实现或根本无法实现的；而“虚拟”是指用计算机生成的意思。

所谓的虚拟现实是指用计算机生成的一种特殊环境，人可以通过使用各种交互装置将自己“投射”到这个环境中。虚拟现实具有浸没感、交互性、构想性三大基本特性。浸没感也可以称为临场感，表示用户存在虚拟环境中的真实程度。

理想的虚拟现实应该是让用户难辨真假的，视觉、听觉甚至嗅觉和味觉等一切感觉都是真实的，如同在现实的世界中一般。交互性是指用户对虚拟环境中物体的可操作程度以及从环境中得到的反馈的自然程度，例如用户抓取虚拟场景中的某个物体，用户应该能感受到物体的触感、物体的重量以及改物体的外观。构想性是指虚拟现实的技术应拓展人类的认知范围，不仅可以虚拟现实中存在的事物、还可以构想客观不存在甚至不可能发生的事情。虚拟现实这三个方面主要强调了用户可以沉浸到计算机所创建的环境中，并从该环境中获得感性和理性的认识。

伴随着计算机软件工程、人工智能技术的发展，仿真技术广泛的应用的各个领域中。从表现形式上讲，仿真结果分为数值结果和图形结果。数值结果可用于在仿真过程中对各种数据的统计和分析，图形结果用于向用户直观展示。对于这两种结果，图形结果最为直观，可以向用户提供生动的表现形式，使用这种方法，用户可以直观了解仿真过程，找到仿真存在的问题，改进仿真的算法。三维仿真属于一种图形仿真技术，它基于数值仿真，以三维图形的形式向用户展示仿真过程，令用户产生身临其境的感觉。人们通过计算机对复杂数据进行可视化操作与交互，与传统的人机界面以及流行的视窗操作相比，虚拟现实在技术思想上有了质的飞跃。虚拟现实中的“现实”是泛指在物理意义上或功能意义上存在于世界上的任何事物或环境，它可以是实际上可实现的，也可以是实际上难以实现的或根本无法实现的。

大坝工程施工进度计划是施工组织设计的中心内容，是在承包合同规定的条款下，在规定施工方案基础上对各分部分项工程的开始和结束时间做出具体日程安排。传统的施工进度表示方法是采用水平图表（横道图）、垂直图表和网络图的形式。随着工程规模的不断增大和施工水平的不断提高，这种施工进度的单纯的图表表示方法已不能满足施工技术人员对工程施工进度整体把握的要求。计算机可视化仿真技术为解决这一问题提供了有效的手段。

将计算机仿真与水利建设相结合，利用计算机的三维图形仿真正是解决这个问题的一种有效途径。在仿真过程中，利用计算机将模拟对象以三维图形的方式展示给用户，同时生成包括声音在内的真实的环境效果，利用键盘和鼠标等设备与仿真系统进行交互，为用户创建一个有真实感的、精确的、有交互性的虚拟环境。使得管理和决策的人员不比频繁往返于施工现场，就能身临其境的掌握施工状况。

第二节 研 究 现 状

1. 仿真技术的发展现状

近些年来，计算机的仿真技术不断沿着广度和深度发展，在许多不同领域中，计算机仿真均发挥着越来越重要的作用。同时，计算机仿真的技术不断与计算机领域内的其他技术如图形学、网络、分布式计算等相结合，相关的研究工作也受到世界各国的重视。

在可视化仿真方面，随着计算机硬件技术的发展，利用计算机生成逼真的图像已逐渐成为可能，例如虚拟显示中的飞行模拟、虚拟战场、虚拟漫游等都是典型仿真的应用。以前需要消耗大量人力财力的军事演习，利用计算机仿真技术可以轻松的实现。同时，伴随着研究的深入，包括虚拟环境的建模、分布式的数据库、分布式多维人机交互、虚拟测试等方面的研究也如雨后春笋般出现。

2. 仿真技术在水利领域中的发展

在1973年召开的第十一届国际大坝会议上，D. H. Bassgen在混凝土重力坝的施工问题上，提出了利用仿真技术模拟混凝土浇筑过程。在修建位于奥地利的施立格坝时候，对缆机浇筑混凝土方案利用确定性数字仿真技术进行优选。实践证明，模拟的浇筑速度和进程与实际施工情况非常吻合，之后计算机仿真技术逐步在水利水电的建设过程中进行应用。在我国，将计算机仿真引入水利水电行业始于20世纪80年代，但是，多任务、多目标的仿真技术才刚刚起步。目前，计算机仿真技术已经广泛地应用于水坝的浇筑仿真、方案对比、配套器械的优化、进度模拟论证等方面。

1999年，三峡开发总公司和成都勘测设计研究院为三峡工程二期施工开发了一套混凝土大坝浇筑过程计算机模拟系统（见图7-1），该系统功能丰富，可以快速评价承包成提交的施工方案，在技术方面可以进行质量分析，快速比较各种施工解决方案，可以对影响施工进度的各项因素进行敏感性分析，及时而真实的把握工程施工进度。

图 7-1　三峡二期浇筑仿真系统

2003 年，成都勘测设计研究院设计的溪洛渡施工三维动态可视化仿真，对施工的布置进行了直观的仿真和描述，对布置的信息实现了高效可管理和科学的应用，实现了设计结果的可视化技术，为施工的方案设计提供了直观的信息，是施工布置和管理决策的一个强有力的工具。

2008 年，由吴康新等人对混凝土高拱坝的施工动态仿真与实时控制进行了研究，系统地分析了复杂约束条件下的高拱坝施工特征（见图 7-2），论证了高拱坝施工全过程仿真的基本原理和仿真时间推进方法，在综合考虑各种复杂约束条件下建立了高拱坝浇筑施工全过程的随机动态数学逻辑关系模型，详细分析了仿真建模所需考虑的时间约束、高差约束等约束条件，给出了模型的状态变量和决策变量。将面向对象技术、虚拟现实技术和多 Agent 技术集成到高拱坝施工仿真模型中，提出了基于真实施工场景下交互式仿真智能体模型的仿真建模方法，在高度沉浸感的三维环境中构建仿真模型，设置仿真属性和逻辑关系，并进行实时交互式仿真与控制，间或了仿真建模过程，提高了施工仿真的直观性和可接受性。

20 多年时间里，随着我国水利水电项目的发展，计算机仿真也更加广泛地应用到模拟施工和动态控制当中，大大提高了工程设计和施工的效率，如三峡、东风、水口、龙滩、漫湾、天生桥、大柳树、桃林口、喀腊塑克和小湾等水利水电工程大坝施工都采用了系统仿真技术进行研究。

总体来说，虽然国内对仿真方面研究较多，但是对三维真实感方面的研究还刚刚起步不久，而且大部分尚处在起步阶段，绝大部分还是着重于坝体浇筑过程的温度、应力的控制，缺乏在浇筑模型和真实感方面的研究，因此，对混凝土拱坝浇筑三维真实感仿真工具的研究具有深远的价值。

图 7-2 拱坝施工系统分解

第三节 混凝土拱坝浇筑仿真系统设计方案

一、混凝土拱坝浇筑分析

1. 混凝土拱坝施工特征

坝体作为水坝工程的主要部分，占有十分重要的地位。混凝土拱坝作为重要的水坝坝型之一，其施工有以下特征：

（1）混凝土的浇筑量大、持续时间长。大型混凝土拱坝的施工通常需要几十万甚是上百万方的混凝土，从浇筑基层混凝土开始到工程基本完成实现蓄水功能，一般需要 3～5 年的施工时间，因此施工的数据量非常庞大，需要高效的存储结构用于保存和读取数据。

（2）混凝土施工浇筑强度高、季节性强。混凝土坝的施工，经常受到河水流向、天气情况的影响和施工导流、拦洪度汛要求的制约，无法长时间连续均匀的施工。为了是坝体能够满足拦洪、挡水或安全度汛的要求，在汛期前坝体必须达到一定的施工程度，使得工程施工的季节性强、施工强度高，因此在仿真模型的设计中，应该考虑各种自然因素对施工进度的影响。

（3）施工中经常需要采用不同大型机械设备配合。为了保证坝体快速高质量的施工，针对不同的坝型和地形情况，需采用综合机械化的施工手段，选择技术先进施工合理的方案。在仿真模型的设计中，为了增强真实感，常设计施工分析模块，分析坝型和地形情况，得到最佳施工方案。

（4）多种施工环节交错进行、相互直接均有影响。混凝土坝通常体型庞大、结构复杂，采用多种标号的混凝土浇筑。同时，坝体混凝土浇筑常与基础处理、灌浆、辅助安装工程发生交叉作业。另外，由于工种和工序繁杂，相互之间的干扰也较大。因此在模型设计阶段，可以设计干扰因子，在工程的施工工序中，影响其完成时间。

2. 混凝土坝施工影响因素

混凝土坝施工是一个复杂的系统工程，其施工的过程常常受到许多因素的制约和影响。所以，应当处理好各种因素带来的影响，不然施工中任何一个环节出现问题，都会对整个工程进度带来影响。

（1）施工过程中的外部因素。施工过程中的外部因素主要包括水利因素和天气因素。水利因素对水坝施工带来的影响主要表现在丰水期洪水对坝体浇筑的影响。天气因素的影响主要表现在一定降雨或降雪强度下，大坝不能进行浇筑。夏季节气温过高或冬季温度过低对混凝土的生产、运输、凝固、养护等许多环节带来不利。

（2）施工过程中的内部因素。施工过程中的内部因素主要包括坝体的施工要求，拌和系统和运输系统的影响。坝体施工的要求是指混凝土坝施工过程中对坝体结构、施工的工艺以及技术、导流、度汛、通航等要求，还有浇筑的上升法则、浇筑器械能力的发挥和效率等。施工场地的大小以及地势高低变化幅度可能对拌和系统的布置、混凝土运输方案的选择和运输系统可靠性产生的影响。各个供料线的运输能力也将直接影响坝体混凝土的入仓温度和强度，进而影响坝体的浇筑质量。对拌和系统的影响主要来自于骨料的供应环节和混凝土拌和环节。骨料的质量会直接影响混凝土的浇筑强度、温控的要求以及水泥的用量。同时，骨料的供应量对混凝土拌和系统的生产能力也会产生影响。拌和系统的工艺和拌和系统的能力直接影响着混凝土质量和生产能力。

二、仿真建模的约束条件

由于碾压混凝土的体积比较大，所以在进行施工组织和设计的时候，需要考虑施工时候，温度、浇筑设备能力以及应力等多方面因素的影响，需要将坝体按照一定的原则进行分缝、分块地浇筑。由于混凝土坝经过分层分块之后，其浇筑块的数量可能有上千个，因此需要有效的安排各坝块的浇筑顺序。各坝块的浇筑原则引坝型的不同而有所差别，一般来说，浇筑都遵循由低往高、先迎水面后背水面的原则。为了使坝体能够均匀的上升，形成一个有机整体，选择浇筑块应该满足如下约束条件：

（1）时间约束。任选一个时间作为坐标原点，在某一时刻，任意一个浇筑块 $AL(l,m,n)$ 应满足

$$T \geqslant T_i(l,m,n)+T_j \tag{7-1}$$

式中 l,m,n ——坝段号、仓号、层号；

$T_i(l,m,n)$ ——当前的浇筑块 $AL(l,m,n)$ 的下一层浇筑块混凝土浇筑的完毕时间；

T_j ——坝块的间隔时间（例如混凝土的初凝时间、立模时间、冷水管埋设时间）。

（2）设备工作条件的限制。现场的每个机械设备都有自己的工作范围，只有坝段位于相应设备的工作范围内，才能进行浇筑工作。例如在设备进行搬迁或更换的时候，对应坝段是不能进行浇筑工作的。机械工作条件的限制是为了确定该设备工作范围内的某个坝段是否能开始浇筑。

（3）坝体间高差限制。为了使坝体的高度随着浇筑进行尽量均匀上升，所以应该对坝体上升的最大高程和最低高程间的差值进行约束，当某个坝段预计浇筑高程与高程最低坝段的高程差值大于高差约束，则该坝段是不可浇筑的。

（4）气候对浇筑的影响。仿真模拟时应判断当前浇筑的时间和天气，特别是在夏季和冬季时候，应特别注意温度对浇筑的影响。浇筑时候可采取两

班工作制，适当降低浇筑速度，使混凝土凝结充分。

（5）其他约束条件。在建模时除了要考虑上述约束条件外，还应当考虑到跳仓规则（先浇筑奇数段还是偶数段）、灌浆区段的划分、灌浆区段划分、边坡浇筑规则以及遇到孔洞时候，相邻坝段的浇筑方式。

三、仿真建模的边界条件

在实际大坝的浇筑施工中，常存在许多无法准确确定的因素，有些工序对浇筑过程的影响较大，难以用数字量化，因此，本仿真系统在尽量保证真实的前提下，对系统模型的边界进行适当的假设与简化处理，在实际的工程中，此类假设也是合理的。

在系统中不考虑骨料的总量以及供应速度，假定骨料系统永远满足拌和楼的需求。仅考虑混凝土运输和浇筑的情况，不考虑仓内混凝土碾压、平仓和切缝等作业。帷幕灌浆和排水孔的施工均在廊道内进行，不干扰坝体的施工，对坝体上升也没有影响。故没有进行进度分析，在仿真中一般不予考虑接缝灌浆。在坝基固结灌浆时候，尤其是在河床溢流、底孔坝段固结灌浆时候，采用有盖重灌浆方法，此方法对坝体混凝土浇筑干扰较大，需要考虑坝体的间歇。对于河床坝段，固结灌浆拟定在基础浇筑层完成后进行，其中间歇为 15 天，对于剩余坝段，由于基础常态混凝土提前浇筑，固结灌浆对坝体工期影响不大，所以可不予考虑。针对孔洞等特殊部分的浇筑，可以增加间歇时间来弥补特殊部分及其他额外工序所增加的时间。

金属结构的安装，假设工程能在限定的时间内完成，或者金属结构的安装对坝体的浇筑不产生影响，不妨碍坝体浇筑的工期，则可以不予考虑。但是有一部分的金属结构，例如坝体内部引水管的安装，假设在进水口底部停止一段时间后，才可以进行上层的浇筑。

四、三维真实感混凝土拱坝浇筑仿真的解决方案

如从功能上划分，混凝土拱坝浇筑仿真工具一共由五部分组成，分别是数据存取模块、数据校验模块、交互模块、动画仿真模块和特效模块，如图 7-3 所示。

（1）数据存取模块。用于将外部的数据读入系统或将系统的数据写入到外部文件。按照数据数量级和安全性划分，提供普通文件、XML 文件、数据

库三个存取方式。普通文件存取用于数据量不是很多、无需考虑安全性的数据。XML 文件按照树状结构组织数据，查找时按照节点的关键字进行查找，查询速度较快，适用于中型数据量的数据。数据库存取的优点是高效安全，适用于海量、对数据安全有要求的数据。

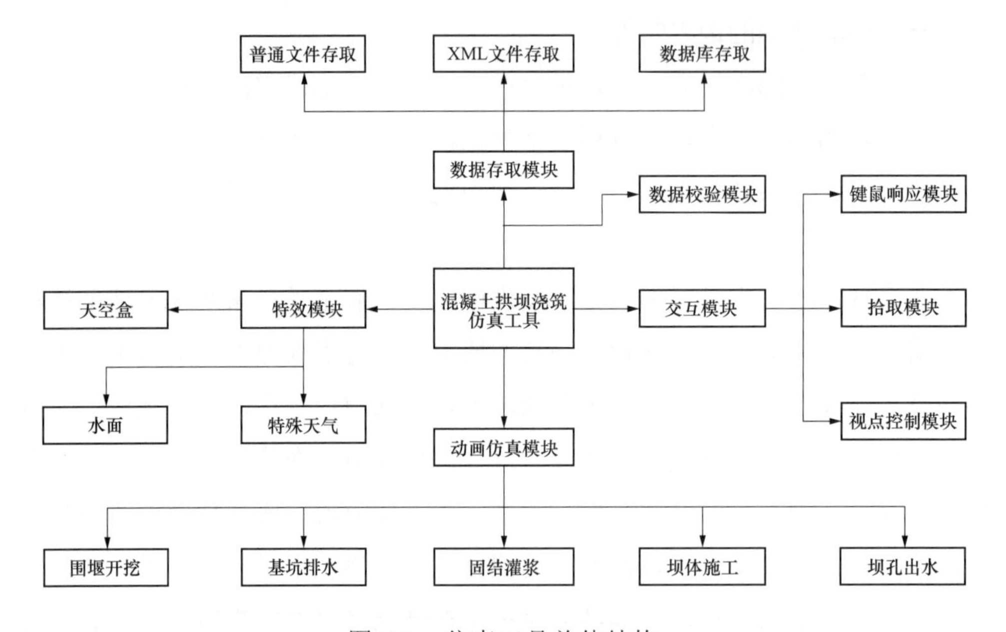

图 7-3　仿真工具总体结构

（2）数据校验模块。用于对输入数据进行校验，防止不合法的数据输入。

（3）交互模块。用于实现用户和系统之间的交互，由键鼠响应模块、拾取模块和视点控制模块组成。

（4）动画仿真模块。用于将工程施工的整个过程以动画的形式，直接展示给用户，使用户能够大体了解工程的施工进程。

（5）特效模块。用于加强用户的体验，模拟真实的天空，实现水面流动和反射的特效，模拟水流的降落过程以及和水面碰撞产生的水花。

第四节　混凝土拱坝模型的实时动态生成

传统水坝的浇筑模拟，通常是预先定义若干个浇筑阶段的模型，在仿真过程中以依次显示各个浇筑模型，达到动画仿真的效果。这种方法的缺点是模型调用在编码的时候就已经确定，如果大坝模型有变化或浇筑时间有变化，需要显示不同的场景，必须重新编码。同时，多个模型的存在也加大了内存的消耗。

针对水坝浇筑过程的特点和以往仿真工具的缺点，本文提出了利用三维裁剪实时生成坝体的思路。在内存中仅保留一份模型数据，由用户输入当前浇筑阶段，每个坝段的高程数据，利用此高程数据生成一个三维的裁剪面，然后用这个平面和相应坝段的三维模型进行交运算。在仿真领域中，常见的三维模型都是有三角形面片加纹理构成，所以将坝段的三角形网格和裁剪面求交生成新的三角形顶点，把位于裁剪面以上的顶点抛弃，再和同一三角形面片的其他点连接生成新的三角形面片。新生成的三角形面片加上裁剪平面，构成新的坝体三维模型。利用该方法，只需建立一个坝体三维模型，每次根据用户的输入数据实时生成三维模型，可以精确、高效的模拟浇筑过程。

一、模型构建

三维仿真中的一个重要部分就是仿真物体的建模，目标是高度且真实的模拟自然界中的客体。按建模对象的特性划分，对自然界物体的建模可分为规则和不规则两类。规则的物体是传统的图形学的研究内容，其技术基础是三维的几何造型，可以用几何函数精确的表示被模拟物体。不规则物体的特点是形状具有不规则性，可能有弯曲或皱褶，难以用传统的几何建模方式表示。对于这类不规则物体的建模总体来说有三种方法：

（1）将规则物体的几何模型进行随机扰动，得到不规则的物体。

（2）根据分形理论，也就是随机分形的自相似性来构造对象模型，可以添加随机和确定的形状控制参数模拟自然景物的细节。

（3）利用粒子系统建模，这种模型是由无数的独立的粒子构成，这些粒子的属性会随着时间的改变而变化，粒子系统主要用于解决由大量按一定规则运动的物体在计算机上生成和显示的问题。粒子系统属于一种过程模型，这种方法常用来描述火焰、气流等物体的运动。

在本系统使用规则物体建模方式，利用 3DMAX 完成对于具有规则几何形状的物体的设计，如图 7-4 所示。

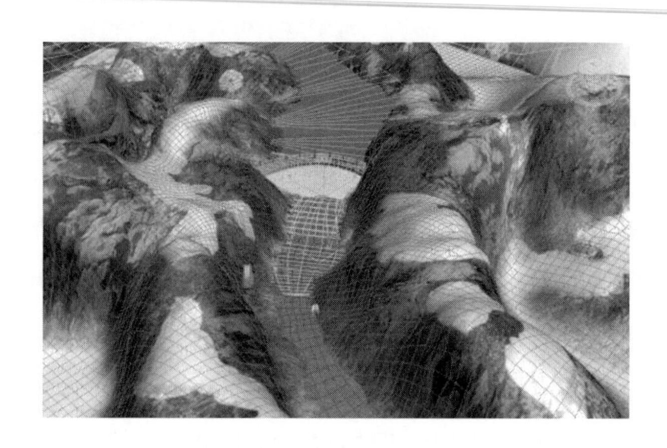

图 7-4　大坝模型设计

模型的工程数据采用数据库和 XML 两种方法存储，以应对不同用户群体的需求。在数据库的选择上，采用开源的数据库 PostgreSQL，通过 PostGIS 拓展，该数据库对几何数据的存储有很好的支持。而针对一些经常需要演示仿真程序的用户，由于演示地点经常变换，很可能没有网络的支持。并且同一地点，通常只进行一次演示，专门部署数据库代价较大。因此设计了方便用户携带的小型数据文件，将仿真所用到的数据全部组织到 XML 文件中，用户可以使用 U 盘等移动设备方便的携带数据,无需数据库的支持即可读取。甚至可以针对不同的仿真方案创建多个 XML 文件，用户可以根据自己的需求选择适当的文件进行仿真。

二、浇筑仿真

整个仿真是以仿真文件和时间作为输入，最终的输出结果是指定时间内大坝浇筑状态的仿真。系统仿真的精确度由输入数据决定，本系统中系统仿真精确到天，三维浇筑仿真流程如图 7-5 所示。

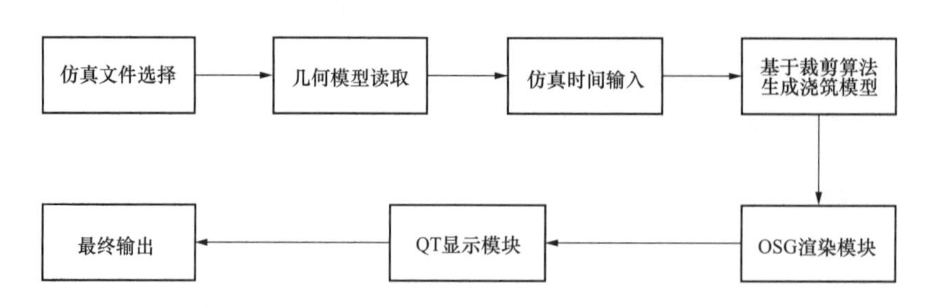

图 7-5　大坝浇筑三维仿真流程

系统仿真运行时候，首先由用户选择仿真文件，通过仿真文件里的仿真方案加在周边环境数据。用户可以输入仿真的开始和结束时间，经过数据校验模块确定数据输入无误后，再通过数据库或 XML 文件，解析出当前时间内的高程数据，然后由这些高程数据可以得到特定时间特定坝段的高度，将此高度作为裁剪平面，运用三维裁剪算法将完整的大坝模型裁剪至当前时间点的模型根据时间和用户的输入，进行动画的仿真。最后调用 OSG 的渲染模块对整个三维场景进行渲染，把渲染结果提交给 QT 的显示模块，利用 QT 提供的显示窗口现实最终结果。

大坝的几何模型和周边环境的几何模型都是以文件的形式保存在磁盘上，将每个阶段的高度、温度以及天气情况保存在数据库或 XML 文件中。这样做的好处是如果需要更改地形或坝体，只需要将新的高程文件拷贝到相应目录，然后更改配置文件即可。

三、三维模型裁剪算法

分析大坝浇筑过程的特点后，摒弃通常预知模型的做法，提出利用图形学中三维裁剪算法实时的生成浇筑模型，利用 OSG 完成三维图形的渲染，结合 QT 完成用户界面的设计。本方案利用了 QT 的跨平台性和美观的 UI 设计、OSG 高效的三维图形引擎，能够在很大程度上满足用户的需求。

1. 多边形裁剪算法

比较常见的多边形裁剪算法是 Sutherland-Hodgman 的多边形裁剪算法，该算法的基本思想是采用分割处理的策略，每次用窗口的一条边界以及其延长线裁剪多边形的各个边。由于通常有顶点序列来表示一个多边形，针对某条边界运用裁剪规则以后，会形成新的顶点序列，然后对下一条边界进行裁剪，以此类推，直到所有边界裁剪完毕，经过该算法运算，得到的一系列顶点序列就是结果多边形。

假设 $P_0P_1\cdots P_n$ 是待裁剪的多边形，该多边形的边将二维空间分成两个部分，假定裁剪窗口所在区域为内侧空间，另一个则为外侧空间。

假设 SP 为正在处理的多边形的边，点 S 在上一轮的裁剪中已经处理完毕。如图 7-6（a）所示，线段 SP 位于裁剪边的内侧，因此，在结果多边形的顶点列表中添加顶点 S；当线段 SP 与裁剪边相交于 i 点，如图 7-6（b）所示，由于点 i 和点 S 均为结果多边形的顶点，因此输出顺序是先 S 后 i。当线段 SP 位于裁剪边的外侧时，如图 7-6（c）所示，没有结果输出。如果线段 SP 与裁剪边的相交方式如图 7-6（d）所示，点 S 位于裁剪边外侧，该点是不可见的，故输出点是 i 点。

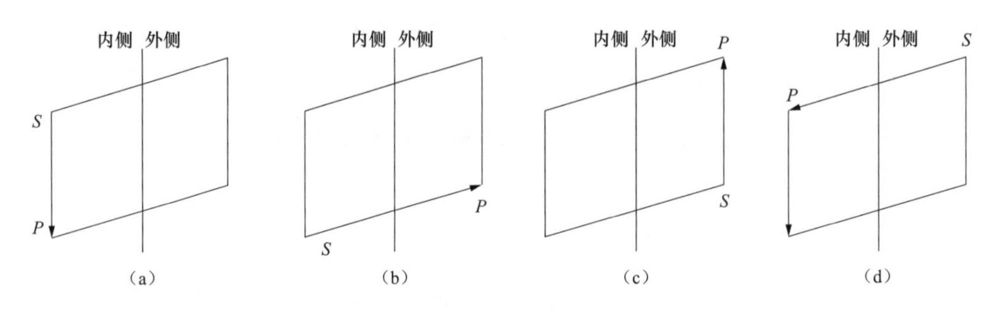

图 7-6 多边形裁剪四种情况

通过以上分析可知，构成多边形的顶点由裁剪边与多边形的交点和原多边形在裁剪边内侧的点两部分组成，最终的裁剪结果多边形就是由以上两部分顶点按一定顺序构成的。

2. 三维多边形裁剪算法

将 Sutherland-Hodgman 的二维裁剪算法的思想进行拓展，可以得到三维的裁剪算法。算法由之前的“按边裁剪”推广到现在的“按面裁剪”，也就是说，之前二维裁剪是计算线段与线段的交点，而三维裁剪中，则需要计算平面与线段的交点。

将坝体按照坝段进行分组，从数据库或者 XML 文件中获得当天的浇筑高程，对于每一组，均进行下列操作：

（1）取对应组的高程数据，根据高程数据建立裁剪平面。

（2）从当前分组的高程文件中分析出构成该模型的三角形面片坐标。

（3）用裁剪平面与各三角形面片求交，位于该平面之上的三角形抛弃，位于该平面之下的三角形保留。如果某个三角形正好与该平面相交，则分析构成三角形的三个顶点与裁剪平面的关系，若两个顶点位于上方，一个顶点位于下方，则用三角形和平面的交点替代上方两点。若一个顶点位于上方，两个顶点位于下方，则用三角形和平面的交点替代上方顶点后，与原来的两个顶点构成一个四边形，将该四边形重新划分为两个三角形即可通过以上步骤后，可以得到当前时间的坝体浇筑模型，由 DIG 的绘制引擎完成其绘制。

三角形与平面求交可以简化为构成三角形的三条直线分别于该平面求交。假设空间中任意一平面 M，其坐标方程为

$$aX + bY + cZ = 0 \qquad (7\text{-}2)$$

直线 $S_0(x_1, y_1, z_1)S_1(x_2, y_2, z_2)$ 的坐标方程为

$$\begin{cases} x = x_1 + t(x_2 - x_1) \\ y = y_1 + t(y_2 - y_1) t \in [0,1] \\ z = z_1 + t(z_2 - z_1) \end{cases} \qquad (7\text{-}3)$$

解方程组得到交点的坐标

$$t = -\frac{ax_1 + by_1 + cz_1 + d}{a(x_2 - x_1) + b(y_2 - y_1) + c(z_2 - z_1)} \qquad (7\text{-}4)$$

如果式（7-4）的分母为零，则说明直线 $S_0(x_1, y_1, z_1)S_1(x_2, y_2, z_2)$ 与平面 M 平行，即直线与平面没有交点。如果 $t<0$ 或者 $t>1$，说明与平面的交点位于 S_0S_1 的延长线上，线段 S_0S_1 位于平面的上方或下方。如果求的 $0 \leqslant t \leqslant 1$ 则满足条件，将其带入直线 S_0S_1 的坐标方程，求得交点坐标。

四、模型裁剪具体实现

系统三维模型事先通过 3D MAX 建模工具生成，系统支持.ive 和.osg 两种格式的模型文件，利用 OSG 读取模型后，分析组成坝体的各个坝段的三角形面片。各个坝段都是由许多三角形组成。利用裁剪平面裁剪模型，也就是将构成每个坝段的三角形进行裁剪运算，求三角形和裁剪面的交点，根据交点的个数和位置不同，采取新建三角形、保留原三角形或抛弃原三角形的策略。

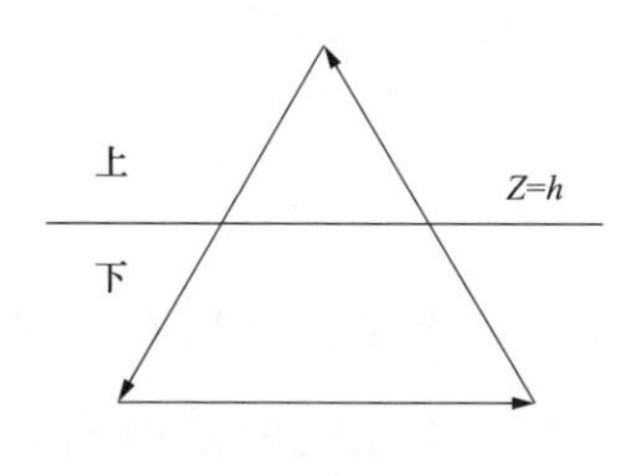

图 7-7 裁剪平面与三角形相交方式

在具体实现中，遍历坝体模型的所有三角形面片，如果一个三角形在裁剪平面上下均有顶点，则需要新建三角形顶点，如图 7-7 所示是三角形和裁剪面得一个相交方式，其他相交方式与其类似。

如图 7-8 所示说明了新三角形顶点的生成过程，OSG 的顶点结构中，以逆时针的方式存储各顶点坐标，在上三角形结构中，把定点按顺序依次命名为 $P_0P_1P_2$。裁剪面上方的顶点为 P_0，裁剪面下方的顶点为，按照逆时针方向求交点，先得到点 i，后得到点 j，所以新顶点的存储顺序为 i–j。

新三角形生成如图 7-9 所示，由于生成的顶点是按照逆时针方向存储的，所以可以得到三角形 iP_1P_2 和 iP_2j，因为在进行光照渲染时候，需要用到每个面的法向量，在此处将所有面的顶点以逆时针方向存储便于统一法向量，使光照效果正确。

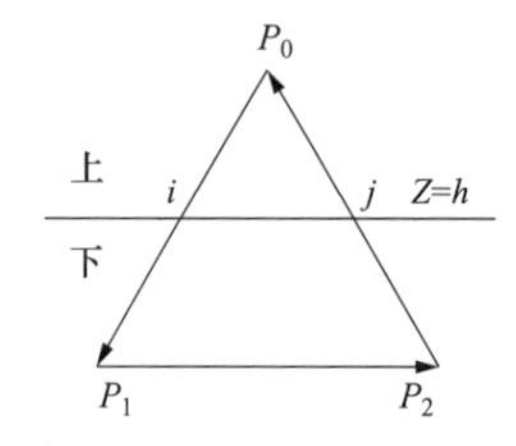

图 7-8　新顶点生成顺序

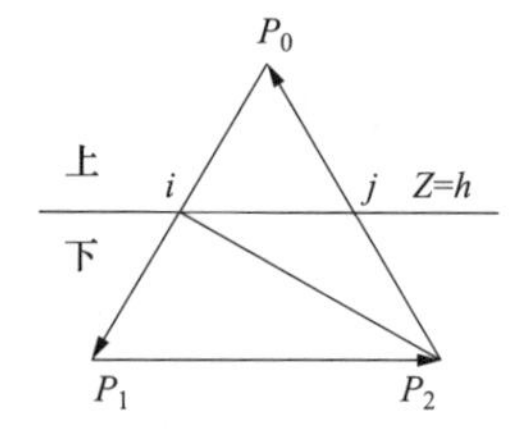

图 7-9　新三角形生成

等待用户输入仿真文件和仿真时间后，选择快捷键“V”即可查看坝体浇筑的动态仿真。分析仿真结果可知，采用三维裁剪算法以后，渲染依然可以达到 60 帧/s，用户观看和交互流畅，基本没有停顿感。而如果查看内存占用可以发现，较之以前传统的动态仿真，本系统的内存消耗大大减少，由于内存占用的减少，许多数据的运算可以直接在内存中进行，极大减少了运行时候内存。

和硬盘的数据交互，有助于节省系统资源，提高系统的响应速度。因此，采用三维裁剪动态生成模型的方法具有很强的实用性，能够达到预期的模拟效果，如图 7-10 所示。

五、小结

本节首先分析了传统浇筑仿真的特点，分析其优点和不足。然后对三维模型的建立作了详细说明，讨论了常见的几种建模方式和本系统所采用的方式。接着对浇筑仿真的流程作了说明。最后对本文提出的浇筑仿真方法作了细致说明，同时给出实验的效果图。

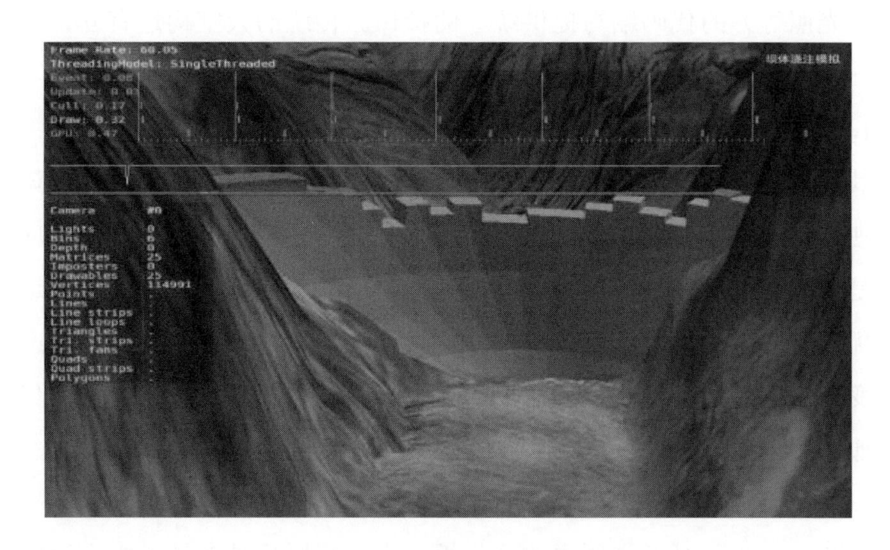

图 7-10　坝体裁剪效果

第五节　三维真实感场景的仿真

三维仿真是指利用计算机生成一个逼真的，具有视觉、听觉、触觉甚至味觉的等多种感知的虚拟环境，用户能够通过其自然的技能使用各种设备同虚拟环境中的实体相互作用。

一、三维场景中天空的仿真

在室外虚拟场景的仿真中，对天空的仿真一直是重要的研究方向。从 20 世纪 80 年代开始，一直有研究者在该领域中进行研究，提出了许多仿真方法和模型的构建方法。早期的例如 ontogneeticModel 方法，其噪声函数采用 Perlin 方法来模拟复杂的云彩。由于这种渲染技术是对场景中的所有元素都进行渲染，计算量非常巨大，很难实时进行渲染。后来出现了使用粒子系统模拟云彩，但是云彩的模拟通常需要大量的粒子完成，随着粒子数量的变多，场景的渲染速度会越来越慢。

OSG 是一套基于 C++的应用程序接口，它将 OpenGL 中常用的方法封装成使用更佳方便的类，所以使用 OSG 渲染，实际上是调用更加底层 OpenGL 实现。OpenGL 技术为图形元素（如多边形、线段、点等）和状态（如材质、阴影、光照等）的代码编写提供统一的接口。传统的天空构造有立方体盒、Billbord、天空球模型，这些方法各有其特点。

1. 立方体盒法

其原理是实现在场景中绘制一个封闭的立方体空间，该立方体应该足够大，使之能够覆盖整个场景。立方体的六个面上，贴上对应的纹理。应该注意的是，六个面的纹理应连续，特别是面与面的接缝处要保持连续。这种方法的优点是实现简单，缺点是如果立方体非常大，贴于其上的纹理会产生较大的变形。比较适合绘制投过窗户的天空，但是在户外场景的绘制中失真较大，通常不采用。

2. Billbord 技术

Billboard 也就是通常所说的公告板技术，其原理是在场景中合适的位置“公告板”，公告板的实质是一个共面四边形，一般使用中，常用矩形实现。当用户视点发生变化时，调整公告板的方向，使其法向量始终指向用户视点。这种技术的最大优点是仅仅用一张图片代替可能由成百上千个三角形组成的模型，极大地节省资源，极大地提高渲染效率。缺点是即使转动视角，也只能看到模型的同一面信息，缺乏立体感。

3. 天空球模型

天空球模型跟立方体盒子比较类似，不同之处是前者的天空模型是球型或半球型，通过对球体内部进行纹理贴图表现天空环境。由于现实的天空是半球状，因此使用该模型能很好地模拟天空。不足之处是将二维平面的纹理贴到球体内部的曲面上，会产生不真实的拉伸效果。特别是在球体两级，走样情况更严重。

为了利用天空球形状的优点，本系统采用天空球和天空盒相结合的方法构建天空模型。具体做法是天空的模型采用球状模型，然后构建一个立方体模型，将天空球包含在内，将纹理图与立方体六个面得内侧绑定。对于球体的任意一点，延长该点的法线，与球体外的立方体必有一交点，交点所对应的纹理就是球体上该点所映射的纹理。按照此方法创建的天空模型，既解决了立方体纹理接缝处得变形，又解决了球体两级处的纹理走样。效果如图 7-11 和图 7-12 所示。

图 7-11　天空仿真实际效果

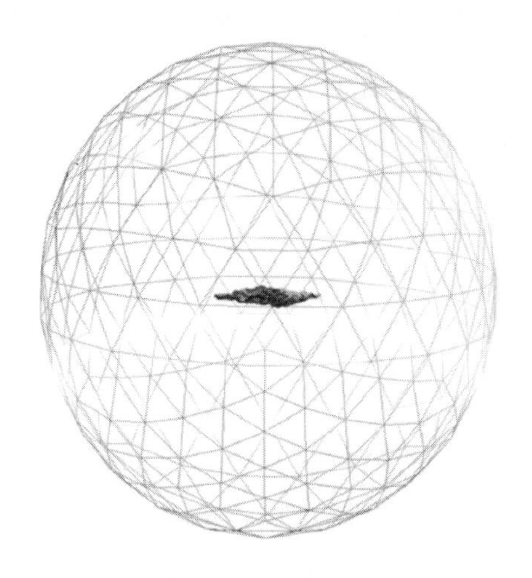

图 7-12　天空球模型

二、场景绘制优化

由于人眼的视觉残留的特性，人眼不能分辨超过 30 帧/s 的动画，也就是说，在交互式的场景仿真当中，图像渲染的速度至少应达到 30 帧/s，才能使用户有流畅的体验。

在仿真场景的绘制中，由于场景越来越巨大，模型越来越精细，需要采用适当的技术优化场景的渲染，加速场景的绘制。当前比较流行的方法是适当降低图形质量来提高绘制速度，例如图像的消隐技术、细节层次简化技术、基于图像的绘制技术。

目前仿真场景中的模型的复杂度非常之高，某些模型甚至由上百万的多边形组成，要在这种大规模复杂场景中达到实时仿真非常困难，现在比较流行的做法是，在不影响真实感的情况下适当减小模型的精细度，提高场景的绘制速度，这就是细节层次简化技术的基本思想。

细节层次技术是不影响或很少影响画面视觉效果的条件下，通过简化模型的细节来减少场景的复杂性。通常的做法是对同一对象建立不同精细度的模型，当用户视点在模型近处时候，采用精细的模型，当用户视点离模型较远是，采用粗糙的模型，这样做可以极大地降低场景的复杂程度。

当前在三维仿真的领域中，通常使用三角形网格表示对象模型。由于三角形结构的简洁性，在硬件系统中可以快速地渲染和绘制，因此实际应用中，经常采用密集的三角形网格表示几何对象。为进一步提高模型绘制效率，Schroeder 提出三角形网格的简化算法。在保持局部平坦性的原则下，减少三角形网格的顶点和边的数量。

从模型网格的拓扑结构来说，有顶点删除、边的压缩和平面收缩三种网格简化的方法。顶点删除，就是删除网格中多边形的某些顶点，然后将其形成的空洞进行三角形剖分操作，保持网络拓扑的一致性。边的压缩是把网格上的某些边压缩成一个顶点，和该边相邻的三角形进行退化操作，即面积变为零，它的两个顶点融合成一个新的顶点。正面收缩，就是把网格上的某些面片收缩成一个点，也就是说，该三角形面片本身与其相邻的三角形都进行退化操作，它的三个顶点收缩为一个新的顶点。层次细节简化见图 7-13。

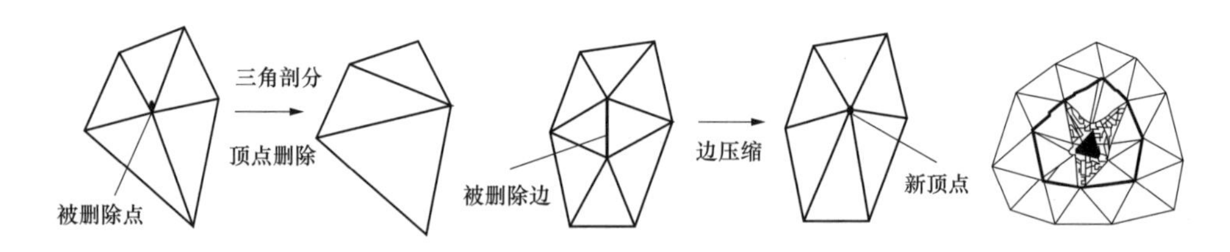

图 7-13　层次细节简化

在 OSG 中，LOD 细节层次节点是集成在 OSG:Group，使用细节层次节点可以实现不同层次物体的渲染。细节层次简化的思想就是使用一种简单的形式用于表达物体。当视点离物体较近时，用较详细的细节模型表示。当视点远离物体时候，用适当简化的模型来表示。只要选择较好的阈值，用于距离的原因，简化后的模型与未简化后的模型从视觉上近似一致。

在 OSG 的渲染模型中，对于一个 LOD 模型，它通常是一次性载入内存，然后根据某些条件有选择地进行绘制。OSG 中 LOD 的继承关系如图 7-14 所示。

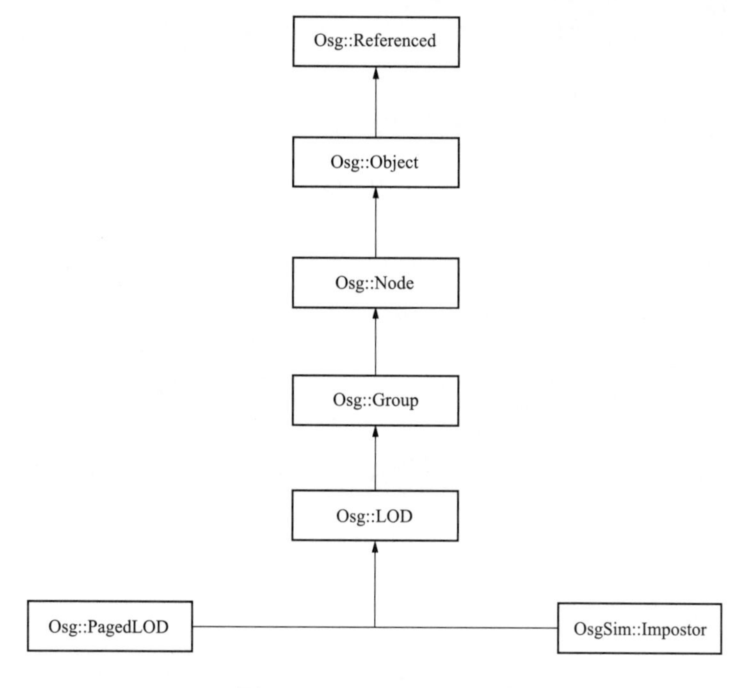

图 7-14　LOD 继承关系

传统的 LOD 采用不同精细度的模型以提高绘制速度，但是也存在一些问题，例如在模型读取时是将不同精细度的模型全部载入，虽然提高了模型的绘制速度，却带来了内存的极大占用，无法绘制一些超大规模的场景，因此可以采用分页细节层次节点的技术。

在 OSG 中，使用 PagedLOD 实现分页细节层次节点，该节点继承自 osg::LOD 节点。它与 osg::LOD 节点的最大区别是，osg::LOD 节点的模型全部保存在一个文件之中，而 osg::PagedLOD 节点的均是磁盘上的文件，调用时动态加载模型，不用时释放所占资源，较大程度改善了资源占用。

分页细节层次节点的主要用途是处理大规模的数据，因此在地形和 GIS 方面有着广泛的应用。在本系统中，正是利用分页层次节点实现大坝场景的动态加载，具体做法是为每一个需要动态加载的模型创建一个包围盒，计算视点到物体包围盒的距离，当小于某一阈值加载精细模型，高于某一阈值则加载非精细模型，效果如图 7-15 和图 7-16 所示。

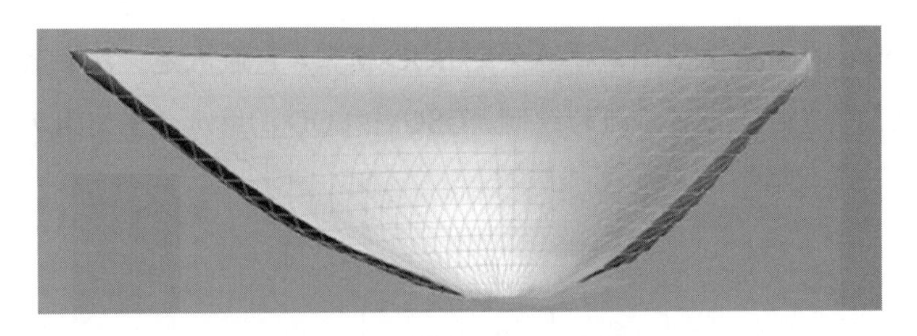

图 7-15 坝体的精细模型

图 7-16 坝体的粗糙模型

三、三维场景中出水的仿真

在大坝浇筑的三维仿真中，不仅要模拟坝体的浇筑状态，更要模拟在坝体浇筑完成后，大坝蓄水和泄洪的过程。本系统采用粒子系统模拟泄洪的效果，这也是当前模拟水流的一种有效方法。本文基于粒子系统，建立了水流的粒子模型，该模型从属性、运动和绘制等方面分析了水流粒子。通过实验验证，本系统可以高效、真实地模拟大坝的出水场景。

1. 粒子系统的设计

粒子系统是三维计算机图形学中模拟一些特定模糊现象的技术，而这些现象如果用其他传统的渲染技术则难以实现。粒子系统是由大量动态生成的粒子构成，每个粒子都有与之关联的若干属性，如粒子的生命周期、初始和结束的颜色、初始和结束的速度等。典型的粒子系统更新循环可分为参数更新阶段和渲染阶段两个阶段。

在参数更新阶段，每个粒子会根据发射器的位置以及给定的生成区域在某些特定的三维空间生成。根据发射器的参数初始化每个粒子的颜色、速度和生命周期等参数，然后检查每个粒子是否到位于生命周期中，如果位于周期内，则根据物理特性改变粒子的位置和状态；如果在生命周期以外，则删除该粒子。

在更新阶段完成后，下一步就是进行粒子的渲染。通常每个粒子都是用纹理映射后的四边形进行渲染，同时调整四边形的位置，使其总是朝向观察者。但是，在一些低分辨率场景下，这个过程并不是必须的，可以将该粒子渲染成一个像素或者变形球。

在 OSG 中，可以采用 osgParticle 高效的模拟粒子系统。在其预制的粒子系统中大部分的粒子系统模拟均采用 Billboard 与色彩融合技术生成粒子。Billbord 技术在前文已经阐述，虽然存在一些问题，但是总体来说，效果还是非常不错。所谓色彩融合技术，就是在渲染过程中，将各种颜色，例如顶点的颜色、光照的颜色、材质的颜色、纹理的颜色等以 Apla 值按一定的比例进行融合，以达到模拟真实效果。

一个普通的粒子系统的模拟通常由图 7-17 所示的模块构成，其由放射极、粒子系统、粒子、放置器、发射器、计数器、粒子系统更新器、标准编程器和操作器构成。

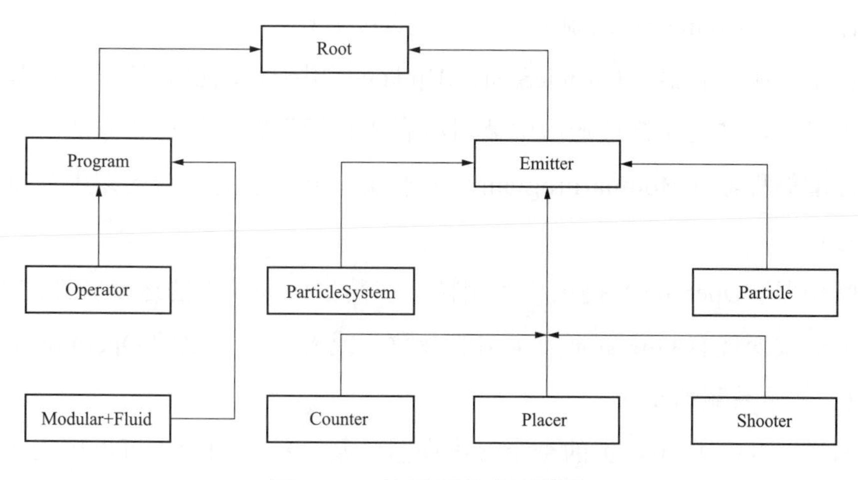

图 7-17　粒子系统主要模块

放射极（Emitter）包括一个计数器、一个放置器和一个发射器，它为用户控制粒子系统中的多个元素提供一种标准的机制。

粒子系统（ParticleSystem）维护并管理一系列粒子的生成、更新、渲染和销毁。OSG 提供了函数 setDefaultAttributes 用于控制三个常用的渲染状态。

粒子（Particle）是粒子系统的基本单元，具有图像属性和物理属性，形状可以是任意的点、四边形、四边形带、六角形或线段。每个粒子都有自己的生命周期，所谓生命周期也就是指粒子能够存活的时间，在本系统中，生命周期为负数的粒子可以存活无限长的时间。所有的粒子都有大小、Apha 值和颜色的属性，可以为每一组粒子指定其最大和最小值。为了便于管理粒子的生命周期，粒子系统可以通过改变其生命周期的最大值和最小值来控制某个粒子的渲染。

放置器（Placer）用于设置粒子的初始位置，用户可以使用预定义的放置器或定义自己的放置器，已经定义的放置器包括点放置器（所有粒子从同一点出生）、扇面放置器（所有粒子从一个指定中心点、半径范围和角度范围的扇面出生），以及多段放置器（用户指定一系列的点，粒子沿着这些点定义的线段出生）。

发射器（Shooter）用于指定粒子的初始速度。RadialShooter 类允许用户指定一个速度范围以及弧度值表示的方向，方向有两个角度指定，即 theta 角与 Z 轴的夹角，phi 角与 XY 平面的夹角。

计数器（Counter）控制每一帧产生的粒子数。

粒子系统更新器（ParticleSystemUpdate）用于自动更新粒子。将其置于场景中时候，它会在拣选遍历中调用所有“存活”粒子的更新方法。

标准编程器（ModularProgram）用于在单个粒子的生命周期中控制粒子的位置。

操作器（Operator）提供了控制粒子在其生命周期中的运动特性的方法，用户可以改变现有 Operator 类实例的参数，或者定义自己的 Operator 类。

2. 粒子系统的定义

如式（7-5）所示，上的一个 n 维向量，某一粒子的状态可以用表示，它包含了粒子的位置、速度、加速度、大小、生存期、颜色、形状和亮度

$$P^n=\{\text{position, speed, accelerate, size, lifetime, color, shape, bright}\} \quad (7\text{-}5)$$

粒子集合就是粒子的有限集合，每一个粒子都具有一个索引表 I，用于表示从 I 到的映射，即

$$P:I\rightarrow P^n(n\geqslant 3,\ n\in I) \quad (7\text{-}6)$$

所谓粒子系统就是许多粒子的有限集合，其中 $Pm:=P$ 表示粒子在时刻的

状态。粒子系统的初始状态是 P。将与时间相关的状态集合表示成一个动态粒子系统，用 T 来表示

$$T = \{Pt : Tt \rightarrow P^n \mid n \geqslant 3, n \in I, t \in \{t_0, t_1, \cdots, t_n\}, Tt \in I\} \tag{7-7}$$

3. 粒子的属性

在粒子系统中，每个粒子都应该具有一些属性以区别其他的粒子，以下是一些粒子常有的属性：

（1）位置。用于说明粒子位于三维空间的什么地方，对于每一个移动的粒子都应该保存它的运动轨迹，在三维空间中至少包含（X，Y，Z）三个坐标值。

（2）速度。用于说明粒子运动的方向和速率，速度常常是伴随位置而言，它用矢量来表示，告诉粒子系统粒子沿什么方向以多快的速率运动。

（3）加速度。正如速度影响位置一样，加速度会影响速度，粒子的加速度通常是某个外力施加于其上造成的，在本系统中，这个力是用重力施加的。

（4）生命周期。由于粒子系统对资源的占用较大，因此当一个粒子离开用户的视野，或者对图像的仿真不再有作用时候，应该将该粒子从系统剔除。所有的粒子都被限定在一个有效的生命周期内，老的粒子在一段时间后会被清除，新的粒子同时也会被加入。

本系统为模拟水流的粒子设置了许多属性，其中共有的属性是初始位置以及初始的发射时间，所有粒子均沿抛物线运动，如图 7-18 所示。所有的粒子生命自抛射点开始，到进入水面结束。

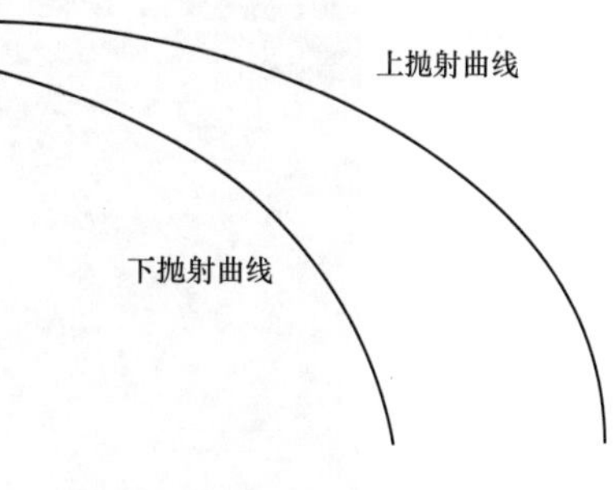

图 7-18 水流的运动轨迹

4. 粒子的状态更新

在粒子系统中，针对每个粒子会不断计算其速度、三维的坐标值及其方向。如果粒子是运动的并且尚未到达水面，则其位置应随着速度的改变而改变，同时，粒子的生命周期不断减少。如果粒子位置到达水面，则将其生命周期置零，然后将删除该粒子，各粒子的运动如图 7-19 所示。

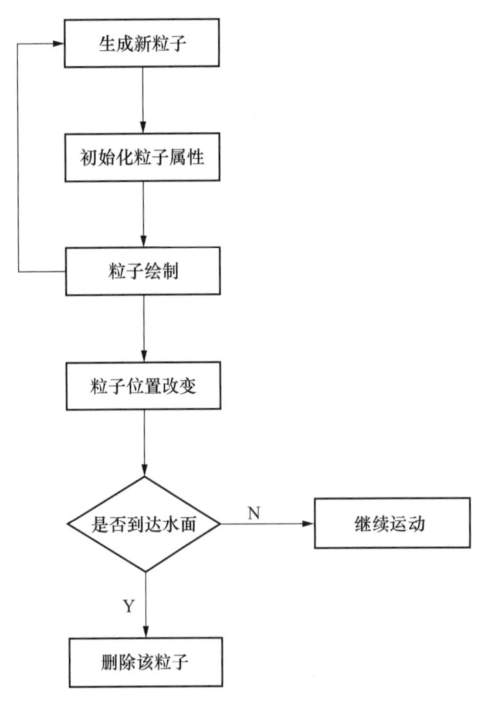

图 7-19　粒子的绘制流程

5. 实验结果

在大坝泄洪的仿真中，坝孔出射水流呈抛物线形状落至水面，抛物线的形状跟上下游水面的高度差有关。本系统可以根据出水口和水面的高度差自动控制粒子的初始速度，使水流轨迹发生变化，真实模拟现实的泄洪。

为了模拟出水的效果，假设 V 是默认的出水速度，为了模拟高度不同所导致的出水速度不同，设置了影响因子 a。如果水面的高度是 h，坝体最大的高度用 H 表示，则

$$a = H / h \tag{7-8}$$

坝孔粒子最终出射速度为

$$V' = V \times A \tag{7-9}$$

本系统所仿真的大坝，其坝体有 4 个出水孔，分布位置如图 7-20 所示，其中两个在顶部，一个在中部，因此需要 4 个粒子系统来模拟水流的效果。

图 7-20　坝孔特写

现实情况中，下落的物体接触到水面后，会有水花的溅起，坝口流出的水流在接触下游水面后，同样会溅起水花。为了模拟的真实性，在水流与水面接触的地方，也应该设置粒子发射器模拟水花的效果。在本系统中，水面处设置 4 个粒子发射器，分别对应 4 个坝孔的水流，粒子以扇形向空中出射，效果如图 7-21 所示。

图 7-21　水花特写

四、三维场景中水面的仿真

需要进行表面网格的几何波动和网格上法线图的扰动两个表面的模拟。两个模拟本质上市相同的，水面高度由简单的周期波叠加表示。

正弦函数叠加后得到一个连续函数，这个函数描述了水面上所有点的高度和方向。在处理顶点的时候，基于每个顶点的水平位置对函数取样，使得网格细分形成连续水面。在几何分辨率之下，将该技术继续应用于纹理空间。通过对近似正弦叠加的发现取样，用简单像素 shader 渲染到渲染目标纹理，从而产生表面的法线图。为每帧渲染法线图，允许有限数量的正弦波组相互独立地运动，大大提高了渲染的逼真度。

水纹理的波纹好坏决定着模拟的逼真度，波纹表面的几何波动提供呈现纹理的精细框架结构，对纹理波纹有不同的几何选择标准。

1. 波的选择

需要一个参数组来定义每个波，如图 7-22 所示，对应参数如下：

波长（L）：世界空间中波峰到波峰之间的距离。

振幅（A）：水面到波峰的高度。

速度（S）：每秒钟波峰移动的距离。

方向（D）：垂直于波阵面的水平向量，波阵面是波峰沿着它运动的面。

波的状态定义为水平位置和时间的函数，可用式（7-10）表示

$$W_i(x,y,t)=A_i \cdot \sin[D_i(x,y) \cdot \omega_i + t \cdot \varphi_i] \tag{7-10}$$

而包括所有的波 i 的总表面如式（7-11）所示

$$H(x,y,t)=\Sigma[A_i \cdot \sin(D_i(x,y) \cdot \omega_i + t \cdot \psi_i)] \tag{7-11}$$

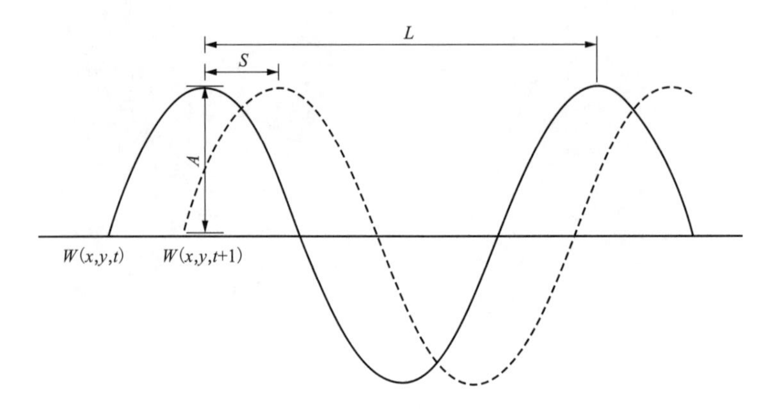

图 7-22　单个波函数的参数

为了提供场景动力学的变量，将在约束中随机产生这些波函数，随着时间的变化，不断地将一个波淡出，然后再以一组不同的参数将其淡入，过程中这些参数是相关的。必须仔细地产生一个完整的参数组，才能使各个波以可信的方式结合在一起。

2. 法线和切线

因为表面是一个显式函数，所以能在任意给定点直接计算表面方向。副法线表面上的三维位置 P 如式（7-12）所示

$$P(x,y,t)=[x,y,H(x,y,t)] \tag{7-12}$$

x 方向上的偏导数如式（7-13）所示

$$B(x,y)=\left\{\frac{\partial x}{\partial x},\frac{\partial y}{\partial x},\frac{\partial}{\partial x}[H(x,y,t)]\right\}=\left\{1,0,\frac{\partial}{\partial x}[H(x,y,t)]\right\} \tag{7-13}$$

切线向量如式（7-14）所示

$$T(x,y)=\left\{\frac{\partial x}{\partial y},\frac{\partial y}{\partial y},\frac{\partial}{\partial y}[H(x,y,t)]\right\}=\left\{0,1,\frac{\partial}{\partial y}[H(x,y,t)]\right\} \tag{7-14}$$

法线由副法线和切线的叉积给出，如式（7-15）所示

$$N(x,y)=B(x,y)\bullet T(x,y)=\left\{-\frac{\partial}{\partial x}\bullet H(x,y,t),-\frac{\partial}{\partial y}\bullet H(x,y,t),1\right\} \tag{7-15}$$

对于所有的波 i，函数加和的导数是各个函数的导数之和，如式（7-16）所示

$$\begin{aligned}\frac{\partial}{\partial x}[H(x,y,t)]&=\Sigma\left\{\frac{\partial}{\partial x}[W_i(x,y,t)]\right\}\\&=\Sigma\{\omega_i\bullet D_i\bullet x\bullet\cos[D_i\bullet(x,y)\bullet\omega_i+t\bullet\psi_i]\}\end{aligned} \tag{7-16}$$

直接叠加正弦波产生的波浪有太多的“卷”，而真实波浪的波峰比较尖，波谷比较宽。解决的方法是使用正弦函数的简单变形，从而可控地产生这个效果。将正弦函数修改为非负状态，并且赋予它一个指数 k。函数及其对于 x 的偏导数为

$$W_i=2A_i\bullet\left(\frac{\sin(D_i(x,y)\bullet\omega_i+t\bullet\psi_i)+1}{2}\right)^k \tag{7-17}$$

$$\begin{aligned}\frac{\partial}{\partial x}(W_i(x,y,t))&=k\bullet D_i\bullet x\bullet\omega_i\bullet A_i\bullet\left(\frac{\sin(D_i(x,y)\bullet\omega_i+t\bullet\varphi_i)+1}{2}\right)^{k-1}\\&\bullet\cos(D_i(x,y)\bullet\omega_i+t\bullet\psi_i)\end{aligned} \tag{7-18}$$

如图 7-23 所示，显示了有幂常数 k 的函数所产生的波形，这是为产生纹理波所使用的函数，为了简单起见，仍然借助简单的正弦之和表示波，并且在考虑本波形变化时予以标注。

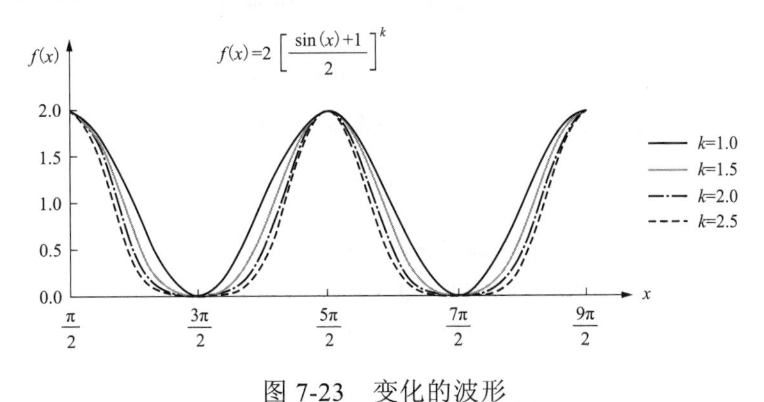

图 7-23　变化的波形

3. Gerstner 波

早在计算机图形出现之前就研发出 Gerstner 波函数，在物理学基础上为

海水建模，Gerstner 波可以提供一些表面的微妙运动，虽不是很明显但是很可信。选择 Gerstner 波，是因为它们把顶点朝着每个浪头移动形成更尖的峰，如图 7-24 所示。

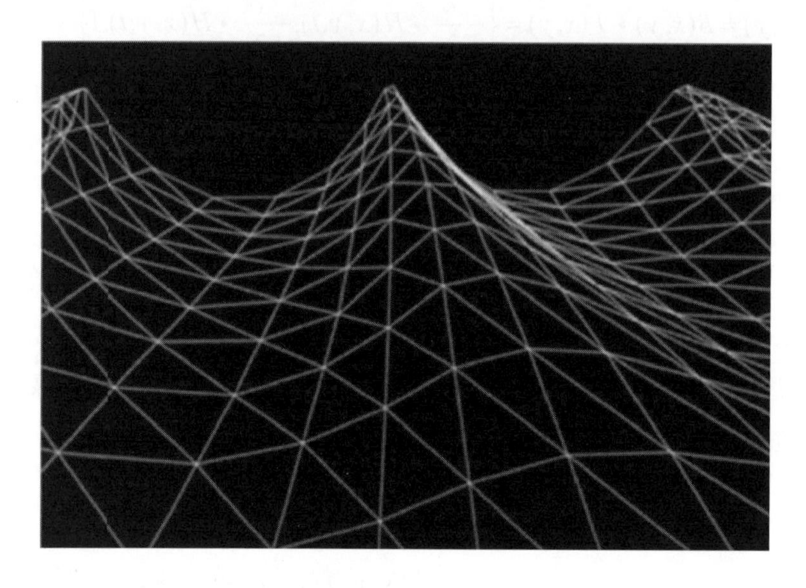

图 7-24 Gerstner 波

Gerstner 波函数为

$$P(x,y,t)=\begin{pmatrix} x+\Sigma(Q_i \cdot A_i \cdot D_i \cdot x \cdot \cos[\omega_i \cdot D_i(x,y)+\psi_i \cdot t)] \\ y+\Sigma(Q_i \cdot A_i \cdot D_i \cdot x \cdot \cos[\omega_i \cdot D_i(x,y)+\psi_i \cdot t)] \\ \Sigma\{A_i \sin[\omega_i D_i(x,y)+\psi_i t]\} \end{pmatrix} \tag{7-19}$$

这里是控制陡度的参数，对于单个的波给出正常的正弦波，而给出尖峰的波形。应避免选用较大的值，因为它们将会在波峰上形成环。

求导后得到的切线空间的基础向量为

$$B=\begin{pmatrix} 1-\Sigma[Q_i \cdot D_i \cdot x^2 \cdot WA \cdot S(\ )] \\ -\Sigma[Q_i \cdot D_i \cdot x^2 \cdot WA \cdot S(\ )] \\ \Sigma[D_i \cdot x \cdot WA \cdot C(\ )] \end{pmatrix} \tag{7-20}$$

$$T=\begin{pmatrix} 1-\Sigma[Q_i \cdot D_i \cdot x \cdot y \cdot WA \cdot S(\ )] \\ 1-\Sigma[Q_i \cdot D_i \cdot y^2 \cdot WA \cdot S(\ )] \\ \Sigma[D_i \cdot y \cdot WA \cdot C(\ )] \end{pmatrix} \tag{7-21}$$

$$N=\begin{pmatrix}-\Sigma[Q_i \cdot D_i \cdot x \cdot WA \cdot S(\ )] \\ -\Sigma[Q_i \cdot D_i \cdot y \cdot WA \cdot S(\ )] \\ 1-\Sigma[D_i \cdot WA \cdot C(\ )]\end{pmatrix} \tag{7-22}$$

其中：

$WA=\omega_i \cdot A_i$， $S(\ )=\sin(\omega_i \cdot D_i \cdot P+\varphi_i t)$， $C(\ )=\cos(\omega_i \cdot D_i \cdot P+\varphi_i t)$

运用上述方法后，可以实现如图 7-25 所示的效果。

图 7-25　水面效果

第六节　混凝土拱坝浇筑仿真系统交互功能设计与实现

人机交互研究的目的是使人与计算机之间的信息交换方式更加轻松、更加科学、更加人性化，消除人与机器之间的交流障碍。交互设计在心理学、人体工程学和计算机仿真等领域有极大的应用。

人机交互研究的是将人和计算机技术联系起来，使计算机技术更加人性化。为了达到这种要求，设计人员必须对心理学、审美学等跨学科知识有所掌握。在界面的设计中，应该充分运用人们容易理解的图形和少量的文字，使得用户能够轻松的操作计算机。交互设计的原则，并不是将每个人都变成操作计算机的专家，而应该是赋予计算机软件更多的人性化特点。正如莫尔恩莫尔恩·考第尔所说："不是用户必须去学习计算机提供的界面，而是计算机界面必须满足用户的偏爱。"

在设计交互功能时，应当从输入和输入设备着手，分析用户在操作计算机时的习惯和所遇到的问题。在本系统中，通过设置合理的快捷键、提供各种尺寸的 UI 界面、对场景中物体提供拾取和拖拽、提供鼠标所在位置的模型信息等方式，加强用户的沉浸感用操作流畅感。

一、界面设计

Qt 是诺基亚开发的一个跨平台的 C++图形用户界面应用程序框架。它提供给应用程序开发者建立艺术级的图形用户界面所需的所用功能。Qt 是完全面向对象的，很容易扩展，并且允许真正地组件编程。自从 1996 年早些时候，Qt 进入商业领域，它已经成为全世界范围内数千种成功的应用程序的基础。Qt 也是流行的 Linux 桌面环境 KDE 的基础。基本上，Qt 同 Window 上的 Motif、Openwin、GTK 等图形界面库和 Windows 平台上的 MFC、OWL、VCL、ATL 是同类型的东西，但 Qt 具有优良的跨平台特性、面向对象、丰富的 API、大量的开发文档等优点。

OSG 是 OpenSceneGraph 的简称，它是一个开放源码，跨平台的图形开发包，它为诸如飞行器仿真，游戏，虚拟现实，科学计算可视化这样的高性能图形应用程序开发而设计。它基于场景图的概念，它提供一个在 OpenGL 之上的面向对象的框架，从而能把开发者从实现和优化底层图形的调用中解脱出来，并且它为图形应用程序的快速开发提供很多附加的实用工具。

本节采用 QT 与 osG 相结合的方法，将 osG 的显示模块以窗口的形式嵌入到 QT 的窗口中，使得所开发的程序拥有跨平台性能和高效的图形渲染性能。在 OSG 中，通过 osgViewer 库来控制视口的显示。因此，将 QT 中的窗口类继承 osgViewer，用以在 QT 的窗口中现实 OSG 的渲染结果，如图 7-26 所示。

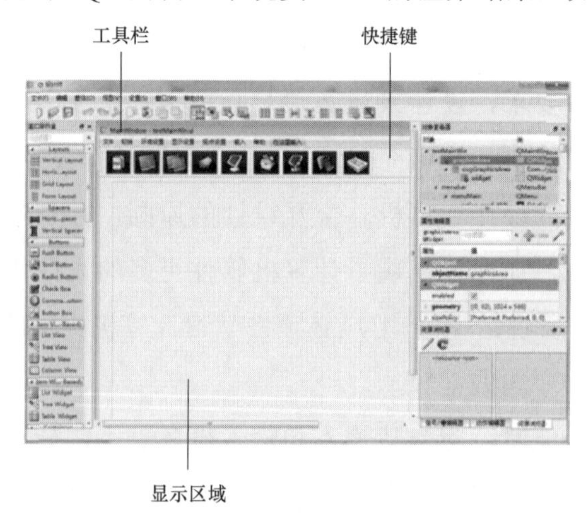

图 7-26　QT 现实 OSG 渲染

二、仿真方案加载

如图 7-27 所示，未加载仿真方案之前，除了“读取仿真方案”和“退出”图标外，其余图标均为灰色不可选择状态。点击“读取仿真方案”图标，弹出相应对话框，此为选择文件窗口，仿真方案是以.XML 文件类型存储，包括导流洞隧洞开挖、围堰开工、基坑排水、基坑开挖、垫层混凝土浇筑、固结灌浆、坝体浇筑、浇筑完成几个阶段。每个阶段都包括开始时间和结束时间以及在该阶段需要进行的操作。

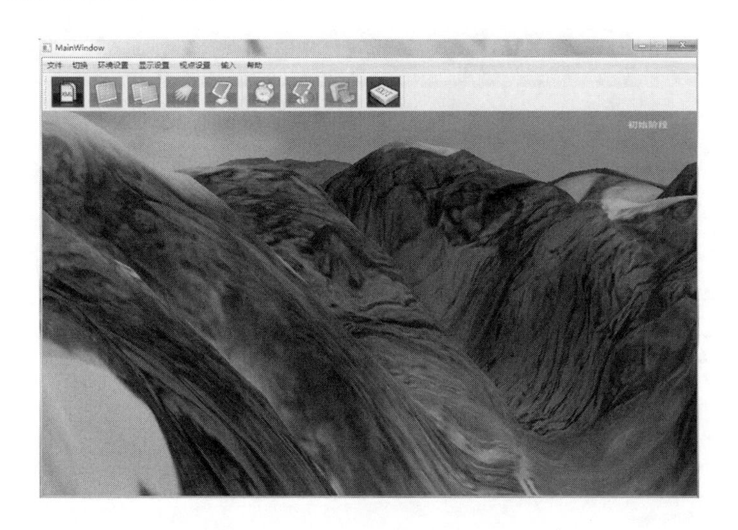

图 7-27　未加载方案示例

考虑到使用和移动的便捷性，本软件采用 XML（可扩展标记语言）存储仿真方案。XML 是 1986 年国际标准组织（ISO）公布的一个名为标准通用标识语言（standard generalized markup language，SGML）的子集。它是由成立于 1994 年 10 月的 W3C（world wide web Consortium）所开发研制的。1998 年 2 月，W3C 正式公布了 XML 的：ecommendation 1.0 版语法标准。XML 掌握了 SGML 的扩展性、文件自我描述特性，以及强大的文件结构化功能，但却摒除了 SGML 过于庞大复杂以及不易普及化的缺点。

本文的 XML 主要存储导流隧洞开挖、围堰开工、基坑排水、坝基开挖、垫层混凝土浇筑、固结灌浆、坝体浇筑等阶段的开始和结束时间，每个阶段又分成若干部分，储存该施工阶段的工程信息，如仿真状态、仿真时间、坝段高度和层数、天气情况、描述信息等。不同的施工方案可以存为不同的 XML

文件，用户可以选择指定的方案加载。

如图 7-28 所示，点击选择需要加载的 XML 文件，从左侧选择 XML 文件所在的磁盘，该文件可以存储在本地磁盘或者外接存储设备，操作方式类似于操作系统本身的选择方式，一次双击进入所需 XML 文件所在的文件夹。

系统默认已经存在若干个示例 XML 文件，存储目录为当前工程所在文件夹，即软件默认打开的位置，此处可以选择 dam.xml，双击该文件或者单击 dam.xml 然后再单击“打开”按键。

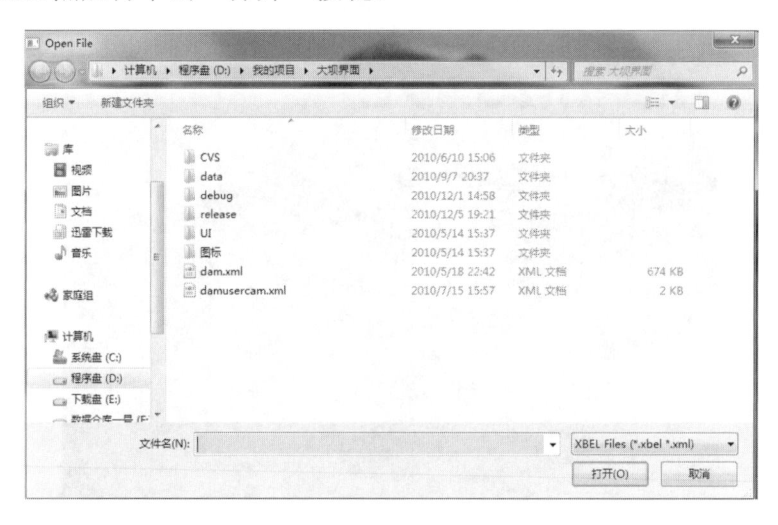

图 7-28　方案加载对话框

三、软件架构

拱坝浇筑仿真系统整体采用 C/S 架构，即 Client/Server（客户机/服务器）结构，如图 7-29 所示。服务器端通过中心管理服务器在客户端和数据库服务器之间进行访问控制。

中心管理服务器采用数据库技术，建立数据中心，用于存储数据库服务器的配置信息、运行状态、客户端授权等信息。同时对系统运行日志、数据备份等重要信息进行管理。根据实际需要，用户可以建立多个数据中心，形成分布式数据库系统，并通过各功能模块实现协同工作。另外，中心管理服务器可以提供系统计算分析模块的服务，客户端并不需要繁杂的计算模块，通过中心管理服务器提供的服务即可获取所需的结果。

数据库服务器安装数据库软件，存储大坝基本数据、监测数据、模型参数等信息。数据库服务器作为重要的数据源和其他客户端隔离，通过中心管理服务器传递数据。

C/S 客户端通过安装大坝监测数据三维可视化系统客户端软件，可实现以下基本功能：

（1）提供数据采集、查询输出、更新、存储等多种数据管理。

（2）数据分类、整编计算及模型分析，并且可以对计算分析结果选择输出。

（3）数据可视化，用户可以通过二维或三维方式方便地查看大坝设备运行状况及相关的监测数据，监测数据和计算数据将通过直观的三维可视化方式展示给用户。

（4）具有良好的操作界面，在为用户提供传统的查询方式基础上，提供三维可视化查询、定位功能，方便用户快速、直观的获取所关注的信息。

（5）为基于监测数据的决策分析提供以三维动画方式展示的决策分析结果，使用户可以根据展示结果做出及时有效的决策分析。

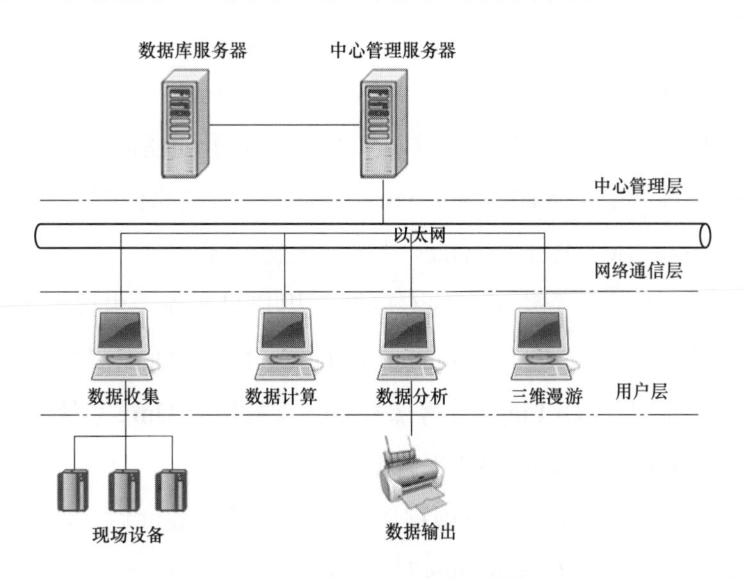

图 7-29　系统整体架构图

四、软件开发平台

本系统是一个跨平台的三维真实感仿真系统，可运行于绝大多数主流的 Windows/Linux/Unix 操作系统之上。系统采用的主要软件平台如下：

操作系统：支持绝大多数 Windows/Linux/Unix 系统。

集成开发环境：VS2010、NetBeans、QDevelop。

编译器：cl、gcc。

建模软件：AutoCAD、3DS MAX。

程序库：STL、OpenSceneGraph、QT、OpenAL、ODE、OpenNI、TinyXML。

（1）OpenSceneGraph。OSG 是 OpenSceneGraph 的简称，它是一个开源的图形开发库，主要为图形图像应用程序的开发提供场景管理和图形渲染优化的功能。它使用可移植的 ANSI C++编写，并使用已成为工业标准的 OpenGL 底层渲染 API。因此，OSG 具备跨平台性，可以运行在 Windows、Mac OS X 和大多数类型的 UNIX 和 Linux 操作系统上。大部分的 ISG 操作可以独立于本地视窗系统。

OSG 是公开源代码的，它的用户许可方式为修改过的 GNU 宽通用公用许可证（GNU Lesser General Public License，LGPL）。

（2）Visual Studio 2005。Visual Studio 是一套完整的开发工具集，用于生成 ASP.NET Web 应用程序、XML Web Services、桌面应用程序和移动应用程序。Visual Basic、Visual C++、Visual C#和 Visual J#全都使用相同的集成开发环境（IDE），利用此 IDE 可以共享工具且有助于创建混合语言解决方案。另外，这些语言利用了.NET Framework 的功能，通过此框架可使用简化 ASP Web 应用程序和 XML Web Services 开发的关键技术。

（3）QT。QT 是一个跨平台的 C++图形用户界面库，由挪威 TrollTech 公司出品，目前包括 Qt、基于 Framebuffer 的 Qt Embedded、快速开发工具 Qt Designer、国际化工具 Qt Linguist 等部分 Qt（支持所有 Unix 系统），以及 Linux（支持 WinNT/Win2k、Win95/98 平台）。

（4）C++。C++这个词在我国程序员圈子中通常被读做“C 加加”，而西方的程序员通常读做“C plus plus”或“CPP”，是一种使用非常广泛的计算机编程语言。C++是一种静态数据类型检查的，支持多重编程范式的通用程序设计语言。它支持过程化程序设计、数据抽象、面向对象程序设计、制作图标等泛型程序设计等多种程序设计风格。

（5）OpenAL。OpenAL（Open Audio Library）是自由软件界的跨平台音效 API，它设计给多通道三维位置音效的特效表现。OpenAL 主要功能是在来源物体、音效缓冲和收听者中编码。来源物体包含一个指向缓冲区的指标、声音的速度、位置和方向，以及声音强度。收听者物体包含收听者的速度、位置和方向，以及全部声音的整体增益。缓冲里包含 8 或 16 位元、单声道或立体声 PCM 格式的音效资料，表现引擎进行所有必要的计算，如距离衰减、多普勒效应等。

第七节　拱坝浇筑仿真系统现场应用

拱坝浇筑仿真系统经过半年的开发后于2013年4月到工地现场投入试运营，结合实际情况作进一步完善，现已基本满足设计要求，软件开始运行时界面显示如图 7-30 所示。共有五个菜单栏，依次为数据查询、数据维护、系统管理、系统设置、帮助。

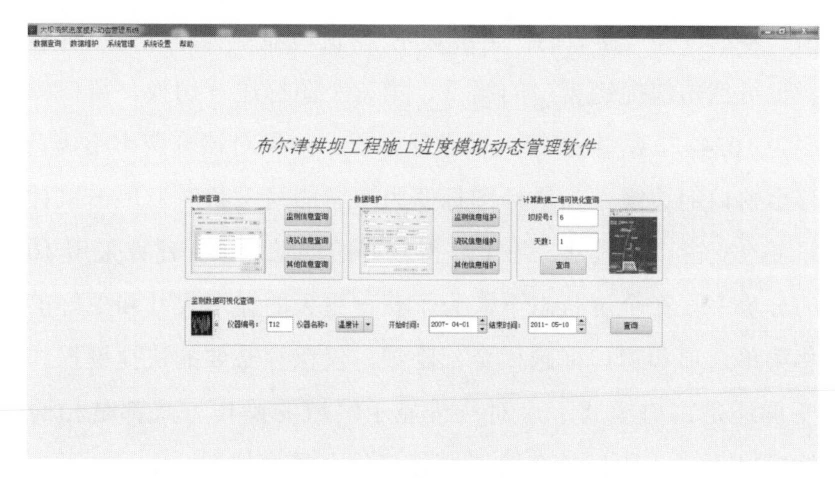

图 7-30　系统界面

登录系统后，界面上主要显示数据查询、数据维护、计算数据二维可视化查询以及监测数据可视化查询四大类。数据维护是对各种信息进行查询、修改、添加、删除、导出等操作；可视化查询是对施工进度进行仿真、对监测数据资料和浇筑过程进行可视化查询；系统管理功能包括添加、删除用户，修改密码、切换用户、查看日志。系统设置功能包括对界面、字体、浇筑颜色、查询类型进行设置。

一、可视化查询

本模块的主要功能是：对大坝的建造过程进行施工仿真，提供仿真动画、坝段拾取、仿真状态切换、显示设置、视点管理5个基本功能。利用QT作为程序主框架，使程序可以跨平台运行。同时，这套软件可以通过鼠标与键盘通用户进行交互，可以判断用户所点击的物体，并显示该物体的信息，如高度、时间、天气情况、预计完成时间等，给使用者沉浸感的同时使人获得详细的数据资料。

1. 加载仿真方案

点击“读取仿真方案”图标，弹出窗口选择文件窗口，软件的XML主要存储导流隧洞开挖、围堰开工、基坑排水、坝基开挖、垫层混凝土浇筑、固结灌浆、坝体浇筑等阶段的开始和结束时间，每个阶段又分成若干部分，储存该施工阶段的工程信息，如仿真状态、仿真时间、坝段高度和层数、天气情况、描述信息等。不同的施工方案可以存为不同的XML文件，用户可以选择指定的方案加载。

2. 显示设置

点击“显示设置”窗口的“全屏显示”“窗口显示”即可在全屏和窗口之间切换，也可点击快捷键窗口的第二、第三个图标进行切换。窗口模式下默认分辨率为1024×768，兼容绝大多数显示器。如果对该分辨率不满意，可以将鼠标移至窗口的边缘，当鼠标图标变为双向的箭头状时，单击鼠标左键并拖动，即可改变窗口的尺寸。为了获得较好的视觉效果，建议采用1024×768或更大的分辨率。在全屏状态下，为了获得更大的显示尺寸和更好的操作沉浸感，将菜单选项和窗口标题栏全部隐藏，仅保存必要的快捷键操作图标，无论在全屏还是窗口模式下，对三维显示区域的操作方式都是相同的。图7-31～图7-34所示为不同施工阶段模拟三维全景模拟图。

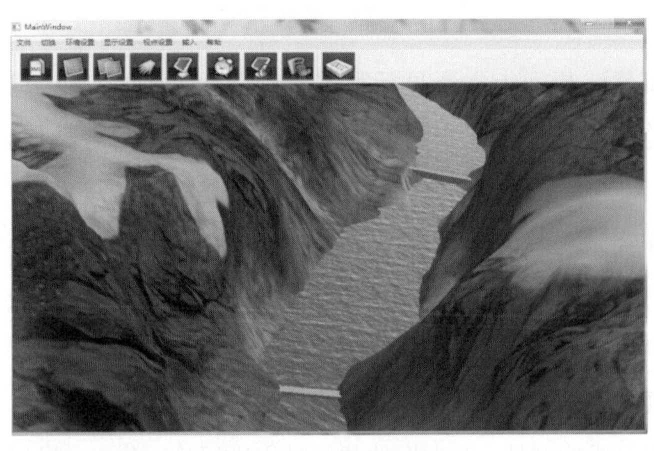

图7-31 围堰开挖

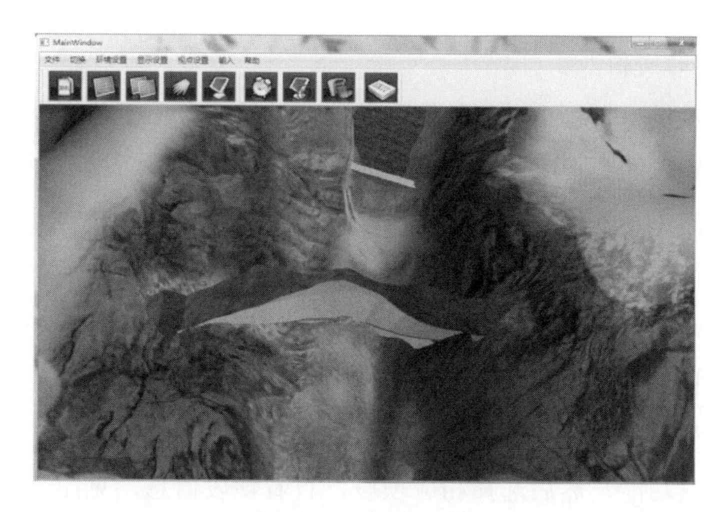

图 7-32　坝肩开挖

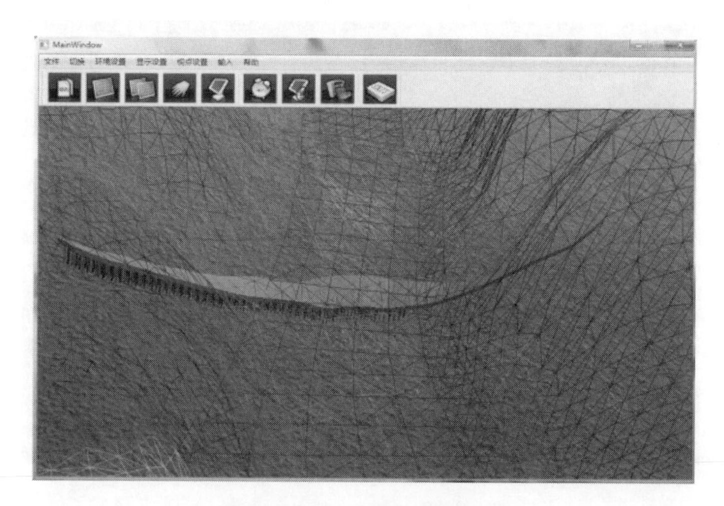

图 7-33　固结灌浆

图 7-34　大坝浇筑完成效果

3. 仿真时间输入

本系统提供仿真起止时间的输入功能，该时间段用于仿真动画的显示，会读取用户输入的起止时间，并验证时间时候合法，以防出现时间格式不正确、结束时间小于开始时间等不合法输入，点击完成后，会自动根据起止时间，连接数据查询或查询 XML 文件，从中获得这个时间段的浇筑信息，并以动画形式向用户展示。如果不输入时间，软件会默认从施工开始到施工结束，整个过程进行动画仿真。

大坝模型生成成功后，会开启拾取功能，此时用户可单击“拾取功能”按钮开启拾取功能，然后选择相应坝段，查看坝段信息，见图 7-35。

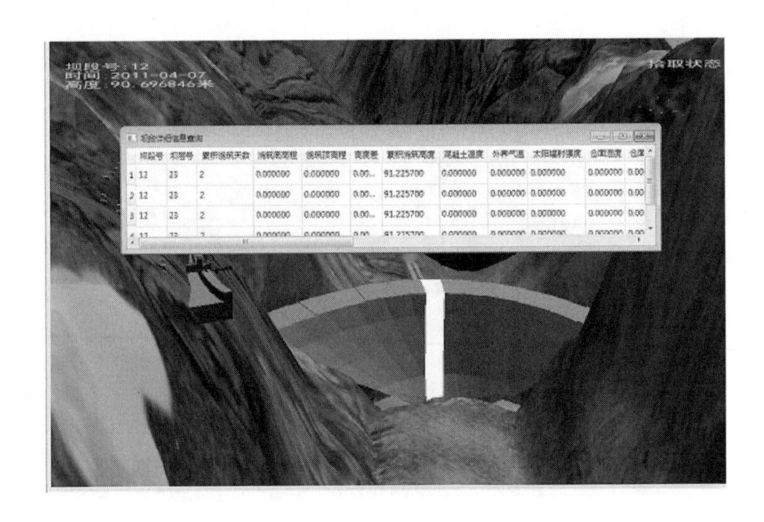

图 7-35　坝段拾取功能显示对应浇筑信息

若需查询该坝段的相信信息，可单击鼠标右键，选择“详细信息”，即可在弹出的对话框里看到该坝段的详细信息。

高程差预警是指若某个坝段与两侧的高程差超出所设的阈值，会在浇筑仿真查询的显示结果里进行相应的预警提示。超出阈值的坝段会通过红色闪烁的方式进行警示，见图 7-36。

浇筑间隔预警是指某个坝段超过阈值天数还未被再次浇筑，则会在浇筑仿真查询的显示结果进行相应的预警提示。超出阈值的坝段会通过蓝色闪烁的方式进行警示。

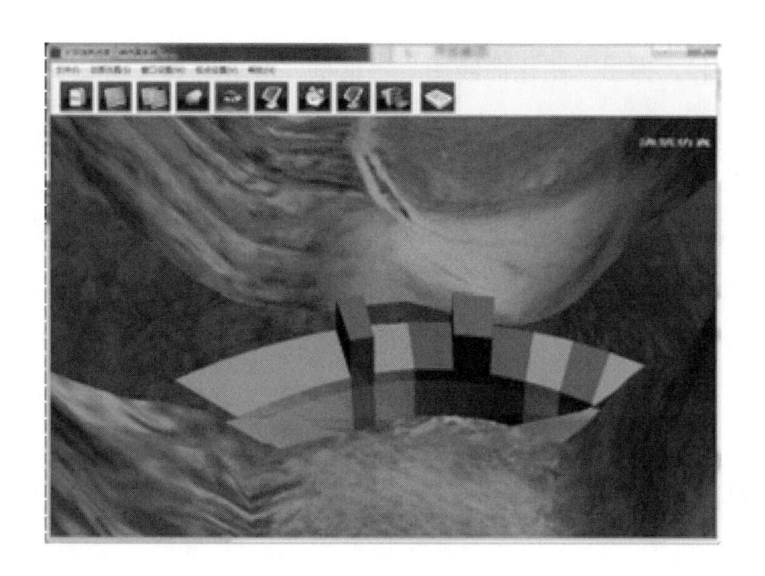

图 7-36　高差预警

4. 仿真状态切换

仿真对象的拾取：对象拾取是采用交点检测实现，交点检测是利用 LineSegmentIntersector 来实现，向程序提供查询相交测试结果的函数。

文字显示：适当的文字信息对于显示场景信息是非常重要的，在 OSG 中，osgText 是向场景中添加文字的强有力工具。在本软件中，主要用到二维平面文字，利用 osgText::Text 类负责渲染。

5. 仿真动画

点击“切换”菜单中“动画”按键，会自动显示一系列的施工进度，包括围堰开挖、基坑排水、坝肩开挖、固结灌浆、坝段浇筑仿真、浇筑完成、大坝出水几个阶段，如图 7-37 所示。

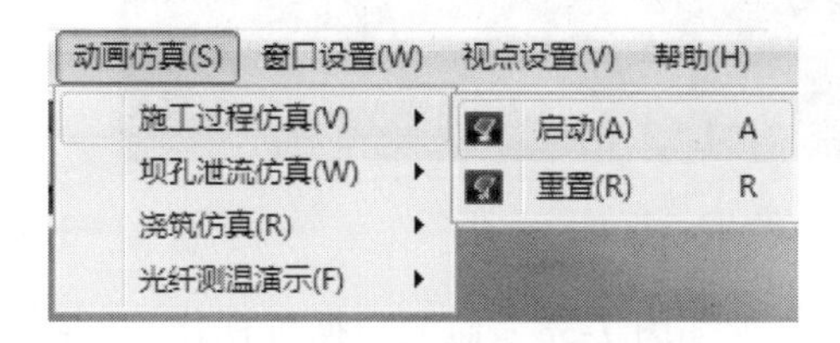

图 7-37　动画仿真切换

6. 仪器监测资料可视化查询

用户登录系统后，单击菜单栏中“可视化查询”，在显示的下拉菜单中单击“监测资料”，弹出“变化曲线图”对话框，即可对大坝的某个仪器的监测资料进行可视化查询，同时可以对比该仪器所监测节点的计算数据变化曲线。

或者在登录系统后，填写主界面“仪器监测资料可视化查询”中的“仪器编号”，并单击“仪器名称”下拉菜单，选择任意一个类型的仪器，之后单击“查询”按钮，即可对大坝的某个仪器的监测资料进行可视化查询，同时可以对比该仪器所监测节点的计算数据变化曲线。

可以单击“放大”“缩小”按钮，来控制演示窗口的显示情景。按“放大”按钮，放大显示的图形；按“缩小”按钮，缩小显示的图形；按“刷新”按钮，退回到初始图形状态。也可以用“放大”“缩小”按钮间的刻度条，来放大缩小图形。

输入“仪器编号”“开始时间”与“结束时间”，并从“仪器名称”下拉菜单中选择仪器类型，单击“查询浇筑”按钮后，演示窗口内将显示查询的结果，即某一时间的监测数据值。设置曲线图中曲线和网格的颜色，包括“背景颜色”“观测曲线颜色”“网格绘制颜色”的设置。支持图形打印，把曲线图打印出来，如图 7-38 所示。

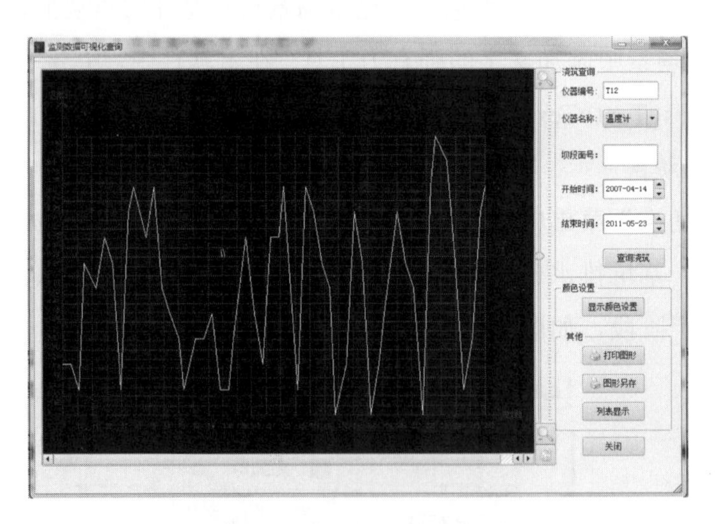

图 7-38　监测数据可视化

二、信息查询

1. 仪器查询

用户登录系统后，单击菜单栏中“数据维护>>信息维护>>监测仪器信息”，显示“仪器查询”界面（见图 7-39），即可对大坝浇筑过程中使用的某一仪器进行查询。可按仪器编号、仪器名称、坝段编号、坝层编号等条件来查询。若查询条件中的四项均为空，则默认显示出全部的仪器信息。在输入查询条件后单击“查询”按钮显示查询的结果，包括：仪器编号、仪器名称、坝段号、层号、纵向桩号、横向桩号、高程、埋设时间、开始观测时间、仪器描述、仪器坐标、节点编号、剖面编号，以及对该项仪器的操作设置。用户可以对查询结果进行排序，也可以导出查询结果保存为 txt 类型的文件，还可以修改、删除仪器信息。

图 7-39　仪器查询

2. 仓面浇筑信息查询

用户登录系统后，单击“数据维护>>信息维护>>仓面浇筑信息”，显示“仓面混凝土浇筑信息”界面，即可对大坝浇筑过程中的某一坝段、某一坝层的信息进行查询（见图 7-40）。在输入查询条件后单击“查询”按钮显示查询的结果，即大坝浇筑过程中的某一坝段、某一坝层的信息，包括仓面混凝土基本信息、天气情况、太阳辐射强度、开始浇筑时间、结束浇筑时间、仓位开始高程、仓位结束高程、高程、累计浇筑天数、累计浇筑高度、混凝土类型、仓面湿度、仓面气温、机口温度、进料平台温度、入仓温度、浇筑温度、混凝土等级、机口含气量、温控措施、浇筑备注、仓位开始横向桩号、仓位结束横向桩号、仓位开始纵向桩号、仓位结束纵向桩号、本仓混凝土方量、本仓面面积、混凝土分区、横向桩号、纵向桩号、碾前监测时间、仓层号、仓面 *VC* 值、仓面含气量、碾平监测时间和仓面容量，以及对该坝层浇筑信息的操作设置。用户可以对查询结果进行排序，也可以导出查询结果保存为 txt 类型的文件，还可以修改、删除仓面浇筑信息。

图 7-40 浇筑信息查询系统

3. 混凝土类型查询

用户登录系统后，单击菜单栏中“数据维护>>信息维护>>混凝土类型”，显示“混凝土信息”界面，即可对大坝浇筑过程中使用的某一混凝土的类型信息进行查询（见图 7-41）。在输入查询条件后单击“查询”按钮显示查询的结果，即所要查询的某一混凝土类型信息，包括混凝土类型、配合比、比

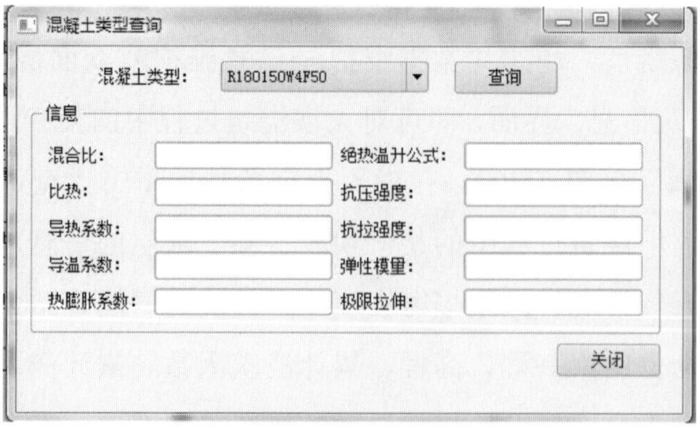

图 7-41 混凝土类型系统

热容、导热系数、导温系数、热膨胀系数、绝热温升公式、抗压强度、抗拉强度、弹性模量和极限拉伸，以及对该混凝土类型的操作设置。用户可以对查询结果进行排序，也可以导出查询结果保存为 txt 类型的文件，还可以修改、混凝土类型信息。

4. 冷却水管运行信息查询

用户登录系统后，单击菜单栏中“数据维护>>信息维护>>冷却水管运行信息”，显示“冷却水管基本信息”界面，即可对大坝浇筑过程中的某一冷却水管的信息进行查询（见图 7-42）。在输入查询条件后单击“查询”按钮显示查询的结果，即所查询的冷却水管信息，包括冷却水管基本信息、通水开始、结束时间、进出口水温等。用户可以对查询结果进行排序，也可以导出查询结果保存为 txt 类型的文件，还可以修改、删除冷却水管运行信息。

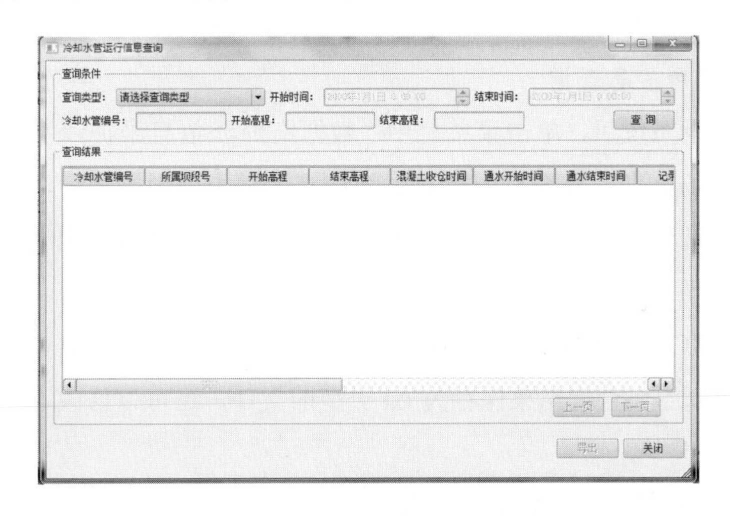

图 7-42　冷却水管查询系统

5. 环境信息查询

用户登录系统后，单击菜单栏中“数据维护>>信息维护>>环境信息”，显示“环境基本信息”界面，即可对大坝浇筑过程中某一位置的环境信息进行查询（见图 7-43）。在输入查询条件后单击“查询”按钮显示查询的结果，即所查询的环境信息，包括横向桩号、纵向桩号、高程、观测时间、温度、相对湿度、风向、风速、降雨量和天气概况，以及对该环境信息的操作设置。用户可以对查询结果进行排序，也可以导出查询结果保存为 txt 类型的文件，还可以修改、删除环境信息。

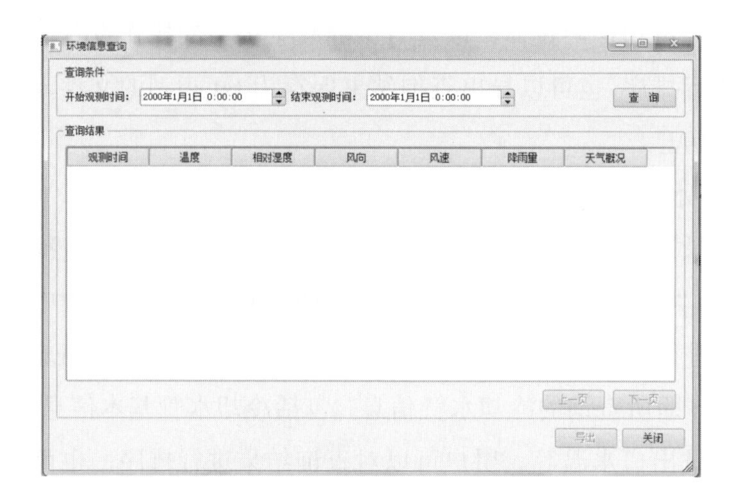

图 7-43　环境信息查询系统

6. 温度场信息查询

用户登录系统后，单击菜单栏中“数据维护>>信息维护>>温度场信息”，显示“温度场信息”界面，即可对大坝浇筑过程中使用的某一坝段的温度场信息进行查询。在输入查询条件后单击“查询”按钮显示查询的结果，即所查询的温度场信息，包括坝段号、y、x、z（坐标）、浇筑时间、仓面号、记录时间和温度，以及对该温度场信息的操作设置。用户可以对查询结果进行排序，也可以导出查询结果保存为 txt 类型的文件，还可以修改、删除温度场信息。

7. 机口混凝土拌和物信息查询

用户登录系统后，单击菜单栏中“数据维护>>信息维护>>机口混凝土拌和物信息”，显示“机口混凝土拌和物信息”界面，即可对大坝浇筑过程中的某一坝段的机口混凝土拌和物信息进行查询。在输入查询条件后单击“查询”按钮显示查询的结果，即所查询的机口混凝土拌和物信息，包括所属坝段号、开始横向桩号、结束横向桩号、开始纵向桩号、结束纵向桩号、开始高程、结束高程、拌和开始时间、拌和结束时间、本仓混凝土方量、检测时间、混凝土等级、混凝土分区、机口气温、机口混凝土温度、机口 VC 值、机口含气量、机口容量和备注，以及对该坝层的操作设置。用户可以对查询结果进行排序，也可以导出查询结果保存为 txt 类型的文件，还可以修改、删除机口混凝土拌和物信息。

8. 仪器监测资料查询

（1）温度计观测数据查询。用户登录系统后，单击菜单栏中“数据维护>>信息维护>>温度计观测数据”，显示“温度计观测数据”界面，即可对某一温度计一段时间内的状态进行查询。在输入查询条件后单击“查询”按钮显示查询的结果，即某一温度计在开始时间到结束时间内的状态信息，包括温度计编号、观测时间、观测值，以及对该温度计的操作设置。用户可以对查询结果进行排序，也可以导出查询结果保存为 txt 类型的文件，还可以修改、删除温度计观测数据信息。

（2）应力计观测数据查询。用户登录系统后，单击菜单栏中“数据维护>>信息维护>>应力计观测数据”，显示“应力计观测数据”界面，即可对某一应力计一段时间内的状态进行查询。在输入查询条件后单击“查询”按钮显示查询的结果，即某一应力计在开始时间到结束时间内的状态信息，包括应力计编号、观测时间、观测值，以及对该应力计的操作设置。用户可以对查询结果进行排序，也可以导出查询结果保存为 txt 类型的文件，还可以修改、删除应力计观测数据信息。

（3）位移计观测数据查询。用户登录系统后，单击菜单栏中“数据维护>>信息维护>>位移计观测数据”，显示“位移计观测数据”界面，即可对某一位移计一段时间内的状态进行查询。在输入查询条件后单击“查询”按钮显示查询的结果，即某一位移计在开始时间到结束时间内的状态信息，包括位移计编号、观测时间、观测值，以及对该位移计的操作设置。用户可以对查询结果进行排序，也可以导出查询结果保存为 txt 类型的文件，还可以修改、删除位移计观测数据信息。

（4）冷却水管观测数据查询。用户登录系统后，单击菜单栏中“数据维护>>信息维护>>冷却水管观测数据”，显示“冷却水管观测数据”界面，即可对某一冷却水管一段时间内的状态进行查询。在输入查询条件后单击“查询”按钮显示查询的结果，即某一冷却水管在开始时间到结束时间内的状态信息，包括冷却水管编号、通水开始时间、通水结束时间、混凝土分区、记录时间、通水流量、通水方向变换时段、进水水温、出水水温、温差、闷温、闷温时段、备注，以及对该冷却水管的操作设置。用户可以对查询结果进行排序，也可以导出查询结果保存为 txt 类型的文件，还可以修改、删除冷却水管观测数据信息。

三、数据维护

1. 基础数据

用户登录系统后，单击菜单栏中“数据维护>>信息维护”，可分别对大坝浇筑过程中使用的某一仪器信息、混凝土类型信息、某一位置的环境信息、大坝的某一坝层的基本信息、某一坝段的温度场信息进行添加、查询、修改、删除，见图 7-44。

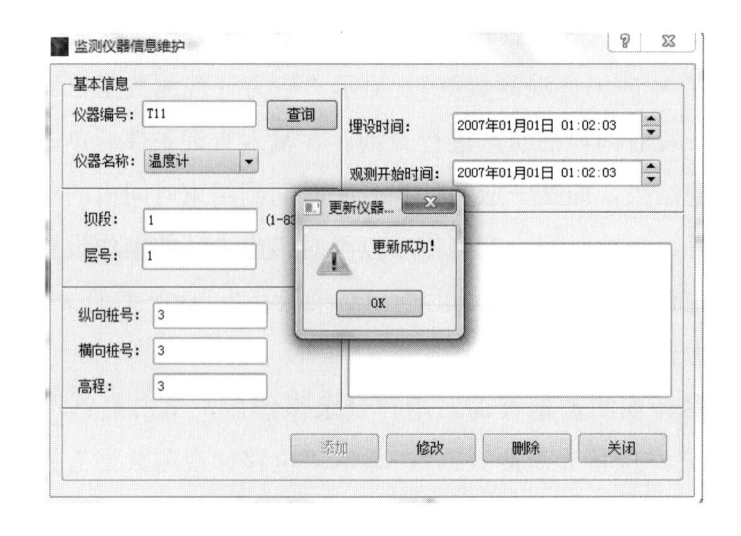

图 7-44 监测信息维护

2. 浇筑信息

用户登录系统后，单击菜单栏中“数据维护>>信息维护>>仓面浇筑信息”，显示“仓面混凝土浇筑信息”界面，即可对大坝浇筑过程中的浇筑信息进行编辑，见图 7-45。

3. 冷却水管运行信息

用户登录系统后，单击菜单栏中“数据维护>>信息维护>>冷却水管运行信息”，显示“冷却水管基本信息”界面，即可对大坝浇筑过程中的某一冷却水管的信息进行编辑，见图 7-46。

图 7-45　浇筑信息维护系统

图 7-46　冷却水管信息维护系统

4. 机口混凝土拌和物信息

用户登录系统后，单击菜单栏中“数据维护>>信息维护>>机口混凝土拌和物信息”，显示“机口混凝土拌和物信息”界面，即可对大坝浇筑过程中的某一坝段的机口混凝土拌和物信息进行添加、查询、修改、删除。

5. 监测资料

用户登录系统后，单击菜单栏中“数据维护>>信息维护”，可分别对大坝的某一温度计在某一观测时间的观测值、某一应力计在某一观测时间的观测值、某一位移计在某一观测时间的观测值、某一冷却水管在某一观测时间的观测值进行添加、查询、修改、删除。

6. 数据导入

用户登录系统后，单击菜单栏中“数据维护>>数据导入>>Excel 导入”，显示“Excel 导入”界面，即可对系统数据库中的某些表的数据导入。首先，从选项列表里选择一项条目，单击选中，来确定文件要导入数据库中的目标表。选择数据库目标表完成后，会显示相应数据库目标表的上传文件界面。点击上传区域，弹出“打开”窗口，在其中选择需要上传的文件，单击目标文件后，单击“打开”按钮，即可完成上传。或者将目标文件拖入上传区域，亦可完成上传。所选择的上传文件大小限制为 2MB，上传文件的名称不能用中文，见图 7-47。

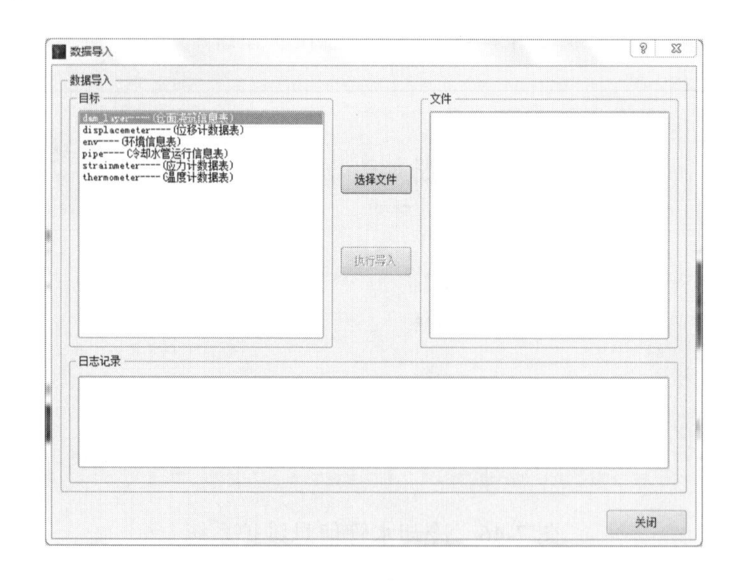

图 7-47 基础信息批量导入系统

四、系统管理

系统管理功能包括添加用户、删除用户、修改密码、切换用户、日志查看。管理员类型的用户有权限添加新用户或删除已有用户；所有用户登录后都可以修改自己的密码；由于本系统会保存之前登录的用户名和密码，新用户想要登录必须切换用户；用户登录系统后可通过日志查看功能对所有用户所做的与数据修改相关的操作进行查看。

软件投入运行后，建设方、施工单位以及监理单位抽调专人组建信息化小组，采集录入施工资料。施工单位负责数据采集，并按照软件接口要求整理成符合批量导入的电子文档同时打印交给监理单位。监理负责审核数据准确性，符合要求盖章后存档并送建设方，否则施工单位权拒绝接收直至施工单位整改合规。建设方负责最终数据库录入。针对随时产生的海量监测数据，动态管理软件具有直接读取监测数据库功能，自动录入省时高效。